职业技能等级评价培训教材

YAOWU ZHIJIGONG ZHONGJI JICHU ZHISHI YU JINENG

药物制剂工 中级
基础知识与技能

广州市医药职业学校职业技能培训教材编写委员会　组织编写

丁　立　易润青◎主编

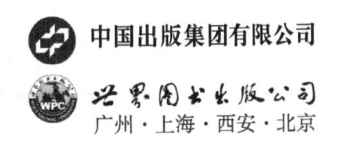

中国出版集团有限公司
世界图书出版公司
广州·上海·西安·北京

图书在版编目（CIP）数据

药物制剂工：中级：基础知识与技能 / 丁立，易润青主编. -- 广州：世界图书出版广东有限公司，2024.12. --（职业技能等级评价培训教材）. -- ISBN 978-7-5232-1913-3

Ⅰ．TQ460.6

中国国家版本馆CIP数据核字第2025XJ3134号

书　　名	职业技能等级评价培训教材 药物制剂工（中级）：基础知识与技能 ZHIYE JINENG DENGJI PINGJIA PEIXUN JIAOCAI YAOWU ZHIJIGONG （ZHONG JI）：JICHU ZHISHI YU JINENG
主　　编	丁　立　易润青
责任编辑	刘　旭
责任技编	刘上锦
装帧设计	三叶草
出版发行	世界图书出版有限公司　世界图书出版广东有限公司
地　　址	广州市海珠区新港西路大江冲25号
邮　　编	510300
电　　话	（020）84460408
网　　址	http://www.gdst.com.cn
邮　　箱	wpc_gdst@163.com
经　　销	新华书店
印　　刷	广州小明数码印刷有限公司
开　　本	787 mm×1 092 mm　1/16
印　　张	23
字　　数	533千字
版　　次	2024年12月第1版　2024年12月第1次印刷
国际书号	ISBN 978-7-5232-1913-3
定　　价	98.00元

版权所有　翻印必究

（如有印装错误，请与出版社联系）

咨询、投稿：（020）84460408

编写人员名单

主　编　丁　立　易润青
副主编　王锦旋　钟　琦　刘素英　戴春平
编　委（以姓氏笔画为序）
　　　　　丁　立　广东食品药品职业学院
　　　　　马　建　广州市医药职业学校
　　　　　王锦旋　广州市医药职业学校
　　　　　邢晓纯　广州市医药职业学校
　　　　　全向阳　广州市医药职业学校
　　　　　刘素英　广州市医药职业学校
　　　　　杨小宇　广东习慕创课职业技能培训有限公司
　　　　　杨东坤　广东习慕创课职业技能培训有限公司
　　　　　利创华　广州市医药职业学校
　　　　　林艳菲　广州市医药职业学校
　　　　　易润青　广州市医药职业学校
　　　　　钟　琦　广州市医药职业学校
　　　　　秦斯民　广东食品药品职业学院
　　　　　黄志基　广州白云山陈李济药厂有限公司
　　　　　黄依韵　广州市医药职业学校
　　　　　黄朋纳　广州市医药职业学校
　　　　　赖　琼　广州市医药职业学校
　　　　　戴春平　广东食品药品职业学院

前言 PREFACE

2019年1月，国务院发布的《国家职业教育改革实施方案》（简称职教二十条）提出，"从2019年开始，在职业院校、应用型本科高校启动'学历证书+若干职业技能等级证书'制度试点工作。"2019年4月，人力资源社会保障部、教育部关于印发《职业技能等级证书监督管理办法（试行）》的通知指出，建立推广国家职业标准，提升职业院校（含技工院校）学生和全社会劳动者就业技能，促进国家先进制造业和现代服务业水平提升，解决目前国家经济社会发展部分重点领域技能人才十分短缺的问题，按照部门"三定"方案规定和《国家职业教育改革实施方案》要求，做好"学历证书+若干职业技能等级证书"制度试点工作。2021年，广州市医药职业学校成功申报成为广东省第一批职业技能等级认定社会培训评价组织，考评职业工种含有药物制剂工，相关技能标准、培训大纲、培训和认证资源建设已如火如荼地展开，本书即是药物制剂工（中级）培训教材之一。

《药物制剂工（中级）：基础知识与技能》涵盖了《药物制剂工国家职业技能标准（2019版）》（中级）所要求掌握的基本理论、基本知识和基本技能。全书按模块化架构设计，共设有28个项目，分为素养篇（4个项目）、知识篇（8个项目）、技能篇（12个项目）和考证篇（4个项目）。其中，技能篇12个项目按照活页教材的编写模式编写，其他篇划分为47个任务。本书可供相关机构开展药物制剂工（中级）培训和考试使用，也可作为职业院校制药技术应用、药物制剂技术、生物制药技术、药品生产技术、药剂、药学、中药学、药品经营与管理等药学相关专业的配套教材，还可作为药物制剂生产从业人员的自学和考证用书。

培训教材属于产教融合教材，由来自两所职业院校和一家职业技能培训认证机构的16名编者编写而成。编写分工：丁立主编负责全书设计、统筹、编写进程管理，教材的终审；易润青主编参与全书设计、统筹、编写进程管理、教材的初审；王锦旋副主编负责编写知识篇项目一、项目三、技能篇项目五和部分项目的初审；钟琦副主编负责编写知识篇项目五、项目七、技能篇项目四和部分项目的初审；刘素英副主编负责编写知识篇项目二、项目六；林艳菲负责素养篇项目一、项目二；邢晓纯负责素养篇项目三、项目四；黄依韵负责知识篇项目四、项目八；秦斯民负责技能篇项目九、项目十一和项目十二；赖琼负责技能篇项目三、项目十；利创华负责技能篇项目六、项目七、项目八；全向阳负责技能篇项目一、项目二；杨小宇、杨东坤负责考证篇项目一、项目二、项目三和项目四。黄朋纳负责提供相关实操案例，马建、戴春平负责相关出版社编务衔接，黄志基负责提供相关制药设备操作案例。

教材编写过程是编写团队切磋共进、砥砺前行、协同成长的美妙旅程。感谢每一位参与者奉献的汗水和智慧！愿本教材能真正有效服务于药物制剂工（中级）培训和认证事业。限于编者的精力、视野和角度，教材若有错漏、偏差或粗疏之处，恳请使用者不吝赐教。

丁　立　易润青

2024 年 11 月 1 日于广州

目录 CONTENTS

模块一 素养篇

项目一 职业道德培养 ·········003
    任务一 职业道德基础认知 ·········003
    任务二 职业守则基本认识 ·········004

项目二 岗位基础认知 ·········010
    任务一 药物制剂基础知识学习 ·········010
    任务二 药品质量控制基础知识学习 ·········027

项目三 生产管理认知 ·········038
    任务一 药品生产文件管理 ·········038
    任务二 药品生产过程管理 ·········039
    任务三 清场管理 ·········046
    任务四 设备维护保养 ·········050

项目四 制药企业安全生产 ·········056
    任务一 安全生产意识培养 ·········056
    任务二 环境保护知识学习 ·········061
    任务三 相关法律法规学习 ·········064

模块二 知识篇

项目一 浸出制剂 ··· 072
任务一 浸出制剂制备 ··· 072
任务二 浸出制剂质量要求 ··· 076

项目二 液体制剂 ··· 080
任务一 低分子溶液剂制备 ··· 080
任务二 混悬剂制备 ··· 084

项目三 注射剂 ··· 089
任务一 小容量注射剂制备 ··· 089
任务二 注射剂质量要求 ··· 100

项目四 颗粒剂 ··· 103
任务一 颗粒剂制备 ··· 103
任务二 颗粒剂质量要求 ··· 109

项目五 胶囊剂 ··· 112
任务一 硬胶囊制备 ··· 112
任务二 软胶囊制备 ··· 118
任务三 胶囊剂质量要求 ··· 120

项目六 片剂 ··· 122
任务一 片剂制备 ··· 122
任务二 片剂包衣 ··· 131
任务三 片剂质量要求 ··· 139

项目七 丸剂 ··· 143
任务一 中药丸剂制备 ··· 143
任务二 滴丸制备 ··· 147
任务三 中药丸剂与滴丸剂质量要求 ·· 151

项目八 其他制剂 ··· 155
任务一 软膏剂制备 ··· 155
任务二 栓剂与膜剂制备 ··· 162
任务三 气雾剂与喷雾剂制备 ··· 167
任务四 贴膏剂制备 ··· 173

模块三　技能篇

项目一　散剂生产操作 ··· 178

项目二　颗粒剂生产操作 ··· 187

项目三　片剂生产操作 ··· 202

项目四　丸剂生产操作 ··· 218

项目五　提取物制备操作 ··· 229

项目六　液体制剂生产操作 ··· 241

项目七　小容量注射剂生产操作 ··· 249

项目八　滴丸剂生产操作 ··· 265

项目九　软膏剂生产操作 ··· 278

项目十　浸出制剂生产操作 ··· 286

项目十一　气雾剂生产操作 ··· 295

项目十二　制药用水制备操作 ··· 305

模块四　考证篇

项目一　职业技能等级认定规范要求 ··· 314
　　任务一　职业技能等级认定认知 ··· 314
　　任务二　职业技能等级证书认知 ··· 316
　　任务三　考试科目与题型认知 ··· 317

项目二　考前准备与注意事项要求 ··· 318
　　任务一　考前准备认知 ··· 318
　　任务二　考场守则认知 ··· 319
　　任务三　考场违纪舞弊处理规定 ··· 320
　　任务四　考试突发状况应急预案 ··· 321

项目三　理论知识考试模拟试卷样板 ··· 322
　　任务一　模拟试卷（一） ··· 322

任务二　模拟试卷（二） ·· 332

　　任务三　模拟试卷（三） ·· 341

项目四　实操技能要点要求 ·· 351

　　任务一　制剂准备要点认知 ·· 351

　　任务二　配料要点认知 ·· 351

　　任务三　制剂制备要点认知 ·· 351

　　任务四　清场要点认知 ·· 355

　　任务五　设备维护要点认知 ·· 355

参考文献 ·· 358

模块一

素养篇

项目一　职业道德培养

任务一　职业道德基础认知

> **药物制剂工（中级）的要求**
>
> 鉴定点：
> 1. 职业道德的概念；
> 2. 职业道德的特点。
>
> 鉴定点解析：
> 1. 掌握职业道德的概念和特点；
> 2. 熟知社会主义职业道德的内涵和特征。

职业道德内涵

（一）职业道德

道德是靠社会舆论、传统习惯、教育和内心信念所维系，调节人与人、人与社会、人与自然之间关系的行为规范的总和。

职业道德是同职业活动紧密联系，符合职业特点要求的道德准则、道德情操与道德品质的总和，是人们在从事职业活动的过程中形成的一种内在的、非强制性的约束机制。职业道德是社会道德在职业活动中的具体化，是从业人员在职业活动中的行为标准和要求，而且是本行业对社会所承担的道德责任和义务。

职业道德具有一般道德的性质，也具有自己的特征。

1. 行业性　即要鲜明地表达职业义务、职业责任以及职业行为上的道德准则。

2. 连续性　具有不断发展和世代延续的特征和一定的历史继承性。

3. 实用性及规范性　即根据职业活动的具体要求，对人们在职业活动中的行为用条例、章程、守则、制度、公约等形式作出规定。

4. 社会性和时代性　职业道德是一定时期社会或阶级的道德原则和规范的体现，并非离开阶级道德或社会道德独立存在的。随着时代的变化，职业道德的内涵也在发展，在一定程度上体现着当时社会道德的普遍要求，具有时代性。

（二）社会主义职业道德

社会主义职业道德是社会主义社会各行各业的劳动者在职业活动中必须共同遵守的基本行为准则。它是判断人们职业行为优劣的具体标准，也是社会主义道德在职业生活中的反映。《中共中央关于加强社会主义精神文明建设若干重要问题的决议》规定了当前各行各业都应共同遵守的职业道德五项基本规范，即"爱岗敬业、诚实守信、办事公道、服务群众、奉献社会"。其中，为人民服务是社会主义职业道德的核心，它是贯穿于全社会共同的职业道德的基本精神。社会主义职业道德的基本原则是集体主义，因为集体主义贯穿于社会主义职业道德规范的始终，是正确处理国家、集体、个人关系的最根本的准则，也是衡量个人职业行为和职业品质的基本准则，同时还是社会主义社会的客观要求，是社会主义职业活动获得成功的保证。

1. 基本特征

社会主义职业道德是建立在以社会主义公有制为主体的经济基础之上的一种社会意识，是在社会主义道德指导下形成与发展的。人们不论从事哪种职业，都不仅是为个人谋生，而是贯穿着为社会、为人民、为集体服务这一根本要求。

2. 社会主义职业道德的产生是社会主义事业发展的客观要求

要保障社会领域中出现的各种职业、行业和事业的顺利发展，保持个人利益、职业集体利益和整个社会利益的基本一致，平衡各职业集体之间的关系，需要用不同产业、行业、职业的职业道德去调整。

3. 社会主义职业道德是在对古今中外职业道德扬弃基础上逐步形成和发展起来的

社会主义职业道德是历史上劳动人民优秀职业道德的继承和发展，对以往社会统治集团和其他阶级职业活动中所产生的职业道德有间接性继承，也批判性地继承了西方职业道德的精华。社会主义职业道德亦是在同各种腐朽的道德思想不懈斗争的过程中逐步建立和发展起来的。

任务二　职业守则基本认识

药物制剂工（中级）的要求

鉴定点：

1. 制药生产职业道德要求；
2. 遵纪守法、爱岗敬业的基本要求；
3. 精益求精、质量为本的基本要求；
4. 安全生产、绿色环保的基本要求；
5. 诚信尽职、保守秘密的基本要求；
6. 尊师爱徒、团结协作的基本要求。

> **鉴定点解析：**
> 1. 熟知制药生产人员职业道德规范的概念及具体内容；
> 2. 掌握遵纪守法、爱岗敬业的相关内容；
> 3. 掌握精益求精、质量为本的相关内容；
> 4. 掌握安全生产、绿色环保的相关内容；
> 5. 掌握诚信尽职、保守秘密的相关内容；
> 6. 掌握尊师爱徒、团结协作的相关内容；
> 7. 熟知服务群众、奉献社会的相关内容。

药学职业道德规范

药学职业道德规范是指药学工作人员在药学工作中应遵守的道德规则和道德标准，是社会对药学工作人员行为基本要求的概括，同时也是从事医药研制、生产、经营、管理和使用等药学实践过程中形成的道德行为和道德关系规律的反映，也是衡量药学人员道德水平高低的标准和进行道德评价的尺度。

药学职业道德规范具体内容包括遵纪守法、爱岗敬业、精益求精、质量为本、安全生产、绿色环保、诚信尽职、保守秘密、尊师爱徒、团结协作、服务群众、奉献社会。

（一）遵纪守法，爱岗敬业

1. 遵纪守法

遵纪守法是每个公民应尽的社会责任和道德义务。药品是关系到人民生命健康的特殊商品，因此国家制定了一系列的法律规范，以保障药品合法合规发展。在制药领域，随着医药产业的发展，各种新工艺越来越精细，生产流程也越来越规范，因此药品生产人员在药品生产中应当严格遵守《中华人民共和国药品管理法》《中华人民共和国药品管理法实施条例》《药品生产质量管理规范》（GMP）等法律法规，按照法律规定的生产工艺进行生产是保证药品质量的前提。在药品生产职业活动中，每一名药物制剂工都应认真学习和严格遵守《中华人民共和国药品管理法》《药品生产质量管理规范》《中华人民共和国药典》（简称《中国药典》）等法律法规、部门规章及国家法典，这是制药行业稳定发展的根本保证，也是药学从业人员必须牢记和自觉遵守的职业道德规范。

2. 爱岗敬业

爱岗系指热爱自己的工作岗位，热爱本职工作。敬业系指用严肃、认真的态度对待自己的工作，勤勤恳恳、忠于职守。爱岗敬业是职业道德最基本的要求，也是职业道德的基础和核心。

荀况在《荀子·议兵》中说："凡百事之成也，必在敬之；其败也，必在慢之。"爱岗敬业就是要用恭敬严肃的态度和认真负责的精神来对待自己的工作。药物制剂从业人员应该在自己平凡的岗位上默默奉献，在枯燥烦琐的工作中辛勤付出，在单调重复的日子里无怨无悔。"责任胜于能力，态度决定成败"，做事情无论大小，都应该有责任心、慎重，不可疏忽懈怠、敷衍了事。用一种严肃、认真、负责的态度对待自己的工作，忠于职守，尽职尽责；干一行、爱一行、精一行，成为制药领域的行家里手。

（二）精益求精，质量为本

1. 精益求精

国家大力弘扬工匠精神，厚植工匠文化，恪守职业操守，崇尚精益求精，培育众多"大国工匠"，点燃了人们对产品"精益求精、精雕细琢"的热情。"大国工匠"的气质，体现在凡事耐心雕琢、精益求精的工作态度上。"精"是工匠一生追求的目标，在不断追求中形成精益求精的精神，即为工匠所具有的最常见、最核心的精神。精益求精是指求实严谨、注重细节、追求极致的工作态度。

精益求精的内涵包括三个层面：一是在物化层面的显现，即劳动产品的不断改进；二是在个人行为层面的显现，即劳动过程的不断改进，也就是手工技艺的提升；三是在个人意识层面的显现，即通过对劳动产品和劳动过程的改进而达到对自我认识的不断加深。作为制药人员要用求实严谨的态度对待工作，在工作中把细节做好，追求更好的品质。

2. 质量为本

药品的质量直接关乎人们的生命安全与身体健康，也是社会关注的焦点。药品生产企业是药品安全的第一责任人，药品生产人员是药品生产企业的生命与核心，是一个药品质量是否合格的主载体，药品生产人员在药品生产过程中要时刻坚持生产全过程质量第一的理念，从生产操作的细节做起，把药品的质量始终放在工作要求的第一位。

（三）安全生产，绿色环保

1. 安全生产

安全生产包括企事业单位在劳动生产过程中的人身安全、设备和产品安全以及交通运输安全等。安全生产是国家的一贯方针和基本国策，关系到人民群众的生命财产安全，关系到改革发展和社会稳定大局。对待安全生产，不能走过场，安全工作与生产发生矛盾的时候，生产必须给安全工作让路，任何人不能以任何借口阻拦安全工作。

纵观所有安全事故的发生，无不与工作人员麻痹大意及存有侥幸心理有关。大多数事故都是因为工作人员安全意识淡薄，在作业时随意性大，不按规章制度办事，甚至还有违章指挥、违章操作的惯性错误，在作业过程中，缺乏监护管理及自我防护能力，最终酿成惨剧。因此，企业的操作者既是安全生产的最后一道防线，也是最重要的一道防线，要加强自身安全教育，培养安全意识，提高专业操作技能，牢记安全操作规程，避免操作失误，杜绝违规操作；要掌握岗位隐患排查技能，将事故消灭于萌芽状态。

医药行业状况复杂，多数企业都有原料药、化学合成药、生物制品、中药饮片等，生产时用的装置、大中型仪器设备多，各种有机试剂多，所涉及的危化品种类繁多，产生的废水、废渣、废气也较多，这就要求制药人员加强安全管理、掌握防火防爆知识、危化品储存管理知识、设备检修知识等，生产过程中规范各岗位工艺安全措施和安全操作规程，除了能够正常操作外，还应熟练掌握异常操作处理及紧急事故处理的安全措施和能力。工艺操作中,应正确穿戴防护用品,防止机械设备或高温介质、药品污染等造成人身伤害,避免一切因"人"而起的事故发生。

2. 绿色环保

自然环境是人类生存的基本条件,是发展生产、繁荣经济的物质源泉。随着经济社会迅速发展、生产力显著提高,以及科技水平飞速进步、工业及生活排放的废弃物不断增多,使得大气、水土污染严重,生态平衡受到破坏,人类健康受到威胁。

习近平总书记提出"我们既要绿水青山,也要金山银山。宁要绿水青山,不要金山银山,而且绿水青山就是金山银山",要按照绿色发展理念,把生态文明建设融入各方面建设的全过程,建设美丽中国,努力开创社会主义生态文明新时代。在药品生产过程中通常会产生废气、废液、废渣等有害物质,这些有害物质若随意排放,势必会影响周围环境,损害周边群众的健康。同时,药品生产过程中产生的一些有毒有害物质也会对生产一线操作人员的身体健康造成影响。因此,药品生产企业应以人民健康为重,以一线员工的健康安全为己任,注重保护环境,采取有效、必要的防护措施,保护药品生产人员和周边群众的健康。

(四)诚信尽职,保守秘密

1. 诚信尽职

从儒家思想"人而无信,不知其可也。大车无𫐐,小车无𫐄,其何以行之哉?""诚者,天之道也;思诚者,人之道也",到社会主义核心价值观"富强、民主、文明、和谐,自由、平等、公正、法治、爱国、敬业、诚信、友善"。诚信自古以来一直是政治、经济、文化、司法、教育等活动中备受推崇的道德规范和行为准则。诚信不仅要求我们做到诚实、诚恳,还要有信、守信。

作为一名药物制剂工,如果能够始终秉承"诚信为本"的原则,将赢得公众对药品的信赖和良好口碑,赢得企业的长远发展,从而使个人的价值和利益得到充分体现。相反,如果为了一己之私而弄虚作假,尽管也可能得利于一时,但最终必将身败名裂、自食恶果,如"毒胶囊""长春生物疫苗"等药品安全事件,都是值得深思反思的案例。作为制药人员,我们不仅要考虑自己的从业前途,同时也要为同行以及整个行业着想,希望所有制药人员能够恪守诚信,反对隐瞒欺诈、伪劣假冒、弄虚作假,对人民群众健康负责,在医药振兴发展中担负起应有的使命和责任。

2. 保守秘密

《中华人民共和国反不正当竞争法》规定,商业机密是指不为公众所知悉,能为权利人带来经济利益,具有实用性并经权利人采取保密措施的技术信息和经营信息。在古代,药学领域涉及技术信息的商业机密,称为"禁方"或"秘方",如《史记·扁鹊仓公列传》"我有禁方,年老,欲传与公,公毋泄",这些都体现了古代医药从业者对技术秘密强烈的保护意识。

如今,我国已建立一个包括民法保护、行政法保护和刑事保护的商业秘密法律保护体系。劳动者在劳动合同期间以及解除或终止劳动合同后一段期限内，不得利用企业的商业秘密从事个人牟利活动，非依法律的规定或者企业的允诺，不得披露、使用或允许他人使用其掌握的企业商业秘密。在药品研发、生产和消费的产业链中，药物生产设备图纸、处方组成、制备工艺、操作规程、生产操作的具体方法和要点等都有可能构成商业秘密，成为关系到企业命脉的核心秘密。因此，每个人都应珍惜自己的职业信誉和个人信用，严格遵守单位保密协议。在现代社会中树立诚信尽职、保守秘密的道德意识，是公民思想道德的基本要求，也是我国各行各业公正有序竞争、发展的迫切需要。

（五）尊师爱徒，团结协作

1. 尊师爱徒

"三人行必有我师焉，择其善者而从之，其不善者而改之"，尊师重道一直是我国的优良传统。《吕氏春秋》曾言"疾学在于尊师"，即努力学习的关键在于尊重老师。而老师亦须热爱学生，使学生爱上学习，"使弟子安焉、乐焉、休焉、游焉、肃焉、严焉"。学生"尊师"，才会学而不厌，学有所成；老师"爱徒"，方能诲人不倦，有教无类。中医药不仅仅是探求生命之道，更是中国古代哲学、中华传统文化的载体之一。不仅治病救人"不得问其贵贱贫富"，师徒相传同样"不论其贫富贵贱"，徒尊师不论贵贱贫富，师之教亦不争轻重尊卑贫富。

学生要以老师的德高技超为榜样，虚心学习，勤学好问，认真听取教诲，钻研学问。老师要关心、爱护学生，以学生的职业发展和技术提升为己任，严管严教，悉心传授知识与自己的经验，践行"传道"、"授业"与"解惑"，使学生学习既有愉快的心情，也有严谨的态度。制药传承通过单一教学模式到现在的多元化教、演绎型教学模式，再加上信息网络和智能技术支持，其学习模式逐渐从以老师为中心到以学生为主体进行转变，但不变的仍是"尊师爱徒"的人文内涵。制药行业作为一个实操行业，不仅需要有专业的理论知识，还需要有实操技能，并能将二者相结合，具备高超的职业素养。同时，还需要熟悉制剂流程、解决制药过程中出现的问题、完成制剂的质量检查，才能够成为合格的药物制剂工，而这些都离不开老师的育德授技与学生的虚心学习。只有做到教学相长，传承创新，建立良好的师生关系，才能够更好地促进制药技艺进一步传承与发展。

2. 团结协作

《孟子》的"天时不如地利，地利不如人和"，《周易》的"二人同心，其利断金"，《论语》的"君子和而不同，小人同而不和"，还有俗语"三个臭皮匠，顶个诸葛亮""众人拾柴火焰高"等，无不体现了传统文化中团结协作的重要性。团结协作不仅是成事谋业的需要，也是增强能力、提升修养的必备条件。团结协作不仅需要我们严格要求自己，自省自胜，勤于反省，勇于担当，还需要我们能尊重他人，以礼待人，谨言慎行。我们将团结协作的高尚品质内化于心后，还需要外化于行，做到知行合一，比如坚守"和而不同"的原则、一致行动的方针等。不论是大到国家层面，还是小到家庭、团队，或者三两人的组合，团结协作都尤为重要。团结协作是中华民族的传统美德，也是中华文明源远流长、绵绵不息的动力。

在制药行业，团结协作更是必不可少的要求。现代制药融合了多学科知识，制药产业链漫长复杂，需要多学科多专业人才团结协作，方能设计、开发、制造出安全、有效的药物；制剂过程中同样讲求团结协作，合理分工，才能高效率、高质量、高标准地完成工作。合格的药物制剂工需要掌握理论知识与相应技能，而在学习和实践过程中需要彼此协作，相互为师，交流学习方法与心得体会，交流操作手法与问题解决途径，相互激励，共同进步。面对制剂过程中遇到的问题，需要集思广益，各抒己见，列出可能的原因，一起努力，找出解决办法。团结协作可及时发现问题、最大限度地提高效率，并找到一个最佳方案，减少后期的原料损耗及人力损耗，"千人同心，则得千人之力；万人异心，则无一人之用"说的就是这个道理。具备团结协作意识、具有集体主义精神是当代药物制剂工应当具备的素质，也是制药企业稳步、长期发展的必要条件。

（六）服务群众，奉献社会

1. 服务群众

服务群众系指为人民群众服务。服务群众是对所有药学从业人员的态度、意识和行为要求。自古以来药学人员服务群众的精神在古代名医名家身上体现得淋漓尽致，如神农尝百草，孙思邈的大医精诚之心，李时珍历尽千辛万苦编写《本草纲目》等。现代药品生产从业人员更应该全心全意保障人民身体健康，为人民健康服务。服务群众某种程度上也是服务家人，服务自己，药学人员要真正把用药者的利益放在首位，急人之所急，竭尽全力为群众服务。作为药品生产从业人员，要有精湛的制剂技术，更要将服务意识和服务精神贯彻到工作中的每一个细节，这样才能提高药品生产质量，真正做到为人民群众服务。

2. 奉献社会

奉献社会系指全心全意为社会作贡献，是为人民服务精神的最高体现。奉献社会是职业道德中的最高境界。药品是一种特殊的商品，制药行业也是一个特殊的行业，药品生产的从业人员必须具备高水平的药学职业道德，立足本职工作服务于企业、奉献于社会的思想。药品生产从业人员作为人民健康的守护者，要坚定理想信念，立志奉献，立足岗位职责，践行奉献精神。

项目二　岗位基础认知

任务一　药物制剂基础知识学习

一、药物剂型的分类

> **药物制剂工（中级）的要求**
>
> **鉴定点：**
> 1. 药物剂型的分类；
> 2. 剂型按分散系统划分的类别。
>
> **鉴定点解析：**
> 1. 熟知药物剂型的分类及其常见剂型；
> 2. 掌握药物剂型按分散系统划分的类别，各类别的概念及常见剂型。

药物剂型的种类很多，可以按以下几种方式进行分类：

（一）按形态分类

按物质形态，药物剂型的分类具体见表 2-1。

表 2-1　药物剂型按物质形态分类

物质形态	常见剂型
固体剂型	散剂、丸剂、片剂、颗粒剂、胶囊剂、膜剂、栓剂等
液体剂型	溶液剂、芳香水剂、注射剂、合剂、滴眼剂、洗剂、搽剂等
半固体剂型	软膏剂、乳膏剂、糊剂、凝胶剂等
气体剂型	气雾剂、喷雾剂等

由于剂型的形态不同，药物发挥作用的速度各异，一般以气体剂型最快，液体剂型次之，半固体剂型慢且多为外用，固体剂型发挥作用最慢。这类分类方法较简单，对制备、储藏和运输有一定的指导意义。

（二）按分散系统分类

分散相分散于分散介质中形成的系统称为分散系统。药物剂型按分散系统分类见表2-2。

表 2-2 药物剂型按分散系统分类

分类	分散系统	常见剂型
溶液型	药物以分子或离子状态（直径≤1 nm）分散于分散介质中所形成的均相分散体系（也称低分子溶液剂）	芳香水剂、溶液剂、糖浆剂、甘油剂、注射剂等
胶体溶液型	分散相直径在 1～100 nm 的均相分散体系	胶浆剂、火棉胶剂、涂膜剂等
乳剂型	油类药物或药物油溶液以液滴状态分散在分散介质中所形成的非均相分散体系	口服乳剂、静脉注射乳剂、部分搽剂等
混悬型	固体药物以微粒状态分散在分散介质中所形成的非均相分散体系	合剂、洗剂、混悬剂等
气体分散型	液体或固体药物以微粒状态分散在气体分散介质中所形成的分散体系	气雾剂、吸入剂等
微粒分散型	药物以不同大小微粒呈液体或固体状态分散	微球制剂、微囊制剂、纳米囊制剂、纳米粒制剂等
固体分散型	固体药物以聚集体状态存在的分散体系	片剂、散剂、颗粒剂、胶囊剂、丸剂等

（三）按给药途径分类

药物剂型按给药途径分类具体见表 2-3。

表 2-3 药物剂型按给药途径分类

给药途径	制剂类型	常见剂型
经胃肠道给药	胃肠道给药剂型	散剂、颗粒剂、片剂、胶囊剂、丸剂、溶液剂、乳剂、混悬剂等
非经胃肠道给药	注射给药剂型	溶液型、乳状液型、混悬型等
	呼吸道给药剂型	气雾剂、喷雾剂、粉雾剂等
	腔道给药剂型	栓剂、灌肠剂、泡腾片等
	皮肤给药剂型	外用溶液剂、洗剂、搽剂、软膏剂、贴剂等
	黏膜给药剂型	滴眼剂、滴鼻剂、口腔膜剂、舌下片剂等

这种分类方法与临床比较接近，并能反映给药途径和方法对剂型制备的一些特殊要求，但有时因同一种剂型可有多种给药途径，而使剂型分类复杂化，如散剂可能分为口服给药与皮肤给药。

（四）按制法分类

药物剂型按制法分类具体见表 2-4。

表 2-4　药物剂型按制法分类

分类	制法	常见剂型
浸出制剂	用浸出方法制备，一般指中药剂型	浸出制剂，如浸膏剂、流浸膏剂、酊剂等
无菌制剂	用灭菌方法或无菌操作法制备的归为无菌或灭菌制剂	注射剂、滴眼剂等

这种分类方法在制备上有一定的指导意义。制备方法随科学技术的发展而不断改进，此种分类方法不能包含全部剂型，故有一定的局限性。

二、制剂生产人员卫生要求

药物制剂工（中级）的要求

鉴定点：
制剂生产人员卫生要求。

鉴定点解析：
掌握 GMP 中对制剂生产人员卫生的要求。

GMP 要求对生产相关人员进行健康管理，并建立健康档案。对进入生产区人员的更衣程序（图 2-1）、化妆和佩带饰物、存放物品、接触药品操作等有详细规定。

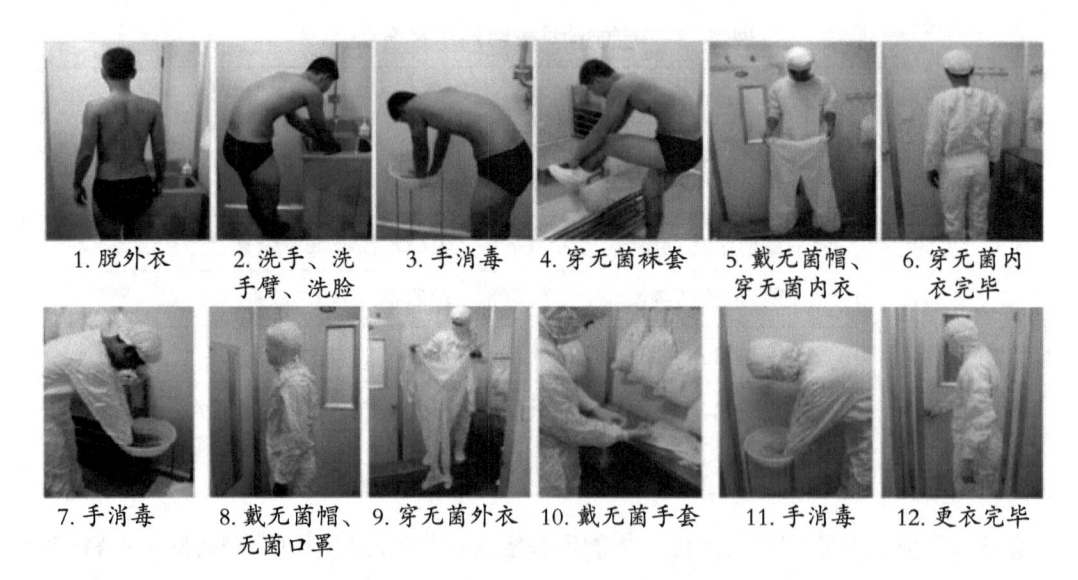

1. 脱外衣　2. 洗手、洗手臂、洗脸　3. 手消毒　4. 穿无菌袜套　5. 戴无菌帽、穿无菌内衣　6. 穿无菌内衣完毕　7. 手消毒　8. 戴无菌帽、无菌口罩　9. 穿无菌外衣　10. 戴无菌手套　11. 手消毒　12. 更衣完毕

图 2-1　进入生产区人员的更衣程序

总要求

1. 所有人员都应当接受卫生要求的培训，企业应当建立人员卫生操作规程，最大限度地降低人员对药品生产造成污染的风险。

2. 人员卫生操作规程应当包括与健康、卫生习惯及人员着装相关的内容。生产区和质量控制区的人员应当正确理解相关的人员卫生操作规程。企业应当采取措施确保人员卫生操作规程的执行。

3. 企业应当对人员健康进行管理，并建立健康档案。直接接触药品的生产人员上岗前应当接受健康检查，以后每年至少进行一次健康检查。

4. 企业应当采取适当措施，避免体表有伤口、患有传染病或其他可能污染药品疾病的人员从事直接接触药品的生产。

5. 参观人员和未经培训的人员不得进入生产区和质量控制区，特殊情况确需进入的，应当事先对个人卫生、更衣等事项进行指导。

6. 任何进入生产区的人员均应当按照规定更衣。工作服的选材、式样及穿戴方式应当与所从事的工作和空气洁净度级别要求相适应。

7. 进入洁净生产区的人员不得化妆和佩带饰物。

8. 生产区、仓储区应当禁止吸烟和饮食，禁止存放食品、饮料、香烟和个人用药品等非生产用物品。

9. 操作人员应当避免裸手直接接触药品、与药品直接接触的包装材料和设备表面。

三、制剂生产环境要求

> **药物制剂工（中级）的要求**
>
> **鉴定点：**
> 制剂生产环境卫生要求。
> **鉴定点解析：**
> 掌握 GMP 中对厂房与设施的规定。

（一）原则

1. 厂房的选址、设计、布局、建造、改造和维护必须符合药品生产要求，应当能够最大限度地避免污染、交叉污染、混淆和差错，便于清洁、操作和维护。

2. 应当根据厂房及生产防护措施综合考虑选址，厂房所处的环境应当能够最大限度地降低物料或产品遭受污染的风险。

3. 企业应当有整洁的生产环境；厂区的地面、路面及运输等不应当对药品的生产造成污染；生产、行政、生活和辅助区的总体布局应当合理，不得互相妨碍；厂区和厂房内的人、物流走向应当合理。

4. 应当对厂房进行适当维护，并确保维修活动不影响药品的质量。应当按照详细的书面操作规程对厂房进行清洁或必要的消毒。

5. 厂房应当有适当的照明、温度、湿度和通风，确保生产和贮存的产品质量以及相关设备性能不会直接或间接地受到影响。

6. 厂房、设施的设计和安装应当能够有效防止昆虫或其他动物进入。应当采取必要的措施，避免所使用的灭鼠药、杀虫剂、烟熏剂等对设备、物料、产品造成污染。

7. 应当采取适当措施，防止未经批准人员的进入。生产、贮存和质量控制区不应当作为非本区工作人员的直接通道。

8. 应当保存厂房、公用设施、固定管道建造或改造后的竣工图纸。

（二）生产区

1. 为降低污染和交叉污染的风险，厂房、生产设施和设备应根据所生产药品的特性、工艺流程及相应洁净级别要求合理设计、布局和使用，并符合下列要求：

（1）应当综合考虑药品的特性、工艺和预定用途等因素，确定厂房、生产设施和设备多产品共用的可行性，并有相应评估报告。

（2）生产特殊性质的药品，如高致敏性药品（如青霉素类）或生物制品（如卡介苗或其他用活性微生物制备而成的药品），必须采用专用和独立的厂房、生产设施和设备。青霉素类药品产尘量大的操作区域应保持相对负压，排至室外的废气应当经过净化处理并符合要求，排风口应当远离其他空气净化系统的进风口。

（3）生产 β-内酰胺结构类药品、性激素类避孕药品必须使用专用设施（如独立的空气净化系统）和设备，并与其他药品生产区严格分开。

（4）生产某些激素类、细胞毒性类、高活性化学药品应当使用专用设施（如独立的空气净化系统）和设备；特殊情况下，如采取特别防护措施并经过必要的验证，上述药品制剂则可通过阶段性生产方式共用同一生产设施和设备。

（5）用于上述第（2）（3）（4）项的空气净化系统，其排风应当经过净化处理。

（6）药品生产厂房不得用于生产对药品质量有不利影响的非药用产品。

2. 生产区和贮存区应当有足够的空间，确保有序地存放设备、物料、中间产品、待包装产品和成品，避免不同产品或物料的混淆、交叉污染，避免生产或质量控制操作发生遗漏或差错。

3. 应当根据药品品种、生产操作要求及外部环境状况等配置空调净化系统，使生产区有效通风，并有温度、湿度控制和空气净化过滤，保证药品的生产环境符合要求。

洁净区与非洁净区之间、不同级别洁净区之间的压差应当≥10帕斯卡。必要时，相同洁净度级别的不同功能区域（操作间）之间也应保持适当的压差梯度。

口服液体和固体制剂、腔道用药（含直肠用药）、表皮外用药品等非无菌制剂生产的暴露工序区域及其直接接触药品的包装材料最终处理的暴露工序区域，应当参照"无菌药品"D级洁净区的要求设置，企业可根据产品的标准和特性对该区域采取适当的微生物监控措施。

4. 洁净区的内表面（墙壁、地面、天棚）应当平整光滑、无裂缝、接口严密、无颗粒物脱落，避免积尘，便于有效清洁，必要时应当进行消毒。

5. 各种管道、照明设施、风口和其他公用设施的设计和安装应当避免出现不易清洁的部位，应当尽可能在生产区外部对其进行维护。

6. 排水设施应当大小适宜，并安装防止倒灌的装置。应当尽可能避免明沟排水；不可避免时，明沟宜浅，以方便清洁和消毒。

7. 制剂的原辅料称量通常应当在专门设计的称量室内进行。

8. 产尘操作间（如干燥物料或产品的取样、称量、混合、包装等操作间）应当保持相对负压或采取专门的措施，防止粉尘扩散、避免交叉污染并便于清洁。

9. 用于药品包装的厂房或区域应当合理设计和布局，以避免混淆或交叉污染。如同一区域内有数条包装线，应当有隔离措施。

10. 生产区应当有适度的照明，目视操作区域的照明应当满足操作要求。

11. 生产区内可设中间控制区域，但中间控制操作不得给药品带来质量风险。

（三）仓储区

1. 仓储区应当有足够的空间，确保有序存放待验、合格、不合格、退货或召回的原辅料、包装材料、中间产品、待包装产品和成品等各类物料和产品。

2. 仓储区的设计和建造应当确保良好的仓储条件，并有通风和照明设施。仓储区应当能够满足物料或产品的贮存条件（如温湿度、避光）和安全贮存的要求，并进行检查和监控。

3. 高活性的物料或产品以及印刷包装材料应当贮存于安全的区域。

4. 接收、发放和发运区域应当能够保护物料、产品免受外界天气（如雨、雪）的影响。接收区的布局和设施应当能够确保到货物料在进入仓储区前可对外包装进行必要的清洁。

5. 如采用单独的隔离区域贮存待验物料，待验区应当有醒目的标识，且只限于经批准的人员出入。

不合格、退货或召回的物料或产品应当隔离存放。

如果采用其他方法替代物理隔离，则该方法应当具有同等的安全性。

6. 通常应当有单独的物料取样区。取样区的空气洁净度级别应当与生产要求一致。如在其他区域或采用其他方式取样，应当能够防止污染或交叉污染。

（四）质量控制区

1. 质量控制实验室通常应当与生产区分开。生物检定、微生物和放射性同位素的实验室还应当彼此分开。

2. 实验室的设计应当确保其适用于预定的用途，并能够避免混淆和交叉污染，应当有足够的区域用于样品处置、留样和稳定性考察样品的存放以及记录的保存。

3. 必要时，应当设置专门的仪器室，使灵敏度高的仪器免受静电、震动、潮湿或其他外界因素的干扰。

4. 处理生物样品或放射性样品等特殊物品的实验室应当符合国家的有关要求。

5. 实验动物房应当与其他区域严格分开，其设计、建造应当符合国家有关规定，并设有独立的空气处理设施以及动物的专用通道。

（五）辅助区

1. 休息室的设置不应当对生产区、仓储区和质量控制区造成不良影响。
2. 更衣室和盥洗室应当方便人员进出，并与使用人数相适应。盥洗室不得与生产区和仓储区直接相通。
3. 维修间应当尽可能远离生产区。存放在洁净区内的维修用备件和工具，应当放置在专门的房间或工具柜中。

四、药物制剂理化知识基础

> **药物制剂工（中级）的要求**
>
> **鉴定点：**
> 1. 药物制剂理化知识；
> 2. 影响药物溶出速度的因素；
> 3. 药物溶解度的表示方法；
> 4. 药物溶液渗透压的概念。
>
> **鉴定点解析：**
> 1. 掌握药用溶剂的种类及其性质；
> 2. 掌握药物溶解度的概念、表示方法及分类；
> 3. 掌握影响药物溶解度的因素和增加溶解度的方法；
> 4. 掌握药物溶出度的概念和影响药物溶出度的因素；
> 5. 掌握溶液渗透压的概念，学会区分等渗溶液和等张溶液。

本部分内容主要包括药用溶剂的种类及性质、溶解度与溶出速度和药物溶液的性质等。

（一）药用溶剂的种类及性质

1. 药用溶剂的种类

（1）水　水是最常用的极性溶剂，其理化性质稳定，有很好的生理相容性，根据制剂的需要可制成注射用水、纯化水与制药用水使用。

（2）非水溶剂　在水中溶解度过小的药物，可选用适当的非水溶剂或使用混合溶剂，增大药物的溶解度，以制成溶液。

①醇与多元醇类：乙醇、丙二醇、甘油、聚乙二醇200、聚乙二醇400、聚乙二醇600、丁醇和苯甲醇等，能与水混溶。

②酰胺类：二甲基甲酰胺、二甲基乙酰胺等，能与水和乙醇混溶。

③酯类：三醋酸甘油酯、乳酸乙酯、油酸乙酯、苯甲酸苄酯和肉豆蔻酸异丙酯等。

④植物油类：花生油、玉米油、芝麻油、红花油等。

⑤亚砜类：二甲亚砜，能与水和乙醇混溶，因溶解性能好，被称为"万能溶剂"。

2. 药用溶剂的性质

溶剂的极性直接影响药物的溶解度。溶剂的极性大小常以介电常数和溶解度参数的大小来衡量。

（1）介电常数　溶剂的介电常数表示将相反电荷在溶液中分开的能力，它反映溶剂分子的极性大小。介电常数借助电容测定仪，通过测定溶剂的电容值（C）求得。介电常数大的溶剂极性大，介电常数小的溶剂极性小。

（2）溶解度参数　溶解度参数表示同种分子间的内聚力，也是分子极性大小的一种量度指标。溶解度参数越大，极性越大。

（二）药物的溶解度

药物的溶解度是制备药物制剂时首先掌握的必要信息，也直接影响药物在体内的吸收与药物生物利用度。

1. 药物的溶解度

（1）溶解度的表示方法

溶解度系指在一定温度（气体在一定压力）下，在一定量溶剂中达饱和时溶解的最大药量，是反映药物溶解性的重要指标。溶解度常用一定温度下 100 g 溶剂中（或 100 mL 溶液）溶解溶质的最大克数来表示。例如，咖啡因在 20℃水溶液中溶解度为 1.46%，即表示在 100 mL 水中溶解 1.46 g 咖啡因时溶液达到饱和。溶解度也可用物质的摩尔浓度（mol/L）表示。

（2）《中国药典》关于溶解度的表述方法

《中国药典》中将药物溶解度分为极易溶解、易溶、溶解、略溶、微溶、极微溶解、几乎不溶或不溶，分别将它们记载于各药物项下。各品种项下选用的部分溶剂及其在该溶剂中的溶解性能，可供精制或制备溶液时参考；对在特定溶剂中的溶解性能需进行质量控制时，在该品种检查项下另作具体规定。药品的近似溶解度以下列名词术语表示，见表2-5。

表2-5 《中国药典》（现行版）关于溶解度的描述方法

溶解度术语	溶解限度
极易溶解	系指溶质1 g（mL）能在不到1 mL溶剂中溶解
易溶	系指溶质1 g（mL）能在1 mL～不到10 mL溶剂中溶解
溶解	系指溶质1 g（mL）能在10 mL～不到30 mL溶剂中溶解
略溶	系指溶质1 g（mL）能在30 mL～不到100 mL溶剂中溶解

（续表）

溶解度术语	溶解限度
微溶	系指溶质1 g（mL）能在溶剂100～不到1 000 mL中溶解
极微溶解	系指溶质1 g（mL）能在溶剂1 000～不到10 000 mL中溶解
几乎不溶或不溶	系指溶质1 g（mL）能在溶剂10 000 mL中不能完全溶解

2. 影响药物溶解度的因素

（1）药物溶解度与分子结构　药物在溶剂中的溶解度是药物分子与溶剂分子间相互作用的结果。若药物分子间的作用力大于药物分子与溶剂分子间作用力，则药物溶解度小；反之，则溶解度大，即"相似相溶"。

氢键对药物溶解度影响较大。在极性溶剂中，如果药物分子与溶剂分子之间可以形成氢键，则溶解度增大。如果药物分子形成分子内氢键，则在极性溶剂中的溶解度减小，而在非极性溶剂中的溶解度增大。

有机弱酸弱碱药物制成可溶性盐可增加其溶解度。将含碱性基团的药物如生物碱，加酸制成盐类，可增加在水中溶解度；将酸性药物加碱制成盐增加水中溶解度，如阿司匹林制成钙盐在水中溶解度增大，且比钠盐稳定。

难溶性药物分子中引入亲水基团可增加在水中的溶解度。如维生素K_3不溶于水，分子中引入$-SO_3HNa$则成为维生素K_3亚硫酸氢钠，可制成注射剂。

（2）水合作用与溶剂化作用　药物离子的水合作用与离子性质有关，阳离子和水之间的作用力很强，以至于阳离子周围保持有一层水。一般单价阳离子结合4个水分子。药物的溶剂化作用会影响药物在溶剂中的溶解度。

（3）多晶型的影响　多晶型现象在有机药物中广泛存在。同一化学结构的药物，由于结晶条件（如溶剂、温度、冷却速度等）不同，形成结晶时分子排列与晶格结构不同，因而形成不同的晶型，产生多晶型。晶型不同，药物的熔点、溶解速度、溶解度等也不同。例如，维生素B_2有三种晶型，在水中溶解度分别为：Ⅰ型，60 mg/L；Ⅱ型，80 mg/L；Ⅲ型，120 mg/L。

无定型为无结晶结构的药物，所以溶解度和溶解速度较结晶型大。例如，新生霉素在酸性水溶液中形成无定型，其溶解度比结晶型大10倍，溶出速度也快，吸收也快。

假多晶型药物结晶过程中，溶剂分子进入晶格使结晶型改变，形成药物的溶剂化物。如溶剂为水，即为水合物。溶剂化物与非溶剂化物的熔点、溶解度和溶解速度等物理性质不同，这是结晶结构的改变影响晶格能所致。在多数情况下，溶解度和溶解速度按水合物<无水物<有机化物的顺序排列。例如，琥珀酸磺胺嘧啶水合物的溶解度为10 mg/100 mL，无水物溶解度为39 mg/100 mL，戊醇溶剂化物溶解度为80 mg/100 mL。

（4）粒子大小的影响　对于可溶性药物，粒子大小对溶解度影响不大，而对于难溶性药物，粒子半径大于 2 000 nm 时粒径对溶解度无影响，但粒子大小在 0.1 ~ 100 nm 时溶解度随粒径减小而增加。

（5）温度的影响　温度对溶解度影响取决于溶解过程是吸热还是放热。当溶解过程是吸热时，溶解度随温度升高而升高；如果溶解过程是放热时，溶解度随温度升高而降低。

（6）pH 值与同离子效应

① pH 值的影响：多数药物为有机弱酸、弱碱及其盐类，这些药物在水中溶解度受 pH 值影响很大。

② 同离子效应：若药物的解离型或盐型是限制溶解的组分，则其在溶液中的相关离子的浓度是影响该药物溶解度的决定因素。一般向难溶性盐类饱和溶液中，加入含有相同离子化合物时，其溶解度降低，这是由于同离子效应的影响。如许多盐酸盐类药物在 0.9% 氯化钠溶液中的溶解度比在水中低。

（7）混合溶剂的影响　混合溶剂是指能与水以任意比例混合、与水分子能以氢键结合、能增加难溶性药物溶解度的溶剂。如乙醇、甘油、丙二醇、聚乙二醇等可与水组成混合溶剂。如洋地黄毒苷可溶于水和乙醇的混合溶剂中。药物在混合溶剂中的溶解度，与混合溶剂的种类、混合溶剂中各溶剂的比例有关。药物在混合溶剂中的溶解度通常是各单一溶剂溶解度的相加平均值，但也有高于相加平均值的。在混合溶剂中各溶剂在某一比例时，药物的溶解度比在各单纯溶剂中溶解度出现极大值，这种现象称为潜溶，这种溶剂称为潜溶剂。如苯巴比妥在 90% 乙醇中有最大溶解度。

潜溶剂提高药物溶解度的原因，一般认为是两种溶剂间发生氢键缔合，有利于药物溶解。另外，潜溶剂改变了原来溶剂的介电常数。如乙醇和水或丙二醇和水组成的潜溶剂均降低了溶剂的介电常数，增加了对非解离药物的溶解度。一个好的潜溶剂的介电常数一般是 25 ~ 80。

选用溶剂时，无论采用何种给药途径，必须考虑其毒性。如果是注射给药，还要考虑生理活性、刺激性、溶血、降压、过敏等。常与水组成潜溶剂的有乙醇、丙二醇、甘油、聚乙二醇等。如醋酸去氢皮质酮注射液等，以水 – 丙二醇为溶剂。

3. 增加溶解度的方法

（1）加入助溶剂　助溶系指难溶性药物与加入的第三种物质在溶剂中形成可溶性络合物、复盐或缔合物等，以增加药物在溶剂（主要是水）中的溶解度，这第三种物质称为助溶剂。助溶剂可溶于水，多为低分子化合物（不是表面活性剂），可与药物形成络合物。如碘在水中溶解度为 1 : 2 950，如加适量的碘化钾，可明显增加碘在水中溶解度，能配成含碘 5% 的水溶液。碘化钾为助溶剂，增加碘溶解度的机制是 KI 与碘形成分子间的络合物 KI_3。

（2）加入增溶剂　增溶是指某些难溶性药物在表面活性剂的作用下，在溶剂中溶解度增大并形成澄清溶液的过程。具有增溶能力的表面活性剂称增溶剂，被增溶的物质称为增溶质。对于以水为溶剂的药物，增溶剂的最适亲水亲油平衡值（HLB）为 15 ~ 18。常用的增溶剂为聚山梨酯类和聚氧乙烯脂肪酸酯类等。每 1 g 增溶剂能增溶药物的克数称增溶量。许多药物，如挥发油、脂溶性维生素、甾体激素类、生物碱、抗生素类等均可用此法增溶。

表面活性剂之所以能增加难溶性药物在水中的溶解度，是表面活性剂在水中形成胶束的结果。由于胶束的内部与周围溶剂的介电常数不同，难溶性药物根据自身的化学性质，以不同方式与胶束相互作用，使药物分子分散在胶束中。例如，非极性分子苯、甲苯等可溶解于胶束的非极性中心区；具有极性基团而不溶于水的药物，如水杨酸等，在胶束中定向排列，分子中的非极性部分插入胶束的非极性中心区，其极性部分伸入胶束的亲水基团方向；对于极性基团占优势的药物，如对羟基苯甲酸，完全分布在胶束的亲水基之间。

（三）药物的溶出度

1. 药物溶出速度

药物的溶出速度是指单位时间药物溶解进入溶液主体的量。溶出过程包括两个连续的阶段，先是溶质分子从固体表面溶解，形成饱和层，然后在扩散作用下经过扩散层，再在对流作用下进入溶液主体内。

2. 影响药物溶出速度的因素

①固体的表面积：同一重量的固体药物，其粒径越小，表面积越大；对同样大小的固体药物，孔隙率越高，表面积越大；对于颗粒状或粉末状的药物，如在溶出介质中结块，可加入润湿剂以改善固体粒子的分散度，增加溶出界面，这些都有利于提高溶出速度。

②温度：温度升高，药物溶解度增大、扩散增强、黏度降低，溶出速度加快。

③溶出介质的体积：溶出介质的体积小，溶液中药物浓度高，溶出速度慢；反之则溶出速度快。

④扩散系数：药物在溶出介质中的扩散系数越大，溶出速度越快。在温度一定的条件下，扩散系数大小受溶出介质的黏度和药物分子大小的影响。

⑤扩散层的厚度：扩散层的厚度愈大，溶出速度愈慢。扩散层的厚度与搅拌程度有关，搅拌速度快，扩散层薄，溶出速度快。

⑥片剂、胶囊剂等剂型的溶出，还受处方中加入的辅料等因素以及溶出速度测定方法有关。

（四）药物溶液渗透压

半透膜是药物溶液中的溶剂分子可自由通过，而药物分子不能通过的膜。如果半透膜的一侧为药物溶液，另一侧为溶剂，则溶剂侧的溶剂透过半透膜进入溶液侧，最后达到渗透平衡，此时两侧所产生压力差即为溶液的渗透压，此时两侧的浓度相等。渗透压对注射液、滴眼液、输液等剂型具有重要意义。

等渗溶液系指与血浆渗透压相等的溶液，即溶液中质点数相等，属于物理化学概念。对药物的注射剂、滴眼剂等，要求制成等渗溶液，正常人血浆渗透压为 749.6 kPa。

等张溶液是指渗透压与红细胞膜张力相等的溶液，也就是与细胞接触时使细胞功能和结构保持正常的溶液，所以等张是一个生物学概念。渗透压只是维持细胞正常状态诸多因素之一。因此，等渗和等张是不同概念。

除了可采用半透膜法测定渗透压，还可由冰点降低法间接求得。对于低分子药物采用半透膜直接测定渗透压比较困难，故通常采用测量药物溶液的冰点下降值来间接测定渗透压摩尔浓度。

五、制剂设备知识基础

> **药物制剂工（中级）的要求**
>
> **鉴定点：**
> 制剂设备知识基础。
> **鉴定点解析：**
> 掌握 GMP 中对设备的规定。

制药设备的设计、选型、安装等对药品的生产极其重要，应满足工艺流程，方便操作和维护，有利于清洁。在《药品生产质量管理规范》中，关于制剂设备有以下具体的要求：

（一）原则

1. 设备的设计、选型、安装、改造和维护必须符合预定用途，应当尽可能降低产生污染、交叉污染、混淆和差错的风险，便于操作、清洁、维护，以及必要时进行的消毒或灭菌。

2. 应当建立设备使用、清洁、维护和维修的操作规程，并保存相应的操作记录。

3. 应当建立并保存设备采购、安装、确认的文件和记录。

（二）设计和安装

1. 生产设备不得对药品质量产生任何不利影响。与药品直接接触的生产设备表面应当平整、光洁、易清洗或消毒、耐腐蚀，不得与药品发生化学反应、吸附药品或向药品中释放物质。

2. 应当配备有适当量程和精度的衡器、量具、仪器和仪表。

3. 应当选择适当的清洗、清洁设备，并防止这类设备成为污染源。

4. 设备所用的润滑剂、冷却剂等不得对药品或容器造成污染，应当尽可能使用食用级或级别相当的润滑剂。

5. 生产用模具的采购、验收、保管、维护、发放及报废应当制定相应操作规程，设专人专柜保管，并有相应记录。

(三) 维护和维修

1. 设备的维护和维修不得影响产品质量。

2. 应当制定设备的预防性维护计划和操作规程，设备的维护和维修应当有相应的记录。

3. 经改造或重大维修的设备应当进行再确认，符合要求后方可用于生产。

(四) 使用和清洁

1. 主要生产和检验设备都应当有明确的操作规程。

2. 生产设备应当在确认的参数范围内使用。

3. 应当按照详细规定的操作规程清洁生产设备。

生产设备清洁的操作规程应当规定具体而完整的清洁方法、清洁用设备或工具、清洁剂的名称和配制方法、去除前一批次标识的方法、保护已清洁设备在使用前免受污染的方法、已清洁设备最长的保存时限、使用前检查设备清洁状况的方法，使操作者能以可重现的、有效的方式对各类设备进行清洁。

如需拆装设备，还应当规定设备拆装的顺序和方法；如需对设备消毒或灭菌，还应当规定消毒或灭菌的具体方法、消毒剂的名称和配制方法。必要时，还应当规定设备生产结束至清洁前所允许的最长间隔时限。

4. 已清洁的生产设备应当在清洁、干燥的条件下存放。

5. 用于药品生产或检验的设备和仪器，应当有使用日志，记录内容包括使用、清洁、维护和维修情况以及日期、时间、所生产及检验的药品名称、规格和批号等。

6. 生产设备应当有明显的状态标识，标明设备编号和内容物（如名称、规格、批号）；没有内容物的应当标明清洁状态。

7. 不合格的设备如有可能应当搬出生产和质量控制区，未搬出前，应当有醒目的状态标识。

8. 主要固定管道应当标明内容物名称和流向。

(五) 校准

1. 应当按照操作规程和校准计划定期对生产和检验用衡器、量具、仪表、记录和控制设备以及仪器进行校准和检查，并保存相关记录。校准的量程范围应当涵盖实际生产和检验的使用范围。

2. 应当确保生产和检验使用的关键衡器、量具、仪表、记录和控制设备以及仪器经过校准，所得出的数据准确、可靠。

3. 应当使用计量标准器具进行校准，且所用计量标准器具应当符合国家有关规定。校准记录应当标明所用计量标准器具的名称、编号、校准有效期和计量合格证明编号，确保记录的可追溯性。

4. 衡器、量具、仪表、用于记录和控制的设备以及仪器应当有明显的标识，标明其校准有效期。

5. 不得使用未经校准、超过校准有效期、失准的衡器、量具、仪表以及用于记录和控制的设备、仪器。

6. 在生产、包装、仓储过程中使用自动或电子设备的，应当按照操作规程定期进行校准和检查，确保其操作功能正常。校准和检查应当有相应的记录。

（六）制药用水

1. 制药用水应当适合其用途，并符合《中国药典》的质量标准及相关要求。制药用水至少应当采用饮用水。

2. 水处理设备及其输送系统的设计、安装、运行和维护应当确保制药用水达到设定的质量标准。水处理设备的运行不得超出其设计能力。

3. 纯化水、注射用水储罐和输送管道所用材料应当无毒、耐腐蚀；储罐的通气口应当安装不脱落纤维的疏水性除菌滤器；管道的设计和安装应当避免死角、盲管。

4. 纯化水、注射用水的制备、贮存和分配应当能够防止微生物的滋生。纯化水可采用循环，注射用水可采用70℃以上保温循环。

5. 应当对制药用水及原水的水质进行定期监测，并有相应的记录。

6. 应当按照操作规程对纯化水、注射用水管道进行清洗消毒，并有相关记录。发现制药用水微生物污染达到警戒限度、纠偏限度时应当按照操作规程处理。

六、制剂包装材料

药物制剂工（中级）的要求

鉴定点：
1. 制剂包装材料的类别；
2. 塑料及其复合材料的应用。

鉴定点解析：
1. 掌握药包材的分类；
2. 了解药包材的材料组成，掌握塑料及其复合材料的应用。

（一）药包材的分类

药包材可分别按使用方式、材料组成及形状进行分类。

1. 按使用方式分类药包材

按使用方式可分为Ⅰ、Ⅱ、Ⅲ三类。

Ⅰ类药包材指直接接触药品且直接使用的药品包装用材料、容器（如塑料输液瓶或袋、固体或液体药用塑料瓶）。

Ⅱ类药包材指直接接触药品，清洗后可以消毒灭菌的药品包装用材料、容器（玻璃输液瓶、输液瓶胶塞、玻璃口服液瓶等）。

Ⅲ类药包材指Ⅰ、Ⅱ类以外其他可能直接影响药品质量的药品包装用材料、容器（如输液瓶铝盖、铝塑组合盖）。

2. 按形状分类

药包材按形状可分为容器（如塑料滴眼剂瓶）、片材（如药用聚氯乙烯硬片）、袋（如药用复合膜袋）、塞（如丁基橡胶输液瓶塞等）、盖（如口服液瓶撕拉铝盖）等。

3. 按材质组成分类

药包材按材质组成可分为金属、玻璃、塑料（热塑性、热固性高分子化合物）、橡胶（热固性高分子化合物）及上述成分的组合（如铝塑组合盖、药品包装用复合膜）等。

（二）药包材的材料组成

1. 金属　　金属在制剂包装材料中应用较多的只有锡、铝、铁与铅，可制成刚性容器，如筒、桶、软管、金属箔等。用锡、铅、铁、铝等金属制成的容器，光线、液体、气体、气味与微生物都不能透过，它们能耐高温，也耐低温。为了防止内外腐蚀或发生化学作用，容器内外壁上往往需要涂保护层。

2. 玻璃　　玻璃具有优良的保护性，其本身稳定、价廉、美观。玻璃容器是药品最常用的包装容器。玻璃清澈光亮，基本化学惰性，不渗透，坚硬，不老化，配上合适的塞子或盖子与盖衬可以不受外界任何物质的入侵，但光线可透入。需要避光的药物可选用棕色玻璃容器。玻璃的主要缺点是质重和易碎。

3. 塑料及其复合材料　　塑料是一种合成的高分子化合物，具有许多优越的性能，可用来生产刚性或柔软容器。塑料比玻璃或金属轻、不易破碎（即使破裂也无危险），但在透气、透湿性、化学稳定性、耐热性等方面不如玻璃。所有塑料都能透气透湿、高温软化，很多塑料也受溶剂的影响。

根据受热的变化塑料可分成两类：一类是热塑性塑料，它受热后熔融塑化，冷却后变硬成形，但其分子结构和性能无显著变化，如聚氯乙烯（PVC）、聚乙烯（PE）、聚丙烯（PP）、聚酰胺（PA）等；另一类是热固性塑料，它受热后，分子结构被破坏，不能回收再次成型，如酚醛塑料、环氧树脂塑料等。前一类较常用。

4. 橡胶　　橡胶具有高弹性、低透气和透水性、耐灭菌、良好的相容性等特性，因此橡胶制品在医药上的应用十分广泛，其中丁基橡胶、卤化丁基橡胶、丁腈橡胶、乙丙橡胶、天然橡胶和顺丁橡胶都可用来制造医药包装系统的基本元素——药用瓶塞。为防止药品在贮存、运输和使用过程中受到污染和渗漏，橡胶瓶塞一般常用作医药产品包装的密封件，如输液瓶塞、冻干剂瓶塞、血液试管胶塞、输液泵胶塞、齿科麻醉针筒塞、预装注射针筒活塞、胰岛素注射器活塞和各种气雾瓶（吸气器）所用密封件等。

七、制剂与医用制品灭菌

> **药物制剂工（中级）的要求**
>
> 鉴定点：
> 1. 过滤除菌的含义、特点与适用范围；
> 2. 除菌器滤膜的种类与选用；
> 3. 滤膜、滤器的洁净处理；
> 4. 除菌滤膜的完整性检测；
> 5. 过滤除菌的操作规程。
>
> 鉴定点解析：
> 1. 掌握过滤除菌的含义、特点与适用范围；
> 2. 掌握除菌滤膜的种类与选用；
> 3. 掌握滤膜、滤器的洁净处理方法；
> 4. 掌握除菌滤膜完整性检测的分类及检测内容；
> 5. 掌握过滤除菌操作程序、操作规程和注意事项。

（一）过滤除菌法

1. 含义

过滤除菌法是指利用细菌不能通过致密具孔滤材以除去气体或液体中微生物的方法。

2. 特点

供除菌用的滤器，要求能有效地从溶液中除净微生物，溶液能顺畅地通过，容易清洗，操作简便。除菌过滤膜有亲水性和疏水性两种材质，需根据过滤药液的性质进行选择，选择时应考虑滤材的密度、厚度、孔径及是否有静电作用。

此法应配合无菌操作法进行。

过滤除菌广泛应用于最终灭菌产品和非最终灭菌产品。但两种应用的目的是不同的。对于最终灭菌产品，药液进行过滤的目的是降低微生物污染水平；而非最终灭菌产品必须进行过滤除去所有细菌，达到注射要求。

该过程可以除去病毒以外的微生物，必须无菌操作，必要时在滤液中添加适当的防腐剂，但不应对产品质量产生不良影响。

3. 适用范围

适用于对热不稳定的药物溶液、气体、水等的除菌。

（二）除菌滤膜

1. 种类与选用

繁殖型细菌一般大于 1 μm，芽孢不大于 0.5 μm，药品生产中采用的除菌滤膜孔径一般不超过 0.22 μm，常采用 0.22 μm 的微孔滤膜滤器、G6 垂熔玻璃滤器。除菌过滤膜的材质分为亲水性和疏水性两种，应根据过滤物品的性质及过滤目的选用。

2. 洁净处理

滤器和滤膜在使用前应进行洁净处理，并用高压蒸汽进行灭菌或在线灭菌，必要时可采样做细菌学检查。

更换生产品种和批次应先清洗滤器，再更换滤膜。

3. 完整性检测

完整性检测是过滤除菌工作中必不可少的检测方法，除菌滤器（滤膜或滤芯）使用前后均须做完整性检测。完整性检测分破坏性检测和非破坏性检测两类。破坏性检测包括微生物挑战试验、颗粒挑战试验。非破坏性检测方法有起泡点试验、扩散流试验和压力保持试验或压力衰减试验。

（三）使用无菌滤器除菌

1. 操作程序

开机前的准备工作→安装除菌滤芯→加料→除菌→关机→清场。

2. 操作规程

（1）除菌过滤器的消毒灭菌

①打开进料罐的罐底阀门，开启纯蒸汽阀门，待进料罐蒸汽压力达到 0.2 MPa 后，缓慢开启套筒上游阀门，当上游压力达到 0.03 MPa 时，开启前端套筒的套筒排气阀和套筒排污阀，当套筒上方的套筒排气口有大量蒸汽冲出时，关小套筒排气阀，保持排放约 10 cm 蒸汽柱。

②当套筒排污口冷凝水排放完毕，有蒸汽排出后，关小套筒排污阀，保持排放约 10 cm 蒸汽柱，同时将下游阀门微微开启。再缓慢开启后端套筒前端的隔膜阀门，开启后端套筒的套筒排气阀和套筒排污阀，当套筒上方的套筒排气口有大量蒸汽冲出时，关小套筒排气阀，保持排放约 10 cm 蒸汽柱。当套筒排污口冷凝水排放完毕，有蒸汽排出后，关小套筒排污阀，保持排放约 10 cm 蒸汽柱。

③当下游压力表值逐渐升压时，应开大套筒下游阀门，使蒸汽在系统中顺利通过。并且可逐渐开大上游阀门，加大蒸汽流量，但上、下游压力差值要 < 0.03 MPa。

④当上、下游压力均达到 0.1 MPa 以上，同时上、下游压差 < 0.03 MPa，管道末端温度表 ≥ 121℃时，开始计时消毒 30 分钟。

⑤消毒过程中如果蒸汽掉压、温度 < 121℃，则需重新计时消毒。

⑥计时 30 分钟后依次从下游至上游关闭阀门，切勿突然打开排气阀或其他阀门，以免滤芯上、下游压差大于 0.03 MPa，造成破损。

（2）药液过滤

①开启进料罐的压缩空气阀门给罐体加压，待罐体压力表值 0.24 ~ 0.26 MPa，关闭压缩空气阀门。开启前端套筒上游阀门，同时打开套筒的排气阀、排污阀，至套筒排气阀

和套筒排污阀排出药液后关闭,让套筒内充满药液。

②开启后端套筒上游阀门,同时打开套筒的排气阀、排污阀,至套筒排气阀和套筒排污阀排出药液后关闭,让套筒内充满药液。打开后端套筒下游阀门。

(3)注意事项

①一个无菌过滤器不能同时过滤不同的产品,可被用于过滤同一产品的多个批次,但用前和用后必须进行完整性试验。

②一个无菌过滤器使用时限不能超过一个工作日(特殊情况除外)。

③在使用过程中若发现滤速突然变快或太慢或压力值升高,则表示膜已破损或微孔被堵塞,应及时更换新滤膜,并重复上面的试验。

④除菌过滤器在消毒操作全过程中,一定严格控制上、下游压力差小于 0.3 Bar (0.03 MPa),严禁超出滤芯允许的压力,否则会使滤芯变形损坏。

⑤套筒安装过程注意手部消毒,避免污染,套筒下游严禁开口。

⑥每次消毒时间为 121℃以上 30 分钟,滤芯正常消毒 30 次需要更换。过滤前后做滤芯完整性测试,若不合格,应立即更换后重新灭菌和过滤。

⑦每次更换滤芯时,应及时填写滤芯更换记录。

任务二　药品质量控制基础知识学习

一、制剂微生物限度要求

> **药物制剂工(中级)的要求**
>
> **鉴定点:**
> 制剂微生物限度要求。
> **鉴定点解析:**
> 熟知《中国药典》(现行版)中非无菌药品微生物限度标准。

药品作为一种特殊商品,其质量优劣直接关系到人们用药的安全性与有效性。当一个药品中存在不需要的物质或某些物质含量超过规定限度时,说明这个药品受到污染。根据污染来源不同,可将其分为尘埃污染、微生物污染、遗留物污染。

微生物污染是其中最重要的一种污染。微生物体形细小,构造简单,肉眼看不见,需借助光学显微镜和电镜放大几百倍、几千倍甚至几万倍才能看到。微生物具有体积小、繁殖快、适应力强、易变异、分布广、种类多等共性。

根据人体对微生物的耐受程度,《中华人民共和国药典》(现行版)(以下简称《中国药典》)对不同给药途径的药物制剂大体分为:无菌制剂和非无菌制剂(限菌制剂)。无菌制剂是指制剂中不含任何活的微生物,包括芽孢。注射剂、手术、烧伤或严重创伤的局部给药制剂、眼用制剂应符合无菌要求。限菌制剂是指允许一定限度的微生物存在,但不得有规定致病菌存在的药物制剂。

（一）非无菌药品微生物限度标准（见《中国药典》（现行版）四部）

非无菌药品的微生物限度标准是基于药品的给药途径和对患者健康潜在的危害以及药品的特殊性而制订的。药品生产、贮存、销售过程中的检验，药用原料、辅料、中药提取物及中药饮片的检验，新药标准制订，进口药品标准复核，考察药品质量及仲裁等，除另有规定外，其微生物限度均以本标准为依据。

1. 制剂通则、品种项下要求无菌及标示无菌的制剂和原辅料：应符合无菌检查法规定。

2. 用于手术、严重烧伤、严重创伤的局部给药制剂：应符合无菌检查法规定。

3. 非无菌化学药品制剂、生物制品制剂、不含药材原粉的中药制剂的微生物限度标准见表 2-6。

表 2-6 非无菌化学药品制剂、生物制品制剂、不含药材原粉的中药制剂的微生物限度标准

给药途径	需氧菌总数（cfu/g、cfu/mL 或 cfu/10 cm^2）	霉菌和酵母菌总数（cfu/g、cfu/mL 或 cfu/10 cm^2）	控制菌
口服给药① 固体制剂 液体制剂	10^3 10^2	10^2 10^1	不得检出大肠埃希菌（1 g 或 1 mL）；含脏器提取物的制剂还不得检出沙门菌（10 g 或 10 mL）
口腔黏膜给药制剂 齿龈给药制剂 鼻用制剂	10^2	10^1	不得检出大肠埃希菌、金黄色葡萄球菌、铜绿假单胞菌（1 g、1 mL 或 10 cm^2）
耳用制剂 皮肤给药制剂	10^2	10^1	不得检出金黄色葡萄球菌、铜绿假单胞菌（1 g、1 mL 或 10 cm^2）
呼吸道吸入给药制剂	10^2	10^1	不得检出大肠埃希菌、金黄色葡萄球菌、铜绿假单胞菌、耐胆盐革兰阴性菌（1 g 或 1 mL）
阴道、尿道给药制剂	10^2	10^1	不得检出金黄色葡萄球菌、铜绿假单胞菌、白色念珠菌（1 g、1 mL 或 10 cm^2）；中药制剂还不得检出梭菌（1 g、1 mL 或 10 cm^2）
直肠给药 固体制剂 液体制剂	10^3 10^2	10^2 10^2	不得检出金黄色葡萄球菌、铜绿假单胞菌（1 g 或 1 mL）
其他局部给药制剂	10^2	10^2	不得检出金黄色葡萄球菌、铜绿假单胞菌（1 g、1 mL 或 10 cm^2）

注：①化学药品制剂和生物制品制剂若含有未经提取的动植物来源的成分及矿物质，还不得检出沙门菌（10 g 或 10 mL）。

4. 非无菌含药材原粉的中药制剂的微生物限度标准见表2-7。

表2-7 非无菌含药材原粉的中药制剂的微生物限度标准

给药途径	需氧菌总数（cfu/g、cfu/mL 或 cfu/10 cm^2）	霉菌和酵母菌总数（cfu/g、cfu/mL 或 cfu/10 cm^2）	控制菌
固体口服给药制剂 不含豆豉、神曲等发酵原粉 含豆豉、神曲等发酵原粉	10^4（丸剂 3×10^4） 10^5	10^2 5×10^2	不得检出大肠埃希菌（1 g）；不得检出沙门菌（10 g）；耐胆盐革兰阴性菌应小于 10^2 cfu（1 g）
液体口服给药制剂 不含豆豉、神曲等发酵原粉 含豆豉、神曲等发酵原粉	5×10^2 10^3	10^2 10^2	不得检出大肠埃希菌（1 g 或 1 mL）；不得检出沙门菌（10 g 或 10 mL）；耐胆盐革兰阴性菌应小于 10^1 cfu（1 g 或 1 mL）
固体局部给药制剂 用于表皮或黏膜不完整 用于表皮或黏膜完整	10^3 10^4	10^2 10^2	不得检出金黄色葡萄球菌、铜绿假单胞菌（1 g 或 10 cm^2）；阴道、尿道给药制剂还不得检出白色念珠菌、梭菌（1 g 或 10 cm^2）
液体局部给药制剂 用于表皮或黏膜不完整 用于表皮或黏膜完整	10^2 10^2	10^2 10^2	不得检出金黄色葡萄球菌、铜绿假单胞菌（1 g 或 1 mL）；阴道、尿道给药制剂还不得检出白色念珠菌、梭菌（1 g 或 1 mL）

5. 非无菌药用原料及辅料的微生物限度标准见表2-8。

表2-8 非无菌药用原料及辅料的微生物限度标准

	需氧菌总数（cfu/g 或 cfu/mL）	霉菌和酵母菌总数（cfu/g 或 cfu/mL）	控制菌
药用原料及辅料	10^3	10^2	未做统一规定

6. 中药提取物及中药饮片的微生物限度标准见表2-9。

表2-9 中药提取物及中药饮片的微生物限度标准

	需氧菌总数（cfu/g 或 cfu/mL）	霉菌和酵母菌总数（cfu/g 或 cfu/mL）	控制菌
中药提取物	10^3	10^2	未做统一规定
直接口服及泡服饮片	10^5	10^3	不得检出大肠埃希菌（1 g 或 1 mL）；不得检出沙门菌（10 g 或 10 mL）；耐胆盐革兰阴性菌应小于 10^4 cfu（1 g 或 1 mL）

7. 有兼用途径的制剂：应符合各给药途径的标准。

8. 除中药饮片外，非无菌药品的需氧菌总数、霉菌和酵母菌总数按照"非无菌产品微生物限度检查：微生物计数法"检查；非无菌药品的控制菌按照"非无菌产品微生物限度检查：控制菌检查法"检查。各品种项下规定的需氧菌总数、霉菌和酵母菌总数标准解释如下：

10^1 cfu：可接受的最大菌数为 20；

10^2 cfu：可接受的最大菌数为 200；

10^3 cfu：可接受的最大菌数为 2 000；依此类推。

中药饮片的需氧菌总数、霉菌和酵母菌总数及控制菌检查照"中药饮片微生物限度检查法"检查；各品种项下规定的需氧菌总数、霉菌和酵母菌总数标准解释如下：

10^1 cfu：可接受的最大菌数为 50；

10^2 cfu：可接受的最大菌数为 500；

10^3 cfu：可接受的最大菌数为 5 000；

10^4 cfu：可接受的最大菌数为 50 000；依此类推。

9. 本限度标准所列的控制菌对于控制某些药品的微生物质量可能并不全面，因此，对于原料、辅料及某些特定的制剂，根据原辅料及其制剂的特性和用途、制剂的生产工艺等因素，可能还需检查其他具有潜在危害的微生物。

10. 除了本限度标准所列的控制菌外，药品中若检出其他可能具有潜在危害性的微生物，应从以下方面进行评估：

药品的给药途径：给药途径不同，其危害不同；

药品的特性：药品是否促进微生物生长，或者药品是否有足够的抑制微生物生长能力；

药品的使用方法；

用药人群：用药人群不同，如新生儿、婴幼儿及体弱者，风险可能不同；

患者使用免疫抑制剂和甾体类固醇激素等药品的情况；

存在疾病、伤残和器官损伤；等等。

11. 当进行上述相关因素的风险评估时，评估人员应经过微生物学和微生物数据分析等方面的专业知识培训。评估原辅料微生物质量时，应考虑相应制剂的生产工艺、现有的检测技术及原辅料符合该标准的必要性。

二、影响制剂稳定性的因素及解决措施

> **药物制剂工（中级）的要求**
>
> **鉴定点：**
> 1. 药物制剂稳定性的概念；
> 2. 增加制剂稳定性的措施；
> 3. 影响制剂化学性质稳定性的因素。
>
> **鉴定点解析：**
> 1. 掌握药物制剂稳定性的概念和分类；
> 2. 熟知影响制剂化学性质稳定性的因素；
> 3. 熟知增加制剂稳定性的措施。

药物制剂稳定性系指药物制剂在生产、运输、贮藏、周转直至临床应用前一系列过程质量变化的速度和程度。制剂的稳定性不仅包括制剂内有效成分的化学降解，也包括导致药物疗效下降、毒副作用增加的所有改变。药物制剂的稳定性与其安全性、有效性的关系密不可分。可以说，药物制剂的稳定性是保证患者使用效果的决定性因素。只有保证其在生产过程到临床应用过程中的质量稳定，才能使其发挥应有的作用。如果将变质的药物制剂投入到临床使用不仅会降低治疗效果，更为严重的可能会造成药物中毒等医疗事故。因此保证药物制剂稳定性的问题必须得到充分重视。

（一）药物制剂稳定性的含义

1. 化学稳定性

化学稳定性是指药物制剂中的活性成分是否会与水、空气等物质发生化学反应导致其发生变质现象。

2. 物理稳定性

物理稳定性主要是指药物制剂是否会随着时间推移，其外形、气味等物理性质发生改变从而导致其质量也发生变化。如混悬剂中药物颗粒结块、结晶生长，乳剂的分层、破裂，胶体制剂的老化等。

3. 生物学稳定性

生物稳定性主要指药物制剂在与微生物接触时是否容易被感染，从而导致其发生质量变化。如糖浆剂的霉败、乳剂的酸败等。

（二）影响制剂化学稳定性的因素

制剂的化学稳定性，指的是质的稳定性，也就是制剂中药物活性成分的稳定性。影响制剂中活性成分降解的因素有很多，主要包括处方因素和外界因素。

药物制剂的处方组成是制剂稳定性的关键因素。pH值、缓冲盐浓度、溶剂、离子强度、表面活性剂、处方中基质和其他辅料等因素，均可影响易氧化和易水解药物的稳定

性。药物溶液的 pH 值不仅影响药物的水解，而且影响药物的氧化反应。液体制剂中常用的一些缓冲剂如醋酸、醋酸钠、磷酸二氢钠、枸橼酸盐、硼酸盐等常用于调节溶液 pH 值，但它们往往会催化某些药物的水解反应。溶剂作为化学反应的介质，其极性对药物的水解反应影响很大，常采用介电常数低的非水溶剂如甘油、乙醇、丙二醇等，能降低药物的水解速度。制剂处方中加入的一些无机盐，如电解质调节等渗、抗氧剂防止氧化、缓冲剂调节 pH 值等，这些电解质的离子强度增大可能导致药物降解速度改变。表面活性剂和制剂处方中的一些辅料也可能影响药物稳定性。

外界因素包括温度、光线、空气中的氧、金属离子、湿度和水分、包装材料等。温度对各种降解途径都有影响；光线、空气中的氧、金属离子对易氧化药物的稳定性稳定影响较大；湿度、水分主要影响固体药物制剂的稳定性；包装材料是各种产品均应考虑的共有因素。

因此，要提高药物制剂的化学稳定性，可以从药物制剂稳定性的影响因素出发，有针对性地逐一解决。

（三）增加制剂稳定性的措施

增加药物制剂稳定性，可以从剂型、原料、处方、工艺、贮存等方面采取相应措施，如制成固体剂型、制成微囊或包合物；选用稳定的衍生物；调节 pH 值、添加稳定剂（抗氧剂、助悬剂等）；采用直接压片或包衣工艺；减低生产过程与贮存的温度等。根据药物性质，分述如下：

1. 增加易水解药物制剂稳定性的措施

（1）调节 pH 值：用酸、碱或适当的缓冲液使药物溶液处于稳定的 pH 值范围内。

（2）降低温度：在中药制剂的制备和贮存过程中应尽可能降低温度、缩短受热时间。

（3）控制生产与贮存环境的临界相对湿度，密封包装。

（4）制成难溶性盐：易水解药物制成难溶性盐或酯可提高稳定性，尤其是混悬剂中药物的降解主要取决于已溶解的药物浓度。

（5）加入干燥剂及改善包装。

（6）选用非水溶剂：乙醇、丙二醇、甘油等，以避免或延缓水解的发生。

（7）制成干燥的固体剂型、制成微囊或包封物、采用粉末直接压片、包衣工艺技术等。

2. 增加易氧化药物制剂稳定性的措施

（1）降低温度和避免光照：以减少热、光对自氧化反应的催化作用。

（2）调节 pH 值：使溶液保持在最稳定的 pH 值范围内，以降低氧化反应速度，增加制剂的稳定性。

（3）驱逐氧气：①用煮沸法、超声法驱去蒸馏水中的氧气；②在容器空隙、溶液中通入惰性气体驱氧；③真空包装，驱逐固体制剂中氧气。

（4）添加抗氧剂：抗氧剂多为强还原剂，当与药物同时存在时，抗氧剂首先被氧化，从而防止或延缓药物的氧化。抗氧剂主要有亚硫酸氢钠、焦亚硫酸钠、亚硫酸钠、硫代硫酸钠，其中前两种适用于偏酸性药液，后两种适用于偏碱性药液；常用的还有硫脲和抗坏血酸。抗氧剂一般用量为 0.05%～0.2%。

（5）控制微量金属离子：加入 0.005%～0.05% 的金属络合剂依地酸（EDTA），以减少游离的微量金属离子，消除对自氧化反应的催化作用。

3. 防止变旋、聚合反应的稳定性的措施

（1）调节 pH 值：使药物 pH 值处于变旋、聚合反应速度最小的范围，以延缓变旋和聚合反应。

（2）降低温度：低温下可延缓变旋和聚合反应。

（3）添加阻滞剂：在液体制剂中加入高稠度的亲水胶，使变旋、聚合速度降低，延缓反应的进行。

4. 综合性措施

影响药物制剂稳定性的因素主要是药物制剂自身的化学性质、物理性质、生物学性质。所以只有对药物制剂的相关性质有明确的分析，采取正确生产方式以及合理的贮存方法，才能从根本上保证药物制剂的稳定性，药物制剂的安全性、有效性才能得到保障。

（1）优化制剂工艺：药物制剂的稳定性往往与其自身的性质有着至关重要的联系，所以提高其稳定性首先就要从药物制剂本身出发，改善生产工艺，尽量将药物制剂制作成易于贮存的固体制剂。同时增加研发，在保证其药用效果的同时，改善其自身化学性质的稳定性。实践表明，糖衣型药物制剂稳定性大大优于非糖衣药物制剂。所以要适当地增加药物制剂的研发和生产工艺的资金投入，找到具有最优状态稳定性的药物制剂，这样才能从根本上保证药物制剂的稳定性。

（2）改善包装贮存：通过改善药物制剂的包装与贮存条件可以提高药物制剂的稳定性。实际生产中常针对不同药物制剂的化学性质、物理性质等对其进行分类贮存。如对光照敏感的药物制剂可以置于阴暗处；对空气和水分敏感的药物制剂可以置于干燥、阴凉的地方。药品生产也必须要全面掌握药物制剂的相关性质，采取正确的包装方式，同时在使用说明中也要明确标注，这样才能将影响药物制剂稳定性的问题发生概率降到最低。

三、数据统计分析的基础知识

药物制剂工（中级）的要求

鉴定点：
数据统计分析的基础知识。

鉴定点解析：
1. 了解数据分析的方法；
2. 掌握准确度和精准度的概念，学会区分准确度和精准度；
3. 掌握绝对误差和相对误差的概念和关系；
4. 掌握系统误差和偶然误差的概念，熟知系统误差的分类及每类的定义。

数据分析是指用适当的统计分析方法对收集来的大量数据进行分析，提取有用信息形成结论，从而对数据加以详细研究和概括总结的过程。这一过程也是质量管理体系的支持过程。在实际工作中，数据分析可帮助人们作出判断，以便采取适当行动。

（一）分析方法

1. 列表法

将实验数据按一定规律用列表方式表达出来，是记录和处理实验数据最常用的方法。表格的设计要求对应关系清楚、简单明了、有利于发现相关量之间的物理关系；此外还要求在标题栏中注明物理量名称、符号、数量级和单位等；根据需要还可以列出除原始数据以外的计算栏目和统计栏目等。最后还要求写明表格名称，主要测量仪器的型号，量程和准确度等级，有关环境条件参数如温度、湿度等。

2. 作图法

作图法可以最醒目地表达物理量间的变化关系。从图线上还可以简便求出实验需要的某些结果（如直线的斜率和截距值等），读出没有进行观测的对应点（内插法），或在一定条件下从图线的延伸部分读到测量范围以外的对应点（外推法）。此外，还可以把某些复杂的函数关系，通过一定的变换用直线图表示出来。例如，药物水解速度与 pH 值的关系，水解速度取对数，若用半对数坐标纸，以 lgk 为纵轴，以 pH 值为横轴画图，则为两条直线，相交的一点对应的 pH 值为最适 pH 值。

（二）分析结果

在对分析结果的数据进行处理时，应该了解分析过程中产生误差的原因及误差出现的规律，以便采取相应措施减小误差，并对所得的数据进行归纳、取舍等一系列分析处理，使测定结果尽量接近客观真实值。

定量分析中的误差

定量分析的目的是通过一系列的分析步骤获得被测定组分的准确含量。但在实际测定过程中，即使采用最可靠的分析方法，使用最精密的仪器，由技术很熟练的分析人员进行测定，也不可能得到绝对准确的结果。同一个人在相同条件下对同一个试样进行多次测定，所得结果也不会完全相同。这表明，在分析过程中，误差是客观存在的。因此，了解准确度和精密度之间的关系非常必要。

（1）准确度和精密度

分析结果的准确度是指测定值 x 与真实值 μ 的接近程度，两者差值越小，则分析结果准确度越高，准确度的高低用误差来衡量。误差又可分为绝对误差和相对误差两种。其表示方法如下：

绝对误差 $= x - \mu$

相对误差 $= \dfrac{x - \mu}{\mu} \times 100\%$

相对误差表示误差在真实值中所占的百分率。例如，分析天平称量两物体的质量各为

1.638 0 g 和 0.163 7 g，假定两者的真实质量分别为 1.638 1 g 和 0.163 8 g，则两者称量的绝对误差分别为：

1.638 0 − 1.638 1 = −0.000 1 g

0.163 7 − 0.163 8 = −0.000 1 g

两者称量的相对误差分别为：

$\dfrac{-0.000\ 1}{1.638\ 1} \times 100\% = -0.006\%$

$\dfrac{-0.000\ 1}{1.638} \times 100\% = -0.06\%$

由此可知，绝对误差相等，相对误差并不一定相同。上例中第一个称量结果的相对误差为第二个称量结果相对误差的十分之一。也就是说，同样的绝对误差，当被测定的量较大时，相对误差就比较小，测定的准确度也就比较高。因此，用相对误差来表示各种情况下测定结果的准确度更为确切。

绝对误差和相对误差都有正值和负值。正值表示分析结果偏高，负值表示分析结果偏低。

在实际工作中，真实值常常是不知道的，因此无法求得分析结果的准确度，所以常用另一种表达方式来说明分析结果好坏，这种表达方式是：在确定条件下，将测试方法实施多次，求出所得结果之间的一致程度，即精密度。精密度的高低用偏差来衡量。偏差是指个别测定结果与几次测定结果的平均值之间的差别。与误差相似，偏差也有绝对偏差和相对偏差之分。测定结果与平均值之差为绝对偏差，绝对偏差在平均值中所占的百分率为相对偏差。

例如，标定某一标准溶液的浓度，三次测定结果分 0.182 7 mol/L，0.182 5 mol/L 及 0.182 8 mol/L，其平均值为 0.182 7 mol/L。三次测定的绝对偏差分别为：0 mol/L，−0.000 2 mol/L 和 0.000 1 mol/L；三次测定的相对偏差分别为：0，−0.1%，0.06%。

准确度是表示测定结果与真实值符合的程度，而精密度是表示测定结果的重现性。由于真实值是未知的，因此常常根据测定结果的精密度来衡量分析测量是否可靠，但精密度高的测定结果，不一定是准确的。两者关系见图 2-2、图 2-3。

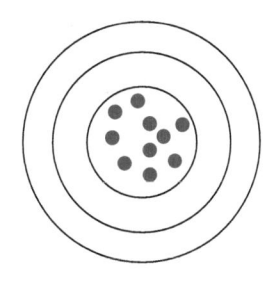

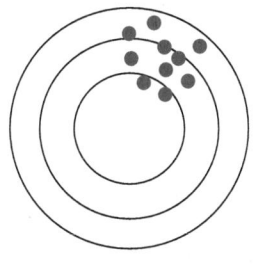

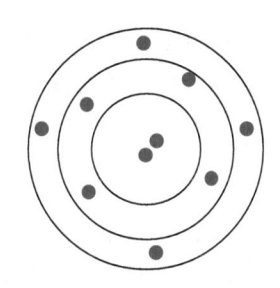

精密度高　　　　　精密度高　　　　　精密度低
准确度高　　　　　准确度低　　　　　准确度低

图 2-2　准确度和精密度之间的关系

真值 37.40

```
甲
乙
丙
丁
```

36.00　　　　36.50　　　　37.00　　　　37.50　　　　38.00

精密度高　　　　　精密度高　　　　　精密度低
准确度高　　　　　准确度低　　　　　准确度高

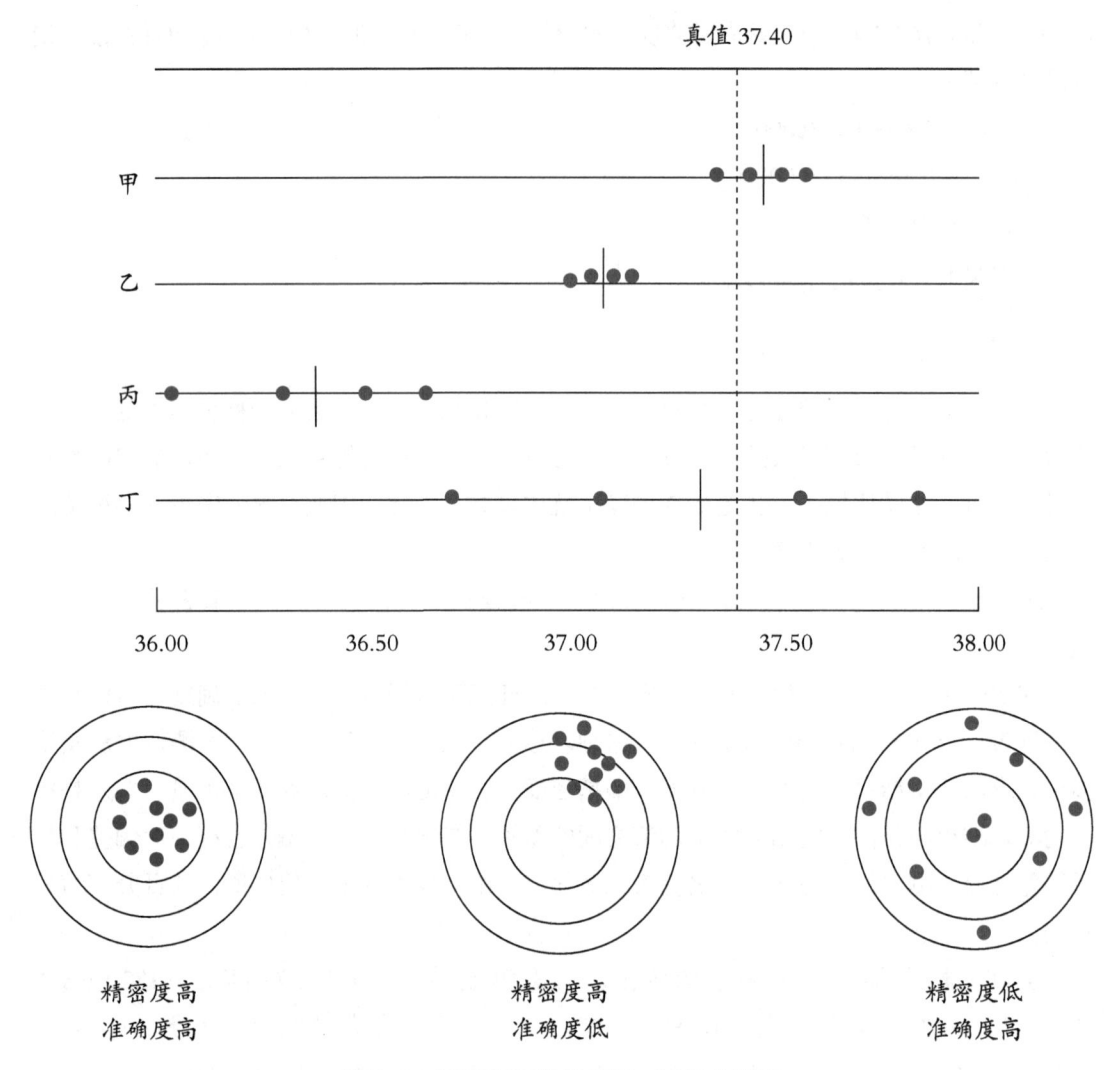

图 2-3　不同工作者分析同一试样的结果

图 2-3 表示甲、乙、丙、丁四人测定同一试样中铁含量时所得的结果。由图可见：甲所得结果的准确度和精密度均好，结果可靠；乙的分析结果的精密度虽然很高，但准确度较低；丙的精密度和准确度都很差；丁的精密度很差，平均值虽然接近真值，但这是由于大的正负误差相互抵消的结果，因此丁的分析结果也是不可靠的。由此可见，精密度是保证准确度的先决条件。精密度差，所得结果不可靠，但高的精密度也不一定能保证高的准确度。

（2）误差产生的原因

上例中为什么乙所得结果精密度高而准确度不高？为什么四个平行测定的数据都有或大或小的差别？这是在分析过程中存在着各种性质不同的误差。

误差按其性质的不同可分为两类：系统误差（或称可测误差）和偶然误差（或称未定误差）。

①系统误差：这是由于测定过程中某些经常性的原因所造成的误差。它对分析结果的

影响比较恒定，会在同一条件下的重复测定中重复地显示出来，使测定结果系统地偏高或系统地偏低。例如，用未经校正的砝码进行称量时，在几次称量中用同一个砝码，误差就会重复出现，而且误差的大小也不变。此外，系统误差中也有的对分析结果的影响并不恒定，甚至在实验条件变化时误差的正负值也有改变。例如，标准溶液因温度变化而影响溶液的体积，从而使其浓度变化，这种影响即属于不稳定的影响。但如果掌握了溶液体积因温度改变而变化的规律，就可以对分析结果作适当的校正，使这种误差接近于消除。由于这类误差不论是恒定的或是非恒定的，都可找出产生误差的原因和估计误差的大小，所以它又称为可测误差。

系统误差按其产生的原因不同，可分为如下几种：

方法误差——由于分析方法本身不够完善而引入的误差。例如，重量分析中由于沉淀溶解损失而产生的误差；在滴定分析中因指示剂选择不当而造成的误差。

仪器误差——仪器本身的缺陷造成的误差。例如，天平两臂长度不相等，砝码、滴定管、容量瓶等未经校正而引入的误差。

试剂误差——如果试剂不纯或者所用的去离子水不合规格，引入微量的待测组分或对测定有干扰的杂质，就会造成误差。

主观误差——由于操作人员主观原因造成的误差。例如，对终点颜色的辨别不同，有人偏深，有人偏浅；又如用吸管取样进行平行滴定时，有人总是想使第二份滴定结果与前一份滴定结果相吻合，在判断终点或读取滴定管读数时，就不自觉地受这种"先入为主"的影响，从而产生主观误差。

②偶然误差：虽然操作者仔细操作，外界条件也尽量保持一致，但测得的一系列数据往往仍有差别，并且所得数据误差的正负不定，有的数据包含正误差，也有些数据包含负误差，这类误差属于偶然误差。这类误差是由某些偶然因素造成的，例如，可能由于室温、气压、湿度等的偶然波动所引起；也可能由于个人一时辨别的差异而使读数不一致。例如，在读取滴定管读数时，估计的小数点后第二位的数值，几次读数不一致。这类误差在操作中不能完全避免。

除了会产生上述两类误差外，往往还可能由于工作上的粗枝大叶、不遵守操作规程等而造成过失误差。例如，器皿不洁净，丢损试液，加错试剂，看错砝码，记录及计算错误等等，这些都属于不应有的过失，会对分析结果带来严重影响，必须注意避免。为此，必须严格遵守操作规程，一丝不苟，耐心细致地进行实验，在学习过程中养成良好的实验习惯。如已发现错误的测定结果，应予剔除，不能参与计算平均值。

项目三　生产管理认知

任务一　药品生产文件管理

> **药物制剂工（中级）的要求**
>
> **鉴定点：**
> 1. 药品生产文件管理要求；
> 2. 生产文件的有效期管理规定。
>
> **鉴定点解析：**
> 1. 掌握药品生产文件起草、修订、审核批准、存放、使用等环节的相关规定；
> 2. 掌握生产文件保存有效期的管理规定。

一、药品生产文件管理

文件是质量保证系统的基本要素。药品生产必须有内容正确的书面质量标准、生产处方和工艺规程、操作规程以及记录等文件。

应当建立文件管理的操作规程，系统地设计、制定、审核、批准和发放文件。文件的内容应当与药品生产许可、药品注册等相关要求一致，并有助于追溯每批产品的生产历史。文件的起草、修订、审核、批准、替换或撤销、复制、保管和销毁等应当按照操作规程管理，并有相应的文件分发、撤销、复制、销毁记录。文件的起草、修订、审核、批准均应当由适当的人员签名并注明日期。文件应当标明题目、种类、目的以及文件编号和版本号。文字应当确切、清晰、易懂，不能模棱两可。

文件应当分类存放、条理分明，便于查阅。原版文件复制时，不得产生任何差错；复制的文件应当清晰可辨。文件应当定期审核、修订；文件修订后，应当按照规定管理，防止旧版文件的误用。分发、使用的文件应当为批准的现行文本，已撤销的或旧版文件除留档备查外，不得在工作现场出现。质量标准、工艺规程、操作规程、稳定性考察、确认、验证、变更等其他重要文件应当长期保存。

如使用电子数据处理系统、照相技术或其他可靠方式记录数据资料，应当有所用系统的操作规程；记录的准确性应当经过核对。使用电子数据处理系统的，只有经授权的人员方可输入或更改数据，更改和删除情况应当有记录；应当使用密码或其他方式来控制系统的登录；关键数据输入后，应当由他人独立进行复核。用电子方法保存的批记录，应当采用纸质副本、光盘、移动硬盘或其他方法进行备份，以确保记录的安全，且数据资料在保存期内便于查阅。

二、生产文件的有效期管理规定

生产管理规程、生产操作规程、生产工艺规程等生产文件要长期保存，保持整洁、不得撕毁和任意涂改。各种记录应按规定分类归档，保存至药品有效期后一年，且不得少于三年。

三、识记批生产指令、岗位操作规程

批生产指令（包括批制剂生产、批包装生产）是指根据生产需要下达的，有效组织生产的指令性文件。其目的是规范批生产指令的管理，使生产处于规范化的、受控的状态。

每个生产岗位均应建立岗位操作规程，操作规程的内容应当包括：题目、编号、版本号、颁发部门、生效日期、分发部门，以及制定人、审核人、批准人的签名并注明日期、标题、正文及变更历史。

四、检查所用生产文件为批准的现行文本

生产前应有岗位负责人员对生产现场所用生产文件进行文件版本的核对，确认本岗位文件为经批准的现行的受控文件。

任务二　药品生产过程管理

药物制剂工（中级）的要求

鉴定点：
1. 生产现场准备的规定；
2. 药物制剂生产过程技术管理，包括生产操作管理、生产记录管理、物料平衡管理、偏差管理。

鉴定点解析：
1. 掌握洁净区域压差、温度、湿度等生产环境要求，特殊产品产尘操作间要求；
2. 掌握物料核对与交接的相关知识、常用称量器具的分类与适用范围；
3. 掌握粉碎的方法、设备与操作；
4. 掌握生产记录管理、物料平衡管理、偏差管理的管理规定。

一、生产现场准备

（一）洁净区域压差、温度、湿度等生产环境要求

生产区和贮存区应当有足够的空间，确保有序地存放设备、物料、中间产品、待包装产品和成品，避免不同产品或物料的混淆、交叉污染，避免生产或质量控制操作发生遗漏或差错；药品生产厂房不得用于生产对药品质量有不利影响的非药用产品。

1. 洁净区

应当根据药品品种、生产操作要求及外部环境状况等配置空调净化系统，使生产区有效通风，并进行温度、湿度控制和空气净化过滤，保证药品的生产环境符合要求。

洁净区与非洁净区之间、不同级别洁净区之间的压差应当不低于10Pa。必要时，相同洁净度级别的不同功能区域（操作间）之间也应当保持适当的压差梯度。通常保持温度18～26℃，湿度45%～65%。

洁净区的内表面（墙壁、地面、天棚）应当平整光滑、无裂缝、接口严密、无颗粒物脱落，避免积尘，便于有效清洁，必要时应当进行消毒。

口服液体和固体制剂、腔道用药（含直肠用药）、表皮外用药品等非无菌制剂生产的暴露工序区域及其直接接触药品的包装材料最终处理的暴露工序区域，应当按照D级洁净区的要求设置，企业可根据产品的质量标准和特性对该区域采取适当的微生物监控措施。

2. 各种管道、照明设施、风口和其他公用设施

设计和安装应避免出现不易清洁的部位，尽可能在生产区外对其进行维护。

3. 排水设施

大小适宜，并安装防止倒灌的装置。尽可能避免明沟排水；不可避免时，明沟宜浅，以方便清洁和消毒。

4. 制剂的原辅料

称量通常在专门设计的称量室内进行。

5. 产尘操作间

如干燥物料或产品的取样、称量、混合、包装等操作间，应保持相对负压或采取专门的措施，防止粉尘扩散、避免交叉污染并便于清洁。

（二）生产现场核对要求

生产车间应建立生产现场状态标识管理规程，以便规范操作，保证设备、物料等能反映正确的状态。

1. 检查洁净区域的压差、温度、湿度

根据药品品种、生产操作要求及外部环境状况等配置空调净化系统，使生产区有效通风，并有温度、湿度控制和空气净化过滤，保证药品的生产环境符合要求。生产前应由专人负责检查洁净区域的压差、温度、湿度与产品生产环境要求的一致。

2. 检查产品输送管道或设备的连接状态

生产前应由专人负责对用于产品生产的输送管道或生产的连接状态是否完好进行检查和确认。重点检查连接部位是否准确，有无松动及跑、冒、滴、漏现象，如有异常，立即予以修复或调整。

二、配料

（一）物料核对管理

为保证领入的物料符合要求，需要做信息核对。物料领入及转序时应核对物料名称、物料编码、批号、贮存期、容器数、数量信息，同时检查物料包装无破损、外表面无明显粉尘、封口严密、标签齐全准确。

（二）常用称量器具的分类及适用范围

衡器是利用胡克定律或力的杠杆平衡原理来测定物体质量的器具，某些衡器习惯上称为秤。衡器主要由承重系统（秤盘）、传力转换系统（杠杆传力系统）和示值系统（刻度盘）三部分组成。按结构原理可分为机械秤、电子秤、机电结合秤三大类。机械秤又分杠杆秤和弹簧秤。

制药行业常用机械秤和电子秤。机械秤主要是磅秤，在仓库大宗物料称量中使用最多；电子秤既在仓储环节使用，也用于药品生产环节，而且有不同的精确度。随着电子科技的发展和高灵敏传感器的研发，电子秤的精度更高、称量范围更广，附带打印功能，通过程控、群控，数据可上传保存，使药品生产过程实现数字化控制，保障了称量数据的可追溯性，也为药品智能制造奠定了良好的基础。

制药行业中常见计量单位的表示及换算，见表3-1。

表3-1 常用计量单位与换算

序号	计量单位	计量单位表示	计量单位换算
1	长度	米（m）、分米（dm）、厘米（cm）、毫米（mm）、微米（μm）、纳米（nm）	1米（m）=10分米（dm）=100厘米（cm）=1 000毫米（mm）=10^6微米（μm）=10^9纳米（nm）
2	体积	升（L）、毫升（mL）、微升（μL）	1升（L）=1 000毫升（mL）=10^6微升
3	质（重）量	千克（kg）、克（g）、毫克（mg）、微克（μg）、纳克（ng）、皮克（pg）	1千克（kg）=1 000克（g）=10^6微克（μg）=10^9纳克（ng）=10^{12}皮克（pg）
4	物质的量	摩尔（mol）、毫摩尔（mmol）	1摩尔（mol）=1 000毫摩尔（mmol）
5	浓度	摩尔/升（mol/L）、毫摩尔/升（mmol/L）	1摩尔/升（mol/L）=1000毫摩尔/升（mmol/L）
6	压力	兆帕（MPa）、千帕（kPa）、帕（Pa）、巴（bar）	1兆帕（MPa）=1 000千帕（kPa）=10^6帕（Pa）=10千克/平方厘米（1 kg/cm²）=10巴（bar）
7	温度	摄氏度（℃）	—

（三）称量的准确度与精确度

对于配料而言，称量的准确度和精确度，对制剂的投料至关重要。GMP 对物料称量所用的衡器有明确的计量要求。衡器必须通过有资质的法定计量单位检定合格，并贴有计量合格证才能用于生产。因此，掌握称量准确度和精确度（精度）的概念，对于衡器的选择和应用非常重要。

1. 称量的准确度

准确度是指衡器称量的物料重量与标准砝码重量的符合程度。一般用绝对误差表示，如称量值 20.0 kg，标准秤石质量为 20.0 kg，称量的准确度表示为绝对误差为 0 kg。为了保证配料称量准确度的要求，一般在称量前，按衡器使用标准操作规程先对衡器进行标准砝码（或标准秤砣）校验（或电子秤自动内置校验），校验合格的衡器才能用于配料的称量；校验不合格的衡器，不得用于药品生产过程中的称量，应由有资质的法定计量单位修复并校验合格，贴上计量合格证后方可用于生产中的称量。

2. 称量的精确度

精确度也称为称量的精度，是指被测量的测得值之间的一致程度以及与其"真值"的接近程度。一般物料的"称重"或"量取"的量，均以阿拉伯数字表示，其精确度可根据数值的有效数位来确定。如称取"0.1 g"，指称取重量可为 0.06 ~ 0.14 g；称取"2 g"，指称取重量可为 1.5 ~ 2.5 g；称取"2.00 g"，指称取重量可为 1.995 ~ 2.005 g；称取"50.0 kg"，指称取重量可为 49.95 ~ 50.05 kg。

（四）物料交接

称量结束后，已称好的原辅料系好扎带，粘贴有关备料标签，放在相应的备料垫板或备料小车上，清点袋（或桶）数，做好标识。存放于指定地点或区域，等待后续岗位或工序的人员领取，同时做好物料交接记录。

将剩余原辅料系好扎带、称量剩余量，填写并粘贴物料签，退回原辅料存放间。物料管理员复核品名、批号、数量，填写物料台账和结存卡。

三、粉碎

（一）含义与目的

粉碎是利用机械力将大块物料破碎成粗粒或适宜粒度粉末的操作。通过粉碎操作，可获得适宜粒度的粉体，满足制剂成型的需要；提高物料混合的均匀性；增加药物的比表面积，促进药物的溶解与吸收，提高药物的生物利用度；提高药材或天然产物中活性成分的浸出效率。

（二）方法与设备

1. 粉碎方法

根据物料的性质和粉碎度要求，结合粉碎设备的情况采用适当的粉碎方法，以达到粉碎效果及便于操作为目的。常用的粉碎方法见表 3-2。

表 3-2 粉碎的方法

分类	定义	适用范围
单独粉碎	将一种物料单独进行粉碎的操作方法	适于氧化性/还原性药物（火硝、雄黄、硫黄）、贵重药物（麝香、牛黄、羚羊角、西洋参）、刺激性药物（蟾酥、斑蝥、马钱子、轻粉）
混合粉碎	将两种或两种以上物料同时进行粉碎的操作方法	性质、硬度、密度等理化性质相近的物料
干法粉碎	物料处于干燥状态下（水分含量一般控制在 5% 以下）进行粉碎的操作方法	大部分药品生产采用此法
湿法粉碎	在药物中加入适量的水或其他液体进行粉碎的方法，包括水飞法和加液研磨法	水飞法适用于难溶于水的矿物药，加液研磨法适用于一些干法粉碎易黏结成块的药物
低温粉碎	在粉碎前或粉碎过程中对药物进行冷却，使药物脆性增加、易于粉碎的方法	适用于高温时不稳定或者常温下有热可塑性、软化点低、熔点低的可塑性物料（如树脂、树胶、干浸膏）
超微粉碎	利用机械或流体动力，将药物颗粒粉碎成极细粉的方法	常用于贵重及稀有药材
气流粉碎	利用高压气流使物料被反复碰撞、摩擦、剪切而粉碎，粉碎后的物料在风机作用下通过上升气流运动至分级区，在高速旋转的分级涡轮产生的强大离心力作用下，使粗细物料分离	适用于粉碎抗生素、酶、低熔点及对热敏感的药物

适宜于混合粉碎药物如下：

黏性较大的药材，如乳香、没药、黄精、玉竹、熟地、山萸肉、枸杞、麦冬、天冬等，俗称"串料"。

含油脂类成分较多的种子类药材，如桃仁、苦杏仁、苏子、酸枣仁、火麻仁、核桃仁等，俗称"串油"。

动物的皮、肉、筋、骨，如乌鸡、鹿胎等，需先用适当方法蒸制，适当干燥后，再掺入其他组分中粉碎，俗称"蒸罐"。

樟脑、冰片、薄荷脑一般采用湿法粉碎，加入少量液体（如乙醇、水）轻微用力研磨；麝香常加入少量水重力研磨，俗称"打潮"。有"轻研冰片、重研麝香"之说。

传统的"水飞法"亦属此类。朱砂、珍珠、炉甘石等矿物药一般先打成碎块，除去杂质，加适量水重力研磨，适时将细粉的混悬液倾泻出来，剩余药物再加水反复研磨、倾泻，直至药物全部研细为止，合并混悬液，静置，分离沉淀，干燥，研散，过筛，即得极细粉。水飞法手工操作生产效率很低，大量生产多用电动研钵、球磨机。

2. 粉碎设备

（1）柴田式粉碎机结构简单，操作方便，维修和更换部件方便，生产能力大，能耗小，粉碎能力强，粉碎粒径比较均匀，但其缺点是锤头磨损较快，过度粉碎的粉尘较多，筛板容易堵塞（图3-1）。设备适用于干燥、质脆易碎、韧性物料，能满足中碎、细碎、超细碎等粉碎要求。但因黏性物料易堵塞筛板及黏附在粉碎室内，故不适于黏性物料的粉碎。

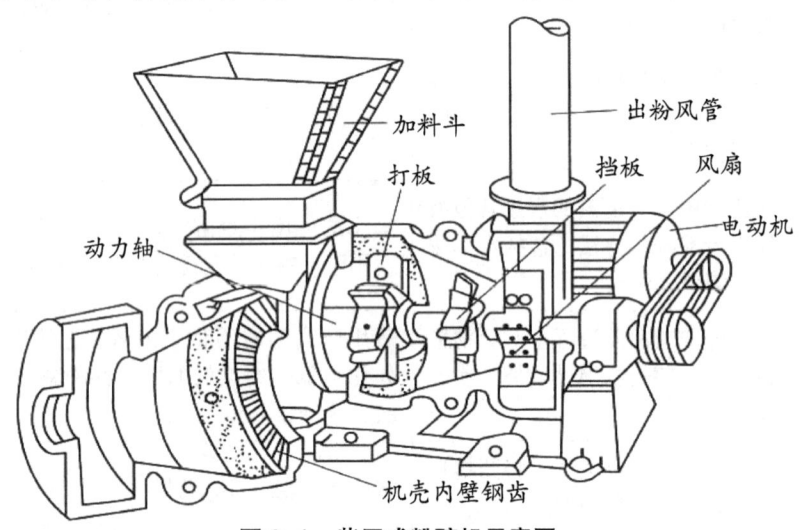

图 3-1 柴田式粉碎机示意图

（2）万能粉碎机结构简单，但因转子高速旋转，零部件容易磨损，产尘、产热也较多。设备适用于粉碎脆性、韧性物料，能满足中碎、细碎、超细碎等的粉碎要求；但不宜粉碎挥发性、热敏性及黏性药物，腐蚀性、剧毒药及贵重药也不宜应用，以避免粉尘飞扬造成中毒或浪费。

（3）球磨机结构简单，密封性好，可防止吸潮、粉尘飞扬，有利于避免药物损失、吸潮和劳动保护（图3-2）。除广泛应用于干法粉碎外，亦可用于湿法粉碎。适用于粉碎结晶性药物（如朱砂、皂矾、硫酸铜等）、刺激性的药物（如蟾酥、芦荟等）、挥发性的药物（如麝香）及贵重药物（如羚羊角、鹿茸等）、吸湿性较大的药物（如浸膏）、树胶（如阿拉伯胶、桃胶等）、树脂（如松香）及其他植物类中药浸提物（如儿茶）。

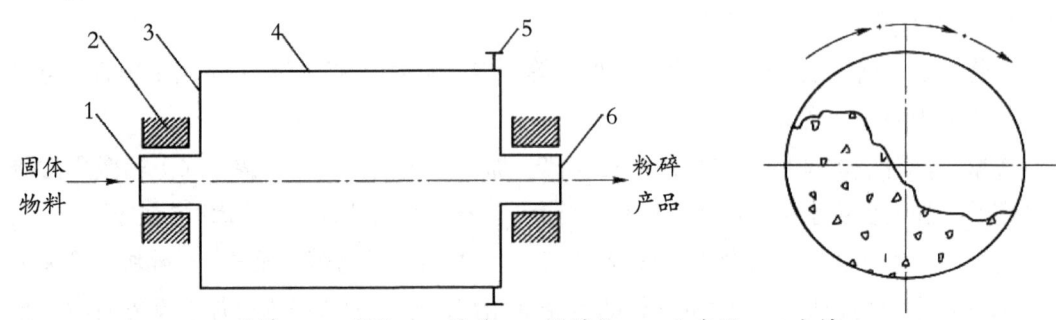

1.进料口；2.轴承；3.端盖；4.圆筒体；5.大齿圈；6.出料口

图 3-2 球磨机原理示意图

（4）振动磨设备外形尺寸比球磨机小，操作维修方便，且由于研磨介质直径小，冲击力大，研磨表面积大，装填系数高（约80%），研磨效率比球磨机高；但运转时产生噪声大（90～120 dB）、产热较多，需要采取隔声、消声及采取冷却措施。振动磨可干法操作或湿法操作，成品平均粒径可达2～3 μm以下，且粒径分布均匀；粉碎可在密闭条件下连续操作。适用于物料的细碎，可将物料粉碎至数微米级，但不易对韧性物料进行粉碎。

（5）气流粉碎机设备结构紧凑、简单、磨损小，容易维修，适用于物料的超细粉碎，所得成品平均粒径可达到5 μm以下，粒度分布均匀；由于粉碎过程中气体自喷嘴喷出膨胀时可产生冷却效应，故适用于低熔点或热敏性药物的粉碎；此外，采用惰性气体可用于易氧化药物的粉碎；易于对机器及压缩空气进行无菌处理，可在无菌条件下操作，用于无菌粉末的粉碎。

3. 粉碎设备的使用保养

各类粉碎设备虽各有不同的优点和适用范围，但在使用时均应注意：

（1）机器启动后，应待其高速运转稳定时再加物料粉碎，否则易烧坏电机。

（2）避免物料中夹杂铁钉、铁块等硬物，否则易引起转子卡塞而难以启动，或者破坏钢齿、筛板。

（3）各种转动机构需保持良好的润滑状态，如轴承、伞式轮等。

（4）电机不能超速或超负荷运转，电动机及传动机构等应有防护罩，以保证安全，同时要注意防尘、清洁。

（5）粉碎机未停定，严禁打开机盖。

（6）粉碎完毕后，要清理内、外部件，以备下次使用。

四、生产记录管理

与药品生产有关的每项活动均应当有记录，以保证产品生产、质量控制和质量保证等活动可以追溯。记录应当留有填写数据的足够空格。记录应当及时填写，内容真实，字迹清晰、易读，不易擦除。

应当尽可能采用生产设备自动打印的记录，并标明产品的名称、批号和记录设备的信息，操作人员应当签注姓名和日期。

记录应当保持清洁，不得撕毁和任意涂改。记录填写的任何更改都应当签注姓名和日期，并使原有信息仍清晰可辨，必要时，应当说明更改的理由。记录如需重新誊写，则原有记录不得销毁，应当作为重新誊写记录的附件保存。

每批药品应当有批记录，包括批生产记录、批包装记录等与本批产品有关的记录。批记录应当由质量管理部门负责管理，至少保存至药品有效期后一年。

五、物料平衡管理

物料平衡的定义：产品或物料实际产量或实际用量及收集到的损耗之和与理论产量或理论用量之间的比较，并考虑可允许的偏差范围。计算公式如下：

物料平衡＝[实际用量（实际产量）＋收集的损耗]÷理论用量（理论产量）

物料平衡反映的是物料控制水平，是为了控制差错问题而制定。它反映的是在生产过程中有无异常情况出现，比如异物混入、跑料等。单纯从 GMP 角度，物料平衡是重要的控制指标，是判断生产过程是否正常的重要依据。

当生产过程处在受控的情况下，物料平衡的结果是比较稳定的。一旦生产过程中物料出现差错，物料平衡的结果将超出正常范围。

为此，要制定物料平衡管理规程，每个品种各关键生产工序的批生产记录（批包装记录）都必须明确规定物料平衡的计算方法，以及根据验证结果和生产实际确定的平衡限度范围。

六、偏差管理

应当建立偏差处理的操作规程，规定偏差的报告、记录、调查、处理以及所采取的纠正措施，并有相应的记录。

生产管理负责人应当确保所有生产人员正确执行生产工艺、质量标准和操作规程，防止偏差的产生。

任何偏差都应当评估其对产品质量的潜在影响。企业可以根据偏差的性质、范围、对产品质量潜在影响的程度将偏差分类（如重大偏差、次要偏差等），对重大偏差的评估还应当考虑是否需要对产品进行额外的检验以及对产品有效期的影响，必要时，应当对涉及重大偏差的产品进行稳定性考察。

任何偏离生产工艺、物料平衡限度、质量标准、操作规程等的情况均应当有记录，并立即报告主管人员及质量管理部门，应当有清楚的说明，重大偏差应当由质量管理部门会同其他部门进行彻底调查，并有调查报告。偏差调查报告应当由质量管理部门的指定人员审核并签字。

应当采取预防措施有效防止类似偏差的再次发生。

质量管理部门负责偏差的分类，保存偏差调查、处理的文件和记录。

任务三　清场管理

药物制剂工（中级）的要求

鉴定点：

1. 常用的清洁剂与消毒剂；
2. 清场的程序；
3. 清场状态标识与更换的相关知识；
4. 物料退库的相关知识。

鉴定点解析：

1. 掌握清场的程序，常用的清洁剂与消毒剂，清场后标识的转换等；
2. 掌握物料按品种、批次计数称量、退库的相关知识；
3. 掌握操作间物品置换、废弃物处理的相关知识。

药品生产包括许多生产单元与环节，每一单元与环节的操作完成后，为有效防止污染、差错和混淆，按照GMP的要求，需要对生产现场的环境、设备、容器等进行清理、清洁并进行记录。

清场应安排在生产操作之后尽快进行。清场涉及至少四个方面：①物料（原辅料、半成品、包装材料等）、成品、剩余的材料、散装品、印刷的标志物；②生产指令、生产记录等书面文字材料；③生产中的各种状态标识等；④清洁卫生工作。

清场记录是批生产记录的文件之一。

一、设备与容器具清理

（一）清场的程序

1. 文件的整理归位：将文件整理，并放到指定的存放区域。

2. 物料的转移与交接：将产品、原辅包材等物料按照不同类别整理，全部转移到指定的存放区域，按照程序进行交接处理，填写好物料台账，并做好标识。

3. 操作间环境的清洁：按操作间标准清洁规程进行清洁，确认清洁效果。

4. 工艺设备与生产工具的清洁：按照操作间清洁标准和操作规程的要求，操作人员对设备、称量器具、工艺设备、生产工具、容器进行清洁。将清洁剂、消毒剂及清洁工具收集到指定的存放处。

5. 填写清场记录：岗位负责人确认后，由现场质量管理员检查清场效果，合格后在清场记录上签字，发放清场合格证，操作人员悬挂清场合格状态标识牌。填写工艺设备使用日志，清场记录纳入批生产记录。

（二）常用的清洁剂、消毒剂

清洁剂（除饮用水、纯化水）、消毒剂应由专人管理，统一存放于指定位置，有明确标识。除房间清洁和清场外，生产过程中操作间不得存放和使用清洁剂和消毒剂。容器具、设备等使用清洁剂、消毒剂处理后，应按规定使用注射用水、纯化水或饮用水清洗干净，依据药品工艺特点来选择，以避免清洁剂、消毒剂残留。用75%乙醇消毒的，可无须水清洗。清洁剂、消毒剂应在文件规定的有效期内使用，其配制、使用、保存和管理应有记录，相关人员应接受相应的培训。

常用的清洁剂：饮用水、纯化水、注射用水、枸橼酸、氢氧化钠、洗洁精等。

常用的消毒剂：纯蒸汽、过氧化氢、75%乙醇、0.1%~0.3%新洁尔灭、季铵盐消毒剂等。

（三）清场状态标识与更换

1. 清场标识

生产操作完成后悬挂"待清场"标识。清场并经检查合格后，取下"待清场"标识，换上"已清场"标识。

2. 有效期的标注

"已清场"的标识牌上除了要标明清场日期、清场人、检查人以外，还应当根据清场方式与方法、清洁剂或消毒剂的不同，明确注明有效期。

（四）操作间物品定置管理

1. 清洁剂、消毒剂与清洁用具定置

清洁剂、消毒剂与清洁用具分为一般生产区用、洁净区用、设备用。各生产区域的清洁工具应专用。不同级别洁净度的洁净工具应分开存放；清洁工具必须放在相应级别的洁具间内，由区域操作人员负责保管和使用。

2. 操作间其他物品定置

生产单元清洁后，生产设备、工具等物品应按规定定置。不同洁净级别的生产工具等物品应分开存放在相应级别生产区内，由岗位负责人负责保管和使用。

二、物料清理

按照 GMP 规定，生产中的物料包括原料、辅料、包装材料等。

（一）原辅料退库的相关知识

每批生产后剩余的原辅料、包装材料都需要由车间物料管理员与仓库保管员办理退库手续，并经现场质量管理员（QA）进行确认。批生产结束后，由车间物料管理员及时统计剩余物料，填写退库单（一式三份），送现场 QA。QA 人员接到退库单后，到车间物料退料区对需要退库的物料进行核查。生产过程中出现的异常物料，经现场 QA 人员确认后，按照不合格品退库处理。车间接到签字批准的退库单，联系库房执行退库。

合格物料按照合格品退库，异常物料按照不合格品退库。

（二）包装材料退库的相关知识

每批产品包装完成后，对未用完的包装材料进行彻底清理。对清理的包装材料认真检查，统计好数量并填写包装材料退库清单。库管员认真检查复核并在包装材料退库清单上签字，如发现问题，由退库方进行清理。退到仓库后的包装材料均要分类好，按存放要求存放。将已印生产日期、生产批号、有效期（至）和未印生产日期、生产批号、有效期（至）的包装材料分别存放，分别处理。

已印生产日期、生产批号、有效期的标签、说明书、合格证等一律销毁，并做好销毁记录，负责销毁人员及监督销毁人员均要签字。未加印生产日期、生产批号、有效期（至）的包装材料，码放在原批号的堆垛处。如库存内已无原批号物料，则单独存放。并在下次生产该产品时应先发放使用退库的包装材料。QA 对该程序进行监督检查，并在有关记录上签名。

（三）物料退库程序

车间生产同一品种同一包装规格，仅进行批号更换时，则剩余物料可在车间内部履行结料手续，储存在相应的暂存间内，并有状态标识和相应记录，在下批生产时优先使用车间在生产过程中剩余的物料，在转存的时候需要由转入人员、物料管理员共同确认物料名称、编码、批号、数量、状态。

当出现非连续生产、不合格物料、现场无法做物料暂存等情况时，需要做物料退库。

1. 物料退库步骤

按品种、批次计数称量，并贴"封口签"封口退库。每批生产及包装剩余的原辅料、包装材料需要由车间相关人员与仓库管理员办理退库手续。

（1）批生产结束后，生产人员称量剩余物料、待销毁物料的重量或数量，然后打包、封装，做好物料标识，由车间管理员填写物料退库单，交现场 QA 审核。

（2）QA 接到退库单后现场复核

未拆包装物料：检查其包装是否完整，封口是否严密，确认物料无污染、数量准确。已拆包装物料：检查其扎口是否严密，确认物料无污染、无混淆、数量准确。受污染的物料、已打印批号、有效期的包装材料，不能直接退库，按照不合格品进行处理。

当 QA 对待退库物料有疑问时，车间管理员要对待退库物料进行重新核对，确保信息无误。QA 对退库信息核对无误后，在退库单上进行签字确认，批准退库。

车间管理员凭 QA 签字批准的退库单，将已清点的退料复原包装、封严封口，贴上"封口签"，逐个包件贴上退库标签和封箱，合格品贴绿色"合格品退库标签"，不合格品由 QA 贴红色"不合格品退库标签"。退库标签上应注明品名、规格、物料编码、批号、计量单位、供应商、退料量、退库日期、退库原因。

（3）库房人员按照生产提出的退库需求，到现场进行退库物料的接收。首先检查"物料退库单"上是否有现场 QA 签字，确认退库物料的状态（合格品、不合格品），然后核对退库物料的品名、供应厂家、入库编号、批号、规格、数量、退库日期，检查每一包件密封是否完好，"退库标签"是否完整、正确。

（4）核对无误后，在"物料退库单"上签字确认。"物料退库单"由质保、生产、仓库各留一份保存。

（5）库房人员将退库物料运送至仓库，按照状态（合格品、不合格品）分别放入合格品退料区和不合格品区。

2. 更换品种、规格时，包装材料退库步骤

本批生产结束后，要进行换品种、换规格生产的，本批次使用的包装材料需要做退库处理，说明书、标签等印字类包装材料必须完全清除。现场退库步骤与正常生产结束后退库步骤相同。

任务四 设备维护保养

> **药物制剂工（中级）的要求**
>
> 鉴定点：
> 1. 设备维护的含义及分类；
> 2. 设备维护保养的基本要求和主要内容；
> 3. 设备维护的分类管理及维护计划。
>
> 鉴定点解析：
> 1. 掌握设备维护的含义、目的、分类及记录；
> 2. 掌握设备维护保养的要求与内容。

一、概述

（一）含义与目的

维修是指为维持和恢复设备的额定状态及确定评估其实际状态的措施。维修是维护、检查及修理的总称。

维护是对现有设备的保养及日常管理，使设备在正常使用条件下最大限度地发挥其功能。维护保养的主要内容通常包括清扫、润滑、紧固、调整、修复或更换等。

设备维护的目的是降低设备故障发生的概率，保证设备的性能始终维持在确认的工艺性能状态，可持续地生产出高质量的产品。

企业应该制定书面的《设备维修保养管理规程》和《设备维护保养标准操作规程》，对工艺设备大修、日常维护和故障维修等进行明确的规定，定期对设备与工具维护保养，防止出现故障与污染，影响药品的质量和安全性。设备的预防性维护必须按照制定的已批准的预防性维护计划周期实施，经改造或重大维修的设备应进行适当的评估以判定是否需要再验证，符合要求后方可用于生产。

（二）分类

维护保养按工作量大小和难易程度分为日常保养、一级保养、二级保养、三级保养等。日常保养和一级保养一般由操作工人承担，二级保养、三级保养在操作工人参加下，一般由专职保养维修工人承担。

日常保养又称例行保养，主要进行清洁、润滑、紧固易松动的零件，检查零件、部件的完整性。这类保养的项目和部位较少，大多数在设备的外部。

一级保养是对设备普遍地进行拧紧、清洁、润滑、紧固。此外，还需要对设备进行部分调整。

二级保养是内部清洁、润滑、局部解体检查和调整。

三级保养对设备主体部分进行解体检查和调整工作，对主要零部件的磨损情况进行测量、鉴定和记录，对达到规定磨损限度的零件加以更换。

在各类维护保养中，日常保养是基础。维护保养的类别和内容，要针对不同设备的生产工艺、结构复杂程度、规模大小等具体情况和特点加以规定。

（三）记录

设备维护保养活动均需要记录与存档，记录应按 GMP 文件要求进行管理和保存，具备可追溯性。维护记录通常包括设备的使用日志以及专门详细记录维修活动内容的维修工单和维修记录。

1. 设备使用日志及记录

设备使用日志是一个简要的概括性文件，其中只需要简要记录所执行的活动以及参考文件编号即可，无须重复记录详细内容，但应确保可以通过设备日志的记录追溯到相关文件或记录。

关键设备应具有使用日志，用于记录所有的操作活动，如设备的使用、维修、校验、确认、验证、清洁等，记录中应包括操作日期、操作者签名、所生产及检验的药品名称（或编号）、规格、批号等。

每一台独立的设备都应有一本设备使用日志，一台主设备的附属设备可以与其主设备共用一本设备日志。使用中的设备日志一般放在设备附近的固定位置，按时间顺序进行记录。

设备维修部门负责相关部门设备日志的发放与收存，并对设备的故障进行分析，对设备的可靠性进行评估，从而得到设备的平均无故障时间（MTBF）及平均故障维修时间（MTTR）等经验数据，为维修质量、设备状况的改进提供基础信息。

2. 设备维修工单

设备维修工单是维修部门实施维修活动的过程文件。该文件记录了维修工作的原因、计划安排、执行时间、部件消耗、设备状况参数等维修过程中发生的详尽信息。维修工单可以分为预防性维修工单和故障性维修工单两类。

3. 维修记录

维修申请部门提出申请时，应填报的信息包括：故障设备或设施的功能位置和设备代码、故障或隐患发生时间、故障现象描述、故障结果描述等。

维修任务结束后，执行人员应按 GMP 文件、记录管理的相关要求，清晰、准确、完整、如实地填写工单上规定的栏目，特别要对发现的问题及实施的维修进行详细说明。维修工单记录内容包括：故障原因描述、故障处理内容、备件和材料使用情况、系统或设备状况参数等。

设备关键部件维修或更换后应进行设备再确认，确保维修后设备相关功能仍准确且稳定。维修人员应正确处理、清理维修活动中产生的废物，维修结束后应及时清理现场，确保维修现场干净、整洁。

4. 设备维护保养记录填写规定

设备维护保养记录的填写应符合生产记录填写的有关规定，书写规范，字迹清晰，词句简练、准确，无漏填或差错。如因差错需重新填写时，作废的单元应保留，注明作废原因，由注明人签名并填写日期，不得撕掉造成缺页。

二、设备维护保养

（一）设备维护保养基本要求

设备维护保养标准操作规程应包含自维护（AM）与预防维护（PM）。

AM 应由设备的使用人员进行，属于工艺设备使用过程中的日常性维护，包括设备使用前的完好性检查、功能性检查，对松动部位的紧固等，设备运行中对设备运行状态判断是否出现异响、异动、温度异常等非正常状态，设备运行结束后对设备进行清洁清扫擦拭等工作。

PM 应由设备的专业维护人员进行，是工艺设备运行一定时间后进行的预防性维护，属于定期维护，包括设备易损件的定期更换，设备零部件性能参数的定期检测，如温度、振动烈度、电阻等。设备的润滑由于比较专业，在制药行业内一般归属于 PM 范围。设备零部件的拆解、清洁等，由企业的设备工程师组织维护。对于设备维护要求专业性特别高的自动化工艺设备如电路板、微电子线路系统等的维护应由设备生产厂家专业人员进行维护。

（二）设备维护保养主要内容

设备的维护保养标准操作规程一般包括日常保养、设备润滑和检修周期。

1. 日常保养

系指操作人员对所操作设备每日（班）必须进行的保养。主要内容为班前检查、擦拭、调整、加油，班中的检查、调节，班后的清洁、归位等。

2. 设备润滑

设备润滑是维修活动的一项重要内容，其主要目的是减少设备零部件的磨损，延长设备的使用寿命。如果管理不当，润滑的执行及所用的润滑剂（包括润滑油、润滑脂）就会带来产品污染的风险。

企业应建立完善的设备润滑管理程序，为每一个设备建立润滑卡，包括设备润滑点、使用的润滑剂以及润滑周期等。应建立基于设备的润滑标准操作法，并在实施前对相关维修人员、生产人员或润滑工进行培训并记录。

设备润滑的主要部位有：轴承、齿轮、离合器、变速器、液力耦合器、液压系统、链条、钢丝绳、螺旋副（丝杠、螺母）、导轨等。

3. 检修周期

预防性维修包括小修、中修、大修，应根据设备结构性能特点制定不同设备的检修周期。

三、设备维护实施指导

药品生产企业应制定设备维护的管理程序及标准操作程序,在此基础上制定具体的预防性维修计划和项目,具体计划与项目的实施,应明确设备的关键程度、掌握设备特点。对于新引进的设备或在用的设备发生变更时都应首先进行适当的评估,根据评估结果制定或修改预防性维修计划。

1. 概述

为了保证药品生产的连续开展,药品生产设备均需要制定详细的维护计划,包括维护对象、维护方式、维护周期三方面内容。

(1)维护对象包括不同分类的制药设备,分为关键设备、重点设备和次要设备。

(2)维护方式包括日常维护、点检、周期性检修以及不定期改善四种(表3-3)。

表3-3 维护方式

维护方式	维护内容
日常维护	对设备的日常清扫、保洁、润滑及简单故障的排除,由设备操作工负责
点检	定点巡查生产设备,记录设备运行状态,为周期性检修提供依据,并及时发现隐患,一般由设备维修工、操作工、管理员共同完成
周期性检修	定期对设备进行专业维护,包括发现和消除故障隐患、部分或全部拆解设备、保持和恢复设备状态,由设备维修工负责,按检修内容的多少分为小修和大修
不定期局部改善	为了提高设备性能,由设备技术员、维修工、管理员根据设备需要实施技术改进或全面消除故障隐患

(3)维护周期 维护周期指对设备周期性检测的周期。应根据设备的重要程度、使用频率、故障规律等情况设定设备的最佳维护周期,避免所有设备维护周期相同的情况,从而降低维护成本、提高设备维护效率。检修周期的长短顺序一般为关键设备<重点设备<次要设备;关键部件<非关键部件。

2. 设备的分类及评估

药品生产企业中的设备包括生产设备、生产辅助设备(如真空泵等)及公共工程设备(如中央空调等),这些设备在药品生产中所发挥作用的重要程度不同。通过系统影响性评估可以将制药企业的设备进行分级管理,一般分为关键设备、重要设备和次要设备。

关键设备的评估标准为是否对产品质量有直接影响。符合以下任意一点的设备,即为关键设备:直接接触产品的设备;用于生产药品需要的原料、辅料或溶剂的设备;确保药品的质量、性状及防止污染的设备;显示影响评估和处置产品数据的设备;控制、检测药品生产重要环境及影响产品质量的工艺控制系统的相关设备;清洁或灭菌设备。

重要设备的评估标准为是否与关键设备相关联,从而对产品质量有关联性影响。符合以下任意一点的设备即为重要设备:影响关键设备的性能;为关键设备提供公用设施或某一功能。

不符合以上标准的即为次要设备。

3. 设备维护计划

企业在制定维护计划时应根据评估的结果，按照设备重要程度设定不同层次的维护计划，包括维护方式和维护周期。其中维护方式分为全面维护、重点维护和日常维护三个层次，维护周期分为重点维护和日常维护两个层次。

关键设备的维护方式是全面维护，包括日常维护、点检、周期性检修以及不定期改善。维护周期是重点维护，包括日常维护和周期性检修。

重点设备的维护方式是重点维护，包括日常维护以及周期性检修。维护周期是日常维护。

次要设备的维护方式是日常维护，维护周期也是日常维护。

设备维护计划由企业工程或维修部门从设备电气和机械方面的特性结合应用特点和周期等制定，并经过质量部门的批准。维护计划的内容包括设备名称、设备编号、负责部门或人员、具体的维护内容、每项维护项目的时间及期限、周期（频率）等。对维护计划应定期进行回顾及评估，任何相关内容的调整，如增加或删除设备、调整维护的内容、改变维护频率等都需要经过批准。

当出现未按照批准的维护计划执行的情况时，应根据偏差或异常事件的处理流程进行适当的调查、评估并在必要时采取适当的纠正或预防措施。

为保障按计划定期实施设备的维护，避免设备故障造成生产偏差，保证产品质量，药品生产企业通常对生产中涉及的每台设备均建立维护计划表。每台设备维护计划表中要列出维护的项目及维护的时间要求等。

4. 设备维护的频率

影响设备维护的频率的因素包括：设备的用途（相同设备由于用途不同，可能需设定不同的维护频率）、以往使用的经验、风险分析、设备供应商的建议等。

一般设备的预防性维修和保养计划可以制定为 6 个月对设备进行小范围的预防性维修，12 个月进行一次较大范围的预防性维修，同时检查 6 个月预防性维修中的项目，48 个月进行一次对设备整体范围的预防性维修，同时包含 6 个月以及 12 个月所实施的维护项目。

一般情况下先制定出各生产设备每次维修的项目和维修频率，综合该设备所有的维护项目制定出未来一年的年度维护计划，具体到每月时再根据年度计划制定出月度检修计划表，并按照计划实施。

5. 维护计划的执行、检查和处理

制药企业应根据设备预防性维修计划制定出设备预防性维修的具体操作程序，由设备操作员、维修工、管理员共同执行。注重培养员工发现设备运行问题的意识，提高员工素质，打造"全员参与维修"模式。

企业要定期进行设备性能的检查，通过对计划实施前后设备维护现状的对比评价预防性维修计划的执行效果，有助于发现措施的有效性以及执行中的偏差，从中积累成功经验和发现存在的不足，进一步改善设备的预防性维修计划。

在预防性维修计划定期地执行、检查后，对计划实施中有效解决问题的计划给予肯定，并巩固推广，指导后续的工作；对不能解决问题的计划应制定新的解决方案。

项目四　制药企业安全生产

任务一　安全生产意识培养

> **药物制剂工（中级）的要求**
>
> **鉴定点：**
> 1. 防火防爆等消防知识；
> 2. 安全用电知识；
> 3. 制剂安全操作知识；
> 4. 有机溶剂的毒性和安全防护知识；
> 5. 急救知识。
>
> **鉴定点解析：**
> 1. 掌握防火防爆的基本措施，灭火的处理措施；
> 2. 了解安全用电知识，掌握预防触电的措施；
> 3. 了解制剂安全操作相关知识，按照安全操作规程进行操作；
> 4. 掌握有机溶剂的分类，降低有机溶剂危害的安全防护知识；
> 5. 掌握足踝扭伤、触电、出血、骨折、头部外伤、脱臼、烫伤等急救知识。

一、防火防爆等消防知识

在生产企业里，防火防爆是一项十分重要的安全工作，一旦发生火灾、爆炸事故，会给个人和企业带来严重后果。因此，要求每个制药人员都应掌握防火防爆的安全基础知识。

（一）常见的火灾爆炸事故类型

1. 使用、运输、存储易燃易爆气体、液体、粉尘时引起的事故。
2. 使用明火引起的事故。有些工作需要在生产现场动用明火，因管理不当引起事故。
3. 静电引起的事故。在生产过程中，有许多工艺会产生静电。例如，皮带在皮带轮上旋转摩擦、油槽在行走时油类在容槽内晃动等，都能产生静电。人们穿的化纤服装，在与人体摩擦时也能产生静电。

4. 电气设施使用、安装、管理不当引起的事故。例如，超负荷使用电气设施，引起电流过大；电气设施的绝缘破损、老化；电气设施安装不符合防火防爆的要求等。

5. 物质自燃引起的事故。例如，煤堆的自燃，废油布等堆积起来引起的自燃等。

6. 雷击引起的事故。雷击具有很大的破坏力，它能产生高温和高热，引起火灾爆炸。

7. 压力容器、锅炉等设备及其附件，带故障运行或管理不善，引起事故。

（二）防止火灾的基本措施

1. 消除着火源：如安装防爆灯具、禁止烟火、接地、避雷、隔离和控制温度等。

2. 控制可燃物：以难燃或不燃材料代替可燃材料；防止可燃物质的跑、冒、滴、漏；对那些相互作用能产生可燃气体或蒸气的物品，应加以隔离，分开存放。

3. 隔绝空气：将可燃物品隔绝空气储存，在设备容器中充惰性介质保护。

（三）防止爆炸的基本措施

1. 防止可燃物的泄漏。

2. 严格控制系统的含氧量，使其降到某一临界值（氧限值或极限含氧量）以下。

3. 采取监测措施，安装报警装置。

4. 消除火源。

（四）消除静电的基本措施

由静电引起火灾、爆炸事故在生产中也是经常发生的，因此静电是火灾爆炸的重大隐患，应当引起注意。

1. 静电接地，用来消除导电体上的静电。

2. 增湿，提高空气的湿度以消除静电荷的积累。

3. 生产操作人员工作服应采用防静电布料。

4. 工艺控制法，从工艺上采取适当的措施，限制静电的产生和积累。

（五）灭火措施

1. 报火警 拨打火警电话"119"。要沉着冷静，用尽量简练的语言表达清楚相关情况。

2. 限制火灾和爆炸蔓延。一旦发生火灾，应防止形成新的燃烧条件，防止火灾蔓延，如设置防火装置、在车间或仓库里筑防火墙或建筑物之间留防火间距等。

3. 灭火方法

（1）窒息法：即隔绝空气，使可燃物质无法获得氧气而停止燃烧。

（2）冷却法：即降低着火物质温度，使之降到燃点以下而停止燃烧。

（3）隔离法：将正在燃烧的物质，与燃烧的物质隔开，中断可燃物质的供给，使火源孤立，火势不能蔓延。

灭火过程中，往往需要同时采用上述3种方法，才能将火迅速扑灭。

二、安全用电知识

用电设备在运行过程中,因受外界的影响如冲击压力、潮湿、异物侵入或因内部材料的缺陷、老化、磨损、受热、绝缘损坏以及因运行过程中的误操作等原因,有可能发生各种故障和不正常的运行情况,因此有必要对用电设备进行保护。对电气设备的保护一般有过负荷保护、短路保护、欠压和失压保护、断相保护及防误操作保护等。

(一)过负荷保护

过负荷保护是指用电设备的负荷电流超过额定电流的情况。长时间的过负荷,将使设备的载流部分和绝缘材料过度发热,从而使绝缘加速老化或遭受破坏。设备具有过负荷能力即具有一定的过载而又不危及安全的能力。对连续运转的电力机都要有过负荷保护。电气设备装设自动切断电流或限止电流增长的装置,例如自动空气开关和有延时的电流继电器等作为过负荷保护。

(二)短路保护

电气设备由于各种原因相接加相碰,产生电流突然增大的现象叫短路。短路一般分为相间短路和对地短路两种。短路的破坏作用瞬间释放很大热量,使电气设备的绝缘受到损伤,甚至把电气设备烧毁。大的短路电流,可能在用电设备中产生很大的电动力,引起电气设备的机械变形甚至损坏。短路还可能造成故障点及附近的地区电压大幅度下降,影响电网质量。短路保护应当设置在被保护线路接受电源的地方。电气设备一般采用熔断器、自动空气开关、过电流继电器等作为短路保护措施。

(三)欠压和失压保护

电气设备应具有在电网电压过低时能及时地切断电源,同时当电网电压在供电中断再恢复时,也不自动启动,即有欠压、失压保护能力。因电力设备自行启动会造成机械损坏和人身事故。电动机等负载如电压过低会产生过载。通常电气设备采取接能器联锁控制和手柄零位启动等作为欠压和失压保护措施。

(四)缺相保护

所谓缺相,就是互相供电电源缺少一相或三相中有任何一相断开的情况。造成供电电源一线断开的原因:低压熔断器或刀闸接触不良;接触器由于长期频繁动作而触头烧毛,以致不能可靠接通;熔丝由于使用周期过长而氧化腐蚀,以致受起动电流冲击烧断,电动机出线盒或接线端子脱开等等。此外,由于供电系统的容量增加,采用熔断器作为短路保护,结果也使电动机断相运行的可能性增大。为此,国际电工委员会(IEC)规定:凡使用熔断器保护的地方,应设有防止断相的保护装置。

(五)防止误操作

为了防止误操作,设备上应具有能保持长久、容易辨认而且清晰的标志或标牌。这些标志给出安全使用设备所必需的主要特征,如额定参数、接线方式、接地标记、危险标志、可能有特殊操作类型和运行条件的说明等。由于设备本身条件有限，不能在其上注出时，则应有安装或操作说明书，使用人员应该了解注意事项。电气控制线路中应按规定装设紧急开关，防止误启动的措施，相应的联锁或限位保护。在复杂的安全技术系统，还要装设自动监控装置。

三、制剂安全操作知识

为了确保制剂生产中操作的安全可靠，保障职工的安全，防止发生伤亡事故，达到安全生产的目的，要制定岗位安全操作规程，做到有章可循，各岗位在制剂生产中要严格按照安全操作规程进行操作，不得违规操作。

四、有机溶剂的毒性和安全防护知识

（一）有机溶剂的毒性

根据对人体及环境可能造成的危害程度，以有机溶剂残留量为指标将有机溶剂分为以下四类（表4-1）。

表4-1 有机溶剂的分类指标

类别	毒性	PD值（mg/d）
第一类溶剂	人体致癌物，疑为人体致癌物或环境危害物	<0.1
第二类溶剂	有非遗传致癌毒性或其他不可逆的毒性或其他严重的可逆的毒性	0.5～40
第三类溶剂	对人体和动物低毒	50
第四类溶剂	没有足够的毒性资料	—

（二）安全防护知识

严格按照标准操作规程（SOP）进行操作，佩戴相关护具，杜绝裸手操作；一旦接触有机溶剂出现身体不适时，及时脱离当前环境，情节严重时及时到医院就医。采取适当的防护措施和安全操作规程可将有机溶剂危害降到最低，具体方法如下：

1. 应装设有效的通风换气设施（局部排气或整体换气装置）。
2. 应依规定实施作业点检及局部排气装置的定期检查、重点检查。
3. 有机溶剂作业场所应定期实施作业环境测定（空气中浓度测定）。
4. 有机溶剂作业场所应由具备有机溶剂中毒预防知识的人员从事监督管理工作。
5. 有机溶剂的容器不论是否在使用都应随手盖紧密闭，以防挥发逸出，并予以危害标示。
6. 有机溶剂的作业场所应置备适当的呼吸防护具（活性炭防毒面罩或空气呼吸器）方便有机溶剂作业者使用。
7. 有机溶剂作业者应依法令规定施以预防灾害所必要的安全卫生教育训练。

8. 应开展上岗前职业健康检查和定期职业健康检查。

9. 有机溶剂作业场所，应严禁烟火以防爆炸。

10. 有机溶剂作业场所只可以存放当天需要使用的有机溶剂，并尽量减少有机溶剂作业时间。

五、急救知识

（一）足踝扭伤急救法

轻度足踝扭伤，应先冷敷患处，24小时后改用热敷，用绷带缠住足踝，把脚垫高，即可减轻症状。

（二）触电急救法

迅速切断电源，一时找不到闸门，可用绝缘物挑开电线或砍断电线。立即将触电者抬到通风处，解开衣扣、裤带，若呼吸停止，必须做口对口人工呼吸或将其送附近医院急救。

（三）出血急救法

出血伤口不大，可用消毒棉花敷在伤口上，加压包扎，一般就能止血。出血不止时，可将伤肢抬高，减慢血流的速度，协助止血。四肢出血严重时，可将止血带扎在伤口的上端，扎前应先垫上毛巾或布片，然后每隔半小时必须放松1次，绑扎时间总共不得超过2小时，以免肢体缺血坏死。做初步处理后，应立即送医院救治。

（四）骨折急救法

如有出血，可采用指压、包扎、止血带等办法止血。对开放性骨折用消毒纱布加压包扎，暴露在外的骨端不可送回。以软物衬垫着夹上夹板，把伤肢上下两个关节固定起来，无夹板时也可用木棍等代替。如有条件，可在清创、止痛后送医院治疗。

（五）酸碱伤眼急救法

酸碱伤眼，第一时间用清水反复冲洗眼部，根据严重程度，决定是否需要送医院进行检查和治疗。

（六）头部外伤急救法

头部外伤，无伤口但有皮下血肿，可用包扎压迫止血，而头部局部凹陷，表明有颅骨骨折，只可用纱布轻覆，切不可加压包扎，以防脑组织受损，尽快送往医院救治。

（七）脱臼急救法

肘关节脱臼，可把肘部弯成直角，用三角巾把前臂和肘托起，挂在颈上；肩关节脱臼，可用三角巾托起前臂，挂在颈上，再用一条宽带连上臂缠过胸部，在对侧胸前打结，把脱臼关节上部固定住；髋关节脱臼，应用担架将患者送往医院救治。脱臼应急处理后，应尽快送往医院进行复位治疗。

（八）烫伤急救法

迅速脱离烫伤源，以免烫伤加剧。尽快剪开或撕掉烫伤处的衣裤、鞋袜，第一时间用冷水反复冲洗伤处以降温。小面积轻度烫伤可用烫伤膏等涂抹。根据烫伤的严重程度，需保护伤处，并尽快送医院治疗。

任务二　环境保护知识学习

> **药物制剂工（中级）的要求**
>
> **鉴定点：**
> 1. 制剂过程的废水、废气、废料处理知识；
> 2. 制剂过程的粉尘处理知识；
> 3. 制剂过程的噪声处理知识。
>
> **鉴定点解析：**
> 1. 掌握污水排放的标准，废料处理的污染控制措施，污染物排放标准；
> 2. 掌握粉尘的定义、危害，预防、减少或消除粉尘污染的措施；
> 3. 了解噪声对制药人员健康的危害，掌握预防噪声危害的措施。

一、制剂过程的废水、废气、废料处理知识

（一）废水

为防治水污染，保护和改善水环境，保障人体健康，促进环境、经济与社会的可持续发展，各省、自治区、直辖市依据《中华人民共和国水污染防治法》，分别修订了地方《水污染物排放标准》。

1. 污水排放标准　水污染物排放标准通常被称为污水排放标准，它是根据受纳水体的水质要求，结合环境特点和社会、经济、技术条件，对排入环境的废水中的水污染物和产生的有害因子所作的控制标准，或者说是水污染物或有害因子的允许排放量（浓度）或限值。它是判定排污活动是否违法的依据。污水排放标准可以分为国家排放标准、地方排放标准和行业标准。

（1）国家排放标准：国家环境保护行政主管部门制定并在全国范围内或特定区域内适用的标准，如《中华人民共和国污水综合排放标准》（GB8978-1996）适用于全国范围。

（2）地方排放标准：由省、自治区、直辖市人民政府批准颁布的，在特定行政区适用。如《上海市污水综合排放标准》（DB31/199-1997），适用于上海市范围。

2. 国家标准与地方标准的关系《中华人民共和国环境保护法》第10条规定："省、自治区、直辖市人民政府对国家污染物排放标准中没做规定的项目，可以制定地方污染物排放标准，对国家污染物排放标准已做规定的项目，可以制定严于国家污染物排放标准的地

方污染物排放标准。"两种标准并存的情况下，执行地方标准。

（二）废气

产生大气污染物的生产车间或工序应设置有效密闭排气系统，变无组织逸散为有组织排放，确无法实现密闭的，应采取其他污染控制措施。

使用有机溶剂的工艺设备或车间，其排气筒中非甲烷总烃初始排放速率大于等于各省市地方标准［如：北京市地方标准 DB11/501-2017《大气污染物综合排放标准》（DB11/501-2017）］，应安装挥发性有机物（VOCs）控制设备净化处理后排放；非甲烷总烃初始排放速率大于等于各省市地方标准，应安装 VOCs 控制设备净化处理后排放，且净化效率应不低于 90%。

粒状或粉状物料的运输和贮存应当采取密闭或其他污染控制措施，装卸过程也应当采取污染控制措施。

含挥发性有机物的原辅材料在输送和储存过程中应保持密闭，使用过程中随取随开，用后应及时密闭。

（三）废料

《中华人民共和国固体废物污染环境防治法》是为了防治固体废物污染环境，保障人体健康，维护生态安全，促进经济社会可持续发展而制定的法规。法规中规定制剂过程中要有对收集、贮存、运输、处置固体废物的设施、设备和场所。应当建立、健全污染环境防治责任制度，采取防治工业固体废物污染环境的措施。采用先进的生产工艺和设备，减少工业固体废物产生量，降低工业固体废物的危害性。严格按照国家、省、市、自治区和直辖市的相关法律法规和制度对生产过程中的固体废弃物进行处理，符合国家环保标准。

根据《中华人民共和国固体废物污染环境防治法》的有关规定，制定了《国家危险废物名录》（生态环境部令第 39 号），固体（危险）废物，按照此名录要求执行。具有下列情形之一的固体废物（包括液态废物），列入本名录：具有腐蚀性、毒性、易燃性、反应性或者感染性等一种或者几种危险特性的；不排除具有危险特性，可能对环境或人体健康造成有害影响，需要按照危险废物进行管理的。

二、制剂过程的粉尘处理知识

粉尘是指悬浮在空气中的固体微粒。通常把粒径小于 75 μm 的固体悬浮物定义为粉尘。生产性粉尘是指能较长时间悬浮在生产环境空气中的固体颗粒物。它是污染生产环境，影响劳动者身体健康的主要因素之一。生产性粉尘作业按危害程度分为四级：相对无害作业（0级）、轻度危害作业（Ⅰ级）、中度危害作业（Ⅱ级）和高度危害作业（Ⅲ级）。

（一）粉尘的危害

1. 粉尘可引起职业病。 生产性粉尘根据其理化特性和作用特点不同，可引起不同的疾病。

2. 粉尘爆炸。粉尘与空气混合，能形成可燃的混合气体，当其浓度和氧气浓度达到一定比例时若遇明火或高温物体，极易着火，可发生粉尘爆炸，其危害性巨大。燃烧后的粉尘，氧化反应十分迅速，它产生的热量能很快传递给相邻粉尘，从而引起一系列连锁反应。

（二）预防措施

1. 工艺改革。以低粉尘、无粉尘物料代替高粉尘物料，以不产尘设备、低尘设备代替高产尘设备，这是减少或消除粉尘污染的根本措施。

2. 密闭尘源。使用密闭的生产设备或将敞口设备改成密闭设备，这是防止和减少粉尘外溢。

3. 通风排尘。受生产条件限制，设备无法密闭或者密闭后仍有粉尘外溢时，要采取通风措施，将产尘点的含尘气体直接抽走，确保作业场所空气中粉尘浓度符合国家卫生标准。

4. 加强防尘工作的宣传教育，普及防尘知识，使接尘者对粉尘危害有充分的认识和了解。

5. 受生产条件限制，在粉尘无法控制或高浓度粉尘条件下作业，必须合理、正确地使用防尘口罩、防尘服等个人防护用品。

6. 定期对接尘人员进行体检；有作业禁忌证的人员，不得从事接尘作业。

三、制剂过程的噪音处理知识

（一）噪声污染的危害

噪声能引发多种疾病，因此人们把噪声称为无形杀手，其损害以神经系统症状最明显，会出现头晕、头痛、失眠、易疲劳、爱激动、记忆力衰退、注意力不集中等症状，并伴有耳鸣、听力减退。许多证据表明，噪声还是造成心脏病和高血压的重要原因。

（二）噪声污染的防治

生产过程中产生的噪声，应从厂房、设施、设备的总体布局、设备选型、操作工艺等方面，尽量减少声源可能对制药人员健康造成影响，如生产设备加装消音设施。对无法消除或降低的声源噪声，制药人员应在生产过程中佩戴防噪音耳罩，降低噪声对人体健康的影响。

任务三　相关法律法规学习

药物制剂工（中级）的要求

鉴定点：
1. 《中华人民共和国劳动法》相关知识；
2. 《中华人民共和国药品管理法》相关知识；
3. 《中华人民共和国药品管理法实施办法》相关知识；
4. 《中华人民共和国中医药法》相关知识；
5. 《药品生产质量管理规范》相关知识；
6. 《中华人民共和国药典》相关知识；
7. 《中药材生产质量质量管理规范》相关知识。

鉴定点解析：
1. 熟悉《中华人民共和国劳动法》劳动者基本权利、劳动合同订立规则等；
2. 掌握《中华人民共和国药品管理法》适用范围、宗旨等相关知识；
3. 掌握《中华人民共和国药品管理法实施办法》中药饮片、进口药品审批、处罚情形相关知识；
4. 掌握《中华人民共和国中医药法》制定的目的、炮制中药饮片规定等相关知识；
5. 掌握《药品生产质量管理规范》中洁净区级别、管理规定等相关知识；
6. 掌握《中华人民共和国药典》制定和修订的部门、现行版本等相关知识；
7. 掌握《中药材生产质量质量管理规范》适用范围、防治病虫害技术等相关知识。

一、《中华人民共和国劳动法》相关知识

（一）《中华人民共和国劳动法》的颁布

为了保护劳动者的合法权益，调整劳动关系，建立和维护适应社会主义市场经济的劳动制度，促进经济发展和社会进步，根据我国宪法，1994年7月5日第八届全国人民代表大会常务委员会第八次会议通过了《中华人民共和国劳动法》，自1995年1月1日起施行；2018年12月29日第十三届全国人民代表大会常务委员会第七次会议《关于修改〈中华人民共和国劳动法〉等七部法律的决定》对《中华人民共和国劳动法》进行了第二次修正。

《中华人民共和国劳动法》是新中国成立以来我国第一部全面系统规范劳动关系的基本法律，包括总则、促进就业、劳动合同和集体合同、工作时间和休息休假、工资、劳动安全卫生、女职工和未成年工特殊保护、职业培训、社会保险和福利、劳动争议、监督检查、法律责任、附则十三部分内容。

（二）《中华人民共和国劳动法》的主要内容

确认了劳动者所应享有的各项基本权利。包括平等就业和选择职业的权利、取得劳动报酬的权利、休息休假的权利、获得劳动安全卫生保护的权利、接受职业技能培训的权利、享受社会保险和福利的权利、提请劳动争议处理的权利以及法律规定的其他劳动权利等，维护了劳动者的合法权益，并通过最低工资制等规定为这些权利的实现提供了切实的物质保障。《劳动法》对妇女、未成年人等特殊劳动者的权益保护规定了特别的措施。

《劳动法》规定劳动者有接受职业技能培训的权利：国家应当通过各种途径，采取各种措施，发展职业培训事业，开发劳动者的职业技能，提高劳动者素质，增强劳动者的就业能力和工作能力；用人单位应当建立职业培训制度，按照国家规定提取和使用职业培训经费，根据本单位实际，有计划地对劳动者进行职业培训；从事技术工种的劳动者，上岗前必须经过培训。

《劳动法》规定禁止用人单位招用未满十六周岁的未成年人。劳动合同应当以书面形式订立。劳动合同可以约定试用期。试用期最长不得超过六个月。

（三）《中华人民共和国药品管理法》相关知识

《中华人民共和国药品管理法》是以宪法为依据，以药品监督管理为中心内容，调整国家药品监督管理部门、药品生产企业、药品经营企业、医疗机构和公民个人在药品研究、生产、经营、使用和管理活动中产生法律关系的法律。

《中华人民共和国药品管理法》1984年制定、颁布、执行，于2019年第二次修订，是我国历史上第一部由国家最高权力机关制定颁布的药品管理法规，标志着我国药品管理工作进入了法制化的新阶段。

《中华人民共和国药品管理法》规定国务院卫生行政主管部门主管全国药品监督管理工作。规定了药品生产企业许可制度、药品经营企业许可制度、医院制剂许可制度、新药许可制度，GMP、药品标准制度、药品广告审批等基本药品管理制度，引入了"假药""劣药"等概念，明确了违反药品管理法规定的法律责任，为我国药品法制体系的建设奠定了蓝图和框架。

（四）《中华人民共和国药品管理法》主要内容

2019年第二次修订的《中华人民共和国药品管理法》共有十二章、一百五十五条。指出了立法目的是加强药品管理，保证药品质量，保障公众用药安全和合法权益，保护和促进公众健康。在中华人民共和国境内从事药品研制、生产、经营、使用和监督管理活动，适用本法。

1. 药品生产

对药品生产企业实行药品生产许可证制度。开办药品生产企业，须经企业所在地省、自治区、直辖市人民政府药品监督管理部门批准并发给药品生产许可证。无药品生产许可证的，不得生产药品。

遵守药品生产质量管理规范，建立健全药品生产质量管理体系，保证药品生产全过程持续符合法定要求；按照国家药品标准和经药品监督管理部门核准的生产工艺进行生产。生产、检验记录应当完整准确，不得编造。

中药饮片应当按照国家药品标准炮制；国家药品标准没有规定的应当按照省、自治区、直辖市人民政府药品监督管理部门制定的炮制规范炮制。不符合国家药品标准或者不按照省、自治区、直辖市人民政府药品监督管理部门制定的炮制规范炮制的，不得出厂、销售。

生产药品所需的原料、辅料，应当符合药用要求、药品生产质量管理规范的有关要求；直接接触药品的包装材料和容器，应当符合药用要求，符合保障人体健康、安全的标准。

对药品进行质量检验。不符合国家药品标准的，不得出厂；建立药品出厂放行规程，明确出厂放行的标准、条件。符合标准、条件的，经质量受权人签字后方可放行。

2. 药品经营

从事药品批发活动，应当经所在地省、自治区、直辖市人民政府药品监督管理部门批准，取得药品经营许可证。从事药品零售活动，应当经所在地县级以上地方人民政府药品监督管理部门批准，取得药品经营许可证。无药品经营许可证的，不得经营药品。

购销药品，应当有真实、完整的购销记录。购销记录应当注明药品的通用名称、剂型、规格、产品批号、有效期、上市许可持有人、生产企业、购销单位、购销数量、购销价格、购销日期及国务院药品监督管理部门规定的其他内容。

零售药品应当准确无误，并正确说明用法、用量和注意事项；调配处方应当经过核对，对处方所列药品不得擅自更改或者代用。对有配伍禁忌或者超剂量的处方，应当拒绝调配；必要时，经处方医师更正或者重新签字，方可调配。销售中药材，应当标明产地。

3. 假药、劣药

禁止生产（包括配制）、销售、使用假药、劣药。属于假药的情形：药品所含成分与国家药品标准规定的成分不符；以非药品冒充药品或者以他种药品冒充此种药品；变质的药品；药品所标明的适应证或者功能主治超出规定范围。禁止生产、配制、销售假药。属于劣药的情形：药品成分的含量不符合国家药品标准；被污染的药品；未标明或者更改有效期的药品；未注明或者更改产品批号的药品；超过有效期的药品；擅自添加防腐剂、辅料的药品。

三、《中华人民共和国药品管理法实施条例》相关知识

（一）《中华人民共和国药品管理法实施条例》与《中华人民共和国药品管理法》的关系

《中华人民共和国药品管理法》是由全国人大常委会制定的法律，而《中华人民共和国药品管理法实施条例》则是由国务院批准的行政法规，二者具有不可分的联系。《中华人民共和国药品管理法》是《中华人民共和国药品管理法实施条例》制定和修改的基础和

依据。《中华人民共和国药品管理法》规定的内容是总的、概括性的要求，体现的是最基本和最根本的问题，《中华人民共和国药品管理法实施条例》的目的就是要根据《中华人民共和国药品管理法》的立法原则和精神，对其内容做进一步的细化，以增强《中华人民共和国药品管理法》的可操作性。

《中华人民共和国药品管理法实施条例》1989年制定、颁布、执行，2002年修订，2016年第一次修正，2019年第二次修正。

（二）《中华人民共和国药品管理法实施条例》的部分内容

国务院药品监督管理部门根据保护公众健康的要求，可以对药品生产企业生产的新药品种设立不超过5年的监测期；在监测期内，不得批准其他企业生产和进口。

药品生产企业使用的直接接触药品的包装材料和容器，必须符合药用要求和保障人体健康、安全的标准，并经国务院药品监督管理部门批准注册。

进口药品，应当按照国务院药品监督管理部门的规定申请注册。国外企业生产的药品取得《进口药品注册证》，中国香港、澳门和台湾地区企业生产的药品取得《医药产品注册证》后，方可进口。国务院药品监督管理部门核发的药品批准文号、《进口药品注册证》《医药产品注册证》的有效期为5年。有效期届满，需要继续生产或者进口的，应当在有效期届满前6个月申请再注册。发布进口药品广告，应当依照前款规定向进口药品代理机构所在地省、自治区、直辖市人民政府药品监督管理部门申请药品广告批准文号。

生产中药饮片，应当选用与药品性质相适应的包装材料和容器；包装不符合规定的中药饮片，不得销售。中药饮片包装必须印有或者贴有标签。中药饮片的标签必须注明品名、规格、产地、生产企业、产品批号、生产日期，实施批准文号管理的中药饮片还必须注明药品批准文号。

违反《药品管理法》和本条例的规定，有下列行为之一的，由药品监督管理部门在《药品管理法》和本条例规定的处罚幅度内从重处罚：

1. 以麻醉药品、精神药品、医疗用毒性药品、放射性药品冒充其他药品，或者以其他药品冒充上述药品的；
2. 生产、销售以孕产妇、婴幼儿及儿童为主要使用对象的假药、劣药的；
3. 生产、销售的生物制品、血液制品属于假药、劣药的；
4. 生产、销售、使用假药、劣药，造成人员伤害后果的；
5. 生产、销售、使用假药、劣药，经处理后重犯的；
6. 拒绝、逃避监督检查，或者伪造、销毁、隐匿有关证据材料的，或者擅自动用查封、扣押物品的。

四、《中华人民共和国中医药法》相关知识

（一）《中华人民共和国中医药法》的颁布

《中华人民共和国中医药法》于2016年12月25日经第十二届全国人大常委会第

二十五次会议通过，自 2017 年 7 月 1 日起施行。

（二）《中华人民共和国中医药法》的部分内容

《中华人民共和国中医药法》包含了总则、中医药服务、中药保护与发展、中医药人才培养、中医药科学研究、中医药传承与文化传播、保障措施、法律责任、附则九章、六十三条。立法目的是继承和弘扬中医药，保障和促进中医药事业发展，保护人民健康。

国家鼓励发展中药材现代流通体系，提高中药材包装、仓储等技术水平，建立中药材流通追溯体系。药品生产企业购进中药材应当建立进货查验记录制度。中药材经营者应当建立进货查验和购销记录制度，并标明中药材产地。医疗机构炮制中药饮片，应当向所在地设区的市级人民政府药品监督管理部门备案。

在乡村医疗机构执业的中医医师、具备中药材知识和识别能力的乡村医生，按照国家有关规定可以自种、自采地产中药材并在其执业活动中使用；保护中药饮片传统炮制技术和工艺，支持应用传统工艺炮制中药饮片，鼓励运用现代科学技术开展中药饮片炮制技术研究；对市场上没有供应的中药饮片，医疗机构可以根据本医疗机构医师处方的需要，在本医疗机构内炮制、使用。

鼓励和支持中药新药的研制和生产。国家保护传统中药加工技术和工艺，支持传统剂型中成药的生产，鼓励运用现代科学技术研究开发传统中成药。生产符合国家规定条件的来源于古代经典名方的中药复方制剂，在申请药品批准文号时，可以仅提供非临床安全性研究资料。鼓励医疗机构根据本医疗机构临床用药需要配制和使用中药制剂，支持应用传统工艺配制中药制剂，支持以中药制剂为基础研制中药新药。委托配制中药制剂，应当向委托方所在地省、自治区、直辖市人民政府药品监督管理部门备案。医疗机构对其配制的中药制剂的质量负责；委托配制中药制剂的，委托方和受托方对所配制的中药制剂的质量分别承担相应责任。

医疗机构配制的中药制剂品种，应当依法取得制剂批准文号。但是，仅应用传统工艺配制的中药制剂品种，向医疗机构所在地省、自治区、直辖市人民政府药品监督管理部门备案后即可配制，不需要取得制剂批准文号。医疗机构应当加强对备案的中药制剂品种的不良反应监测，并按照国家有关规定进行报告。药品监督管理部门应当加强对备案的中药制剂品种配制、使用的监督检查。

五、《药品生产质量管理规范》相关知识

（一）GMP 的概念

GMP 是《药品生产质量管理规范》（Good Manufacture Practice for Drugs）的英文缩写。GMP 是对药品生产企业生产过程的合理性、生产设备的适用性和生产操作的精确性、规范性提出的强制性要求。

（二）我国现行版 GMP 的施行

《药品生产质量管理规范（2010 年修订）》（卫生部令第 79 号）于 2011 年 1 月 17 日

由原卫生部发布，自 2011 年 3 月 1 日起施行。

《药品生产质量管理规范（2010 年修订）》分为十四章，包括：总则、质量管理、机构与人员、设备、物料与产品、确认与验证、文件管理、生产管理、质量控制与质量保证、委托生产与委托检验、产品的发运与召回、自检、附则。

（三）《药品生产质量管理规范》的部分内容

《药品生产质量管理规范》作为质量管理体系的一部分，是药品生产管理和质量控制的基本要求，旨在最大限度地降低药品生产过程中污染、交叉污染以及混淆、差错等风险，确保持续稳定地生产出符合预定用途和注册要求的药品。

应当根据药品品种、生产操作要求及外部环境状况等配置空调净化系统，使生产区有效通风，并有温度、湿度控制和空气净化过滤，保证药品的生产环境符合要求。洁净区与非洁净区之间、不同级别洁净区之间的压差应当不低于 10 帕斯卡。

任何进入生产区的人员均应当按照规定更衣。工作服的选材、式样及穿戴方式应当与所从事的工作和空气洁净度级别要求相适应。

无菌药品和原料药品批次的划分依据不同的标准，具体情况如下：大（小）容量注射剂以同一配液罐最终一次配制的药液所生产的均质产品为一批；同一批产品如用不同的灭菌设备或同一灭菌设备分次灭菌的，应当可以追溯。粉针剂以一批无菌原料药在同一连续生产周期内生产的均质产品为一批。冻干产品以同一批配制的药液使用同一台冻干设备在同一生产周期内生产的均质产品为一批。眼用制剂、软膏剂、乳剂和混悬剂等以同一配制罐最终一次配制所生产的均质产品为一批。连续生产的原料药，在一定时间间隔内生产的在规定限度内的均质产品为一批。间歇生产的原料药，可由一定数量的产品经最后混合所得的在规定限度内的均质产品为一批。

六、《中华人民共和国药典》相关知识

2020 年版《中华人民共和国药典》经第十一届药典委员会执行委员会全体会议审议通过，经国家药品监督管理局会同国家卫生健康委员会批准，自 2020 年 12 月 30 日起实施。

《中国药典》是国家为保障药品质量、提升人民用药安全水平、保障公众健康及维护用药合法权益，从而促进医药产业健康发展而制定的药品法典，是药品标准的核心，是具有法律约束力的药品标准，拥有最高的权威性。《中国药典》规定药品质量标准、制备工艺技术、鉴别、检查与含量测定等，作为药品生产、评定药品质量、检验药品是否合格、经营与使用的法定依据。

2020 年版《中国药典》分为四部出版：一部收载药材和饮片、植物油脂和提取物、成方制剂和单味制剂等；二部收载化学药品、抗生素、生化药品以及放射性药品等；三部收载生物制品；四部收载通用技术要求和药用辅料等。

《中华人民共和国药典》（2020 年版）进一步扩大药品品种和药用辅料标准的收载，《中华人民共和国药典》（2020 年版）收载品种 5 911 种，新增 319 种，修订 3 177 种，不

再收载10种，因品种合并减少6种。一部中药收载2 711种，其中新增117种、修订452种。二部化学药收载2 712种，其中新增117种、修订2 387种。三部生物制品收载153种，其中新增20种、修订126种；新增生物制品通则2个、总论4个。四部收载通用技术要求361个，其中制剂通则38个（修订35个）、检测方法及其他通则281个（新增35个、修订51个）、指导原则42个（新增12个、修订12个）；药用辅料收载335种，其中新增65种、修订212种。

七、《中药材生产质量管理规范》相关知识

（一）《中药材生产质量管理规范》的颁布

为贯彻落实《中共中央、国务院关于促进中医药传承创新发展的意见》，推进中药材规范化生产，加强中药材质量控制，促进中药高质量发展，依据《中华人民共和国药品管理法》《中华人民共和国中医药法》，国家药监局、农业农村部、国家林草局、国家中医药局研究制定了《中药材生产质量管理规范》（简称GAP），于2022年3月17日发布并施行。

（二）《中药材生产质量质量管理规范》的部分内容

内容共十四章一百四十四条，其内容涵盖了中药材生产的全过程，是中药材生产和质量管理的基本准则。适用于中药材生产企业生产中药材（含植物药及动物药）的全过程。

本规范是中药材规范化生产和质量管理的基本要求，适用于中药材生产企业（以下简称企业）采用种植（含生态种植、野生抚育和仿野生栽培）、养殖方式规范生产中药材的全过程管理，野生中药材的采收加工可参考本规范。

防治病虫害等应当遵循"预防为主、综合防治"原则，优先采用生物、物理等绿色防控技术；应制定突发性病虫害等的防治预案。

企业应当根据种植的中药材实际情况，结合基地的管理模式，明确农药使用要求：农药使用应当符合国家有关规定；优先选用高效、低毒生物农药；尽量减少或避免使用除草剂、杀虫剂和杀菌剂等化学农药。

使用农药品种的剂量、次数、时间等，使用安全间隔期，使用防护措施等，尽可能使用最低剂量、降低使用次数；禁止使用国务院农业农村行政主管部门禁止使用的剧毒、高毒、高残留农药，以及限制在中药材上使用的其他农药；禁止使用壮根灵、膨大素等生长调节剂调节中药材收获器官生长。

企业应当建立文件管理系统，全过程关键环节记录完整。文件包括管理制度、标准、技术规程、记录、标准操作规程等。记录应当简单易行、清晰明了；不得撕毁和任意涂改；记录更改应当签注姓名和日期，并保证原信息清晰可辨；记录重新誊写，原记录不得销毁，作为重新誊写记录的附件保存；电子记录应当符合相关规定；记录保存至该批中药材销售后至少三年以上。

模块二

知识篇

项目一 浸出制剂

任务一 浸出制剂制备

> **药物制剂工（中级）的要求**
>
> **鉴定点：**
> 1. 配液的方法与设备；
> 2. 炼糖的目的、方法与设备；
> 3. 炼糖的质量要求；
> 4. 煎膏剂的配制方法与设备；
> 5. 精滤的方法与设备。
>
> **鉴定点解析：**
> 1. 掌握配液的方法与设备；掌握煎膏剂的配制方法与设备；掌握炼糖的目的、方法与设备、质量要求；掌握精滤的方法与设备；
> 2. 熟悉合剂与口服液、煎膏剂的制备工艺流程；
> 3. 了解不同精滤设备的使用场景；了解糖的不同品质对煎膏剂质量和效用的影响。

一、浸出制剂认知

浸出制剂系指用适宜的溶剂和方法浸出饮片中有效成分，经适当精制与浓缩所制得的供内服或外用的一类制剂，包括汤剂、合剂、煎膏剂、酒剂、酊剂、浸膏剂及流浸膏剂等。既可直接用于临床，也可作为原料供进一步制备其他剂型用。

在药物制剂工（五级）中介绍了浸出药剂制备的基础操作，如洗瓶、干燥灭菌、初滤、灌封、灯检等，酒剂、酊剂、露剂、煎膏剂、糖浆剂、合剂的含义与特点等知识内容。依据药物制剂工（四级）国家标准，以合剂与口服液的制备、煎膏剂的制备为例，介绍浸出制剂的制备。

二、合剂与口服液的制备

合剂系指饮片用水或其他溶剂，采用适宜的方法提取精制而成的口服液体制剂，单剂量罐装者称为"口服液"。

（一）制备工艺流程

合剂与口服液是将汤剂进一步加工制得的，即饮片按各品种项下规定的方法提取、纯化、浓缩制成口服液体制剂，根据需要可加入适宜附加剂。其制备工艺流程如图 1-1 所示。

饮片 → 浸出 → 精制 → 浓缩 → 配液 → 过滤 → 分装 → 灭菌 → 成品

图 1-1 合剂的制备工艺流程

1. 浸出

是指用适当的溶剂和方法，将饮片的药效成分最大限度地转移至浸出溶剂中的过程。饮片常用的浸出方法有煎煮法、浸渍法、渗漉法、回流法、水蒸气蒸馏法、超临界流体萃取法等。应根据药材中所含有效成分的性质、浸出溶剂的性质、剂型要求以及生产规模等因素选择适宜的浸出方法。

2. 精制

饮片经溶剂浸提得到的并非单一成分的浸出液，而是既含有效成分又含其他无效成分及杂质的混合物，需要进一步精制，即分离和纯化。

3. 浓缩

饮片经浸出后得到的药液一般浓度较低，且液体量大，通常需再经浓缩操作，以获得浓缩液，供进一步生产用。浓缩，系指在沸腾状态下，经传热过程，利用气化作用将药液中部分溶剂蒸发并去除，以达到提高药液浓度的方法。浓缩可借助蒸发与蒸馏来完成。

4. 配液

（1）配液的方法 有浓配法和稀配法两种。浓配法，系将全部药物加至部分溶剂中配成浓溶液，加热或冷藏后过滤，再稀释至所需浓度。该方法可滤除溶解度小的杂质。稀配法，系将全部药物加入溶剂中，一次配成所需浓度，再过滤。药液浓度不高或配液量较小、原料质量较好时，可采用稀配法。

（2）配液的设备 常用的是配液罐。配液罐为全密封、立式结构的洁净型容器设备，分为浓配罐和稀配罐。浓配时在浓配罐中进行。稀配时，药液经粗滤后沿药液输送管道送入稀配罐中再完成稀配。只需稀配时可直接在稀配罐中进行。

常见配液罐多为不锈钢配液罐，根据结构不同可分为单层配液罐、双层配液罐（带温层或夹套）、三层配液罐（带保温层和夹套），如图 1-2 所示。配液罐的罐盖上装有搅拌器，能加速原料、辅料扩散溶解，同时促进传热，防止局部过热。配液罐夹层既可通入蒸汽加热，提高原辅料的溶解速度，又可通入冷水，吸收药物溶解时的热量。配液操作完毕后立即洗净，干燥后供下次使用。

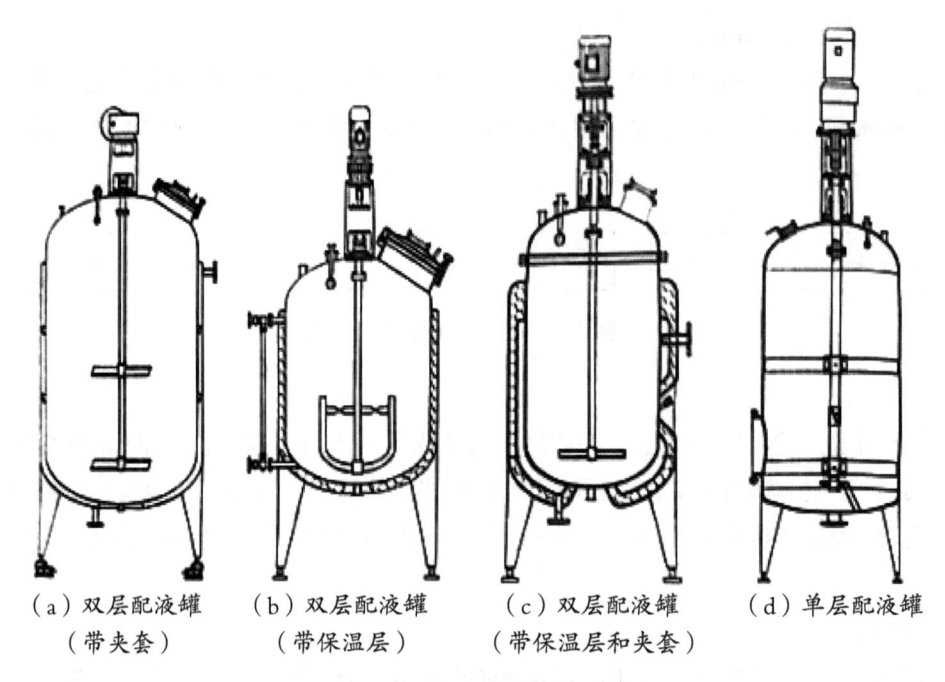

(a) 双层配液罐 (b) 双层配液罐 (c) 双层配液罐 (d) 单层配液罐
（带夹套）　（带保温层）　（带保温层和夹套）

图 1-2　不同结构的配液罐示意图

5. 过滤（精滤）

精滤即精密过滤，又称微滤，常用孔径为 0.45 μm、0.22 μm 的过滤器，主要用于药液中细菌和微小杂质的过滤。精滤是在初滤基础上进行的。常用的精密过滤器有折叠式滤芯、熔喷滤芯、熔玻璃滤器、微孔滤膜滤器、超滤膜滤器等。微孔滤膜用于精滤（0.45~0.8 μm）或无菌过滤（0.22~0.3 μm）。

①减压滤过　设备简单，可进行连续滤过，整个系统都处于密闭状态，药液不易污染，常用于注射剂、口服液、滴眼液的滤过。适于各种滤器，常用布氏漏斗、垂熔玻璃滤器（包括漏斗、滤球、滤棒）、砂滤棒。垂熔玻璃滤器按过滤介质的孔径分为 1 ~ 6 号，G3 多用于常压过滤，G4 多用于减压或加压过滤，G6 作无菌过滤用；砂滤棒可用于减压或加压滤过装置，主要有硅藻土棒与多孔素瓷滤棒两种。硅藻土棒质地疏松，主要用于黏度高、浓度大的药液；多孔素瓷滤棒质地致密，适用于低黏度的药液。

②加压滤过　常用板框过滤器，它是由许多块"滤板"和"滤框"串联组成。由供料泵将浸提液压入滤室，在滤布上形成滤渣，直至充满滤室。滤液穿过滤布并沿滤板沟槽流至板框边角通道，集中排出。过滤完毕，可通入清水洗涤滤渣。因其压力稳定、滤速快、质量好、效率高的优势而在药品生产企业广泛应用。

③高位静压滤过　适用于生产量不大、缺乏加压或减压设备的情况，一般利用楼层高度差进行。压力稳定，质量好，但滤速慢、效率低。

④薄膜滤过　是利用对组分有选择性透过的薄膜，实现混合物组分分离的方法。浓度差、压力差、电位差是膜分离的推动力。常用的有微孔滤膜、超滤膜。

6. 分装

系将质检合格的药液及时分装于洁净的容器中，并进行封口的过程。主要设备是口服液灌装机和轧盖机。

7. 灭菌

系将灌封好的药液装入灭菌柜中进行灭菌,除去微生物的过程。主要设备是灭菌柜。

三、煎膏剂的制备

煎膏剂系指饮片用水煎煮,取煎煮液浓缩后,加炼蜜或熬糖(或转化糖)制成的半流体制剂,主要供内服。煎膏剂的功效主要以滋补为主,兼有缓和的治疗作用(补血、调经、止咳等),如蜜炼川贝枇杷膏、益母草膏等。

(一)制备工艺流程

煎膏剂一般用煎煮法制备,其生产工艺流程如图1-3所示。

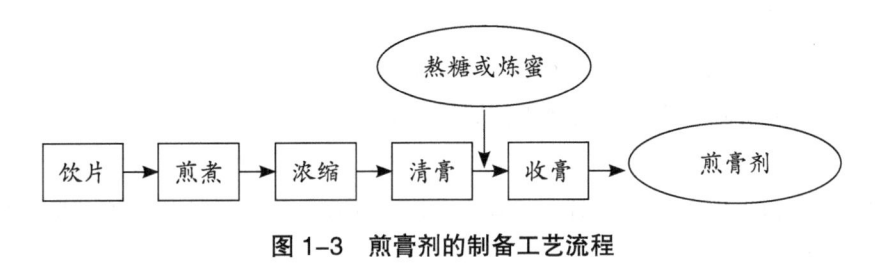

图1-3 煎膏剂的制备工艺流程

1. 煎煮

是将饮片采用煎煮法进行有效成分的提取,得到药液。

2. 浓缩

将上述药液加热浓缩至规定的相对密度,或以搅拌棒趁热蘸取浓缩液滴于桑皮纸上,以液滴的周围无渗出水迹时为度,即得"清膏"。

3. 收膏

取清膏,加规定量的熬糖或炼蜜,继续加热熬炼,收膏时随着稠度的增加,加热温度可相应降低,并需不断搅拌和捞除液面上的浮沫,稠度较大时,尤其应注意防止焦化。

(1)蔗糖的选择与处理

制备煎膏剂所用的糖,应使用药品标准的蔗糖。糖的品质不同,制成的煎膏剂质量和效用也有差异,常用的有冰糖、白糖、红糖、饴糖等。冰糖系结晶型蔗糖,质量优于白糖;白糖味甘、性寒,有润肺生津、和中益肺、舒缓肝气的功效;红糖是一种未经提纯的糖,其营养价值比白糖高,具有补血、破瘀、舒肝、祛寒等功效,尤其适用于产妇、儿童及贫血者食用,起矫味、营养和辅助治疗作用;饴糖也称麦芽糖,系由淀粉或谷物经大麦芽作催化剂,使淀粉水解、转化、浓缩后而制得的一种稠厚液态糖。各种糖在有水分存在时,都有不同程度的发酵变质特性,其中尤以饴糖为甚,在使用前应加以熬制。

熬糖的目的在于使糖的晶粒熔融,减少水分,杀死微生物,净化杂质,控制糖的转化率,防止"返砂"。

熬糖方法与要求:取蔗糖适量,加水50%,用高压蒸汽或直火加热熬炼,并不断搅拌，保持微沸，熬至"滴水成珠，脆不粘牙，色泽金黄"，使糖转化率达 40% ~ 50% 时，取出。为促使糖转化，可加入适量枸橼酸或酒石酸（一般为糖量的 0.1% ~ 0.3%）；冰糖一般含水量较少，熬制时间宜短，且应在开始熬制时加适量水以防焦化；饴糖含水量较多，熬制时不加或少加水，熬制时间较长；红糖含杂质较多，转化后一般加糖量二倍的水稀释，静置适当时间，除去沉淀备用。

熬糖的设备常采用蒸汽加热的化糖罐、熬糖罐，由料液混合泵、冷热缸、双联过滤器、机架以及连接管件组成。主要用于糖的溶解，同时发挥溶解、加热（或冷却）和过滤三种作用，有速度快、效率高的优点。

（2）熬糖（炼蜜或转化糖）的用量

除另有规定外，一般加入熬糖（炼蜜或转化糖）的量不超过清膏量的 3 倍。

（3）收膏标准

收膏稠度视品种而定，一般相对密度在 1.4 左右。相对密度按照《中国药典》相对密度测定法测定。在实际生产中，通常用波美计测量。

（4）药粉加入

如需加入药粉，一般应加入细粉，搅拌均匀。且应在膏滋相对密度和不溶物检查符合规定并待稍冷后加入。

（5）分装

待煎膏充分冷却后，再分装于洗净（或灭菌）干燥的大口径容器中，加盖密闭，即得煎膏剂。

制备煎膏剂使用的设备包括夹层锅、收膏机等。

任务二　浸出制剂质量要求

药物制剂工（中级）的要求

鉴定点：

1. 酒剂的质量要求；
2. 酊剂的质量要求；
3. 露剂的质量要求；
4. 煎膏剂的质量要求；
5. 最低装量检查法。

鉴定点解析：

1. 掌握酒剂、酊剂、露剂、煎膏剂的质量检查项目；
2. 能够采用容量法进行最低装量检查；
3. 了解最低装量检查法中的重量法。

一、酒剂的质量要求

酒剂外观应澄清,在贮存期间允许有少量摇之易散的沉淀。酒剂应检查乙醇含量和甲醇含量。

(一)总固体

含糖、蜂蜜的酒剂照《中国药典》第一法检查,不含糖、蜂蜜的酒剂照第二法检查,应符合规定。

第一法 精密量取供试品上清液 50 mL,置蒸发皿中,水浴上蒸至稠膏状,除另有规定外,加无水乙醇搅拌提取 4 次,每次 10 mL,滤过,合并滤液,置已干燥至恒重的蒸发皿中,蒸至近干,精密加入硅藻土 1 g(经 105℃干燥 3 小时,移置干燥器中冷却 30 分钟),搅匀,在 105℃干燥 3 小时、移置干燥器中,冷却 30 分钟,迅速精密称定重量,扣除加入的硅藻土量,遗留残渣应符合各品种项下的有关规定。

第二法 精密量取供试品上清液 50 mL,置已干燥至恒重的蒸发皿中,水浴上蒸干,在 105℃干燥 3 小时,移置干燥器中,冷却 30 分钟,迅速精密称定重量,遗留残渣应符合各品种项下的有关规定。

(二)乙醇量

照《中国药典》乙醇量测定法测定,应符合各品种项下的规定。

(三)甲醇量

照《中国药典》甲醇量检查法检查,应符合规定。

(四)装量

照《中国药典》最低装量检查法检查,应符合规定。检查方法有重量法和容量法,具体操作如下:

重量法(适用于标示装量以重量计的制剂):除另有规定外,取供试品 5 个(50 g 以上者 3 个),除去外盖和标签,容器外壁用适宜的方法清洁并干燥,分别精密称定重量,除去内容物,容器用适宜的溶剂洗净并干燥,再分别精密称定空容器的重量,求出每个容器内容物的装量与平均装量,均应符合下表的有关规定。如有 1 个容器装量不符合规定,则另取 5 个(50 g 以上者 3 个)复试,应全部符合规定。

容量法(适用于标示装量以容量计的制剂):除另有规定外,取供试品 5 个(50 mL 以上者 3 个),开启时注意避免损失,将内容物转移至预经标化的干燥量入式量筒中(量具的大小应使待测体积至少占其额定体积的 40%),黏稠液体倾出后,除另有规定外,将容器倒置 15 分钟,尽量倾净。2 mL 及以下者用预经标化的干燥量入式注射器抽尽。读出每个容器内容物的装量,并求其平均装量,均应符合下表的有关规定。如有 1 个容器装量不符合规定,则另取 5 个(50 mL 以上者 3 个)复试,应全部符合规定,见表 1-1。

表 1-1　各类制剂装量要求

标示装量	注射液及注射用浓溶液		口服及外用固体、半固体、液体、黏稠液体	
	平均装量	每个容器装量	平均装量	每个容器装量
20 g（mL）以下	—	—	不少于标示装量	不少于标示装量的93%
20 g（mL）至50 g（mL）	—	—	不少于标示装量	不少于标示装量的95%
50 g（mL）以上	不少于标示装量	不少于标示装量的97%	不少于标示装量	不少于标示装量的97%

（五）微生物限度

照《中国药典》非无菌产品微生物限度检查：微生物计数法和控制菌检查法及非无菌药品微生物限度标准检查，除需氧菌总数每 1 mL 不得过 500 cfu，霉菌和酵母菌总数每 1 mL 不得过 100 cfu 外，其他应符合规定。

二、酊剂的质量要求

除另有规定外，每 100 mL 相当于原饮片 20 g。含有毒剧药品的中药酊剂，每 100 mL 应相当于原饮片 10 g；有效成分明确者，应根据其半成品的含量加以调整，使符合规定。酊剂组分无显著变化的前提下，久置允许有少量摇之易散的沉淀。

（一）乙醇量

照《中国药典》乙醇量测定法测定，应符合各品种项下的规定。

（二）甲醇量

照《中国药典》甲醇量检查法检查，应符合规定。

（三）装量

照《中国药典》最低装量检查法检查，应符合规定。

（四）微生物限度

除另有规定外，照《中国药典》非无菌产品微生物限度检查：微生物计数法和控制菌检查法及非无菌药品微生物限度标准检查，应符合规定。

三、露剂的质量要求

除另有规定外，加入抑菌剂的露剂在制剂确定处方时，该处方的抑菌效力应符合《中国药典》抑菌效力检查法的规定。露剂应澄清，不得有沉淀和杂质等。露剂应具有与原有药物相同的气味，不得有异臭。一般应检查 pH 值。

（一）装量

照《中国药典》最低装量检查法检查，应符合规定。

（二）微生物限度

照《中国药典》非无菌产品微生物限度检查：微生物计数法和控制菌检查法及非无菌药品微生物限度标准检查，应符合规定。

四、煎膏剂的质量要求

煎膏剂，如需加入饮片原粉，除另有规定外，一般应加入细粉。除另有规定外，加炼蜜或熬糖（或转化糖）的量，一般不超过清膏量的3倍。煎膏剂应无焦臭、异味，无糖的结晶析出。

（一）相对密度

除另有规定外，取供试品适量，精密称定，加水约2倍，精密称定，混匀，作为供试品溶液。照《中国药典》相对密度测定法测定，按下式计算，应符合各品种项下的有关规定。

$$供试品相对密度 = \frac{W_1 - W_1 \times f}{W_2 - W_2 \times f}$$

式中　W_1 为比重瓶内供试品溶液的质量，g；

　　　W_2 为比重瓶内水的质量，g；

$$f = \frac{加水供试品中的水质量}{供试品质量 + 加水供试品中的水质量}$$

凡加饮片细粉的煎膏剂，不检查相对密度。

（二）不溶物

取供试品5 g，加热水200 mL，搅拌使溶化，放置3分钟后观察，不得有焦屑等异物。

加饮片细粉的煎膏剂，应在未加入细粉前检查，符合规定后方可加入细粉。加入药粉后不再检查不溶物。

（三）装量

照《中国药典》最低装量检查法检查，应符合规定。

（四）微生物限度

照《中国药典》非无菌产品微生物限度检查：微生物计数法和控制菌检查法及非无菌药品微生物限度标准检查，应符合规定。

项目二　液体制剂

任务一　低分子溶液剂制备

> **药物制剂工（中级）的要求**
>
> **鉴定点：**
> 1. 低分子溶液剂的含义与特点；
> 2. 低分子溶液剂的制备方法；
> 3. 低分子溶液剂制备注意事项；
> 4. 初滤的方法、设备、操作注意事项。
>
> **鉴定点解析：**
> 1. 掌握低分子溶液剂的含义、特点、制备方法和制备注意事项；
> 2. 熟悉溶解法制备低分子溶液剂的工艺流程；
> 3. 了解滤过的方法和滤过注意事项。

一、低分子溶液剂的认知

低分子溶液剂也称为真溶液型液体制剂。液体制剂系指药物分散在适宜的分散介质中制成的液态制剂。根据分散介质中药物粒子大小不同，液体制剂分为真溶液型、胶体溶液型、混悬液型、乳状液型四种分散体系。在药物制剂工（五级）中介绍了液体制剂的基础知识，在此基础上，药物制剂工（四级）中将介绍低分子溶液剂含义、特点和制备方法，以及初滤的方法、设备、操作和注意事项。

（一）低分子溶液剂的含义、特点与分类

1. 含义

低分子溶液剂系指药物以分子或离子（直径＜1 nm）状态分散在溶剂中形成的均相液体制剂。

2. 特点

药物一般是低分子的化学药物或中药挥发性物质，溶剂多为水，也有用乙醇或油为溶

剂，制备得到澄明液体。制备时根据需要可加入增溶剂、助溶剂、抗氧剂、矫味剂、着色剂等附加剂。

3. 分类

低分子溶液剂主要包括溶液剂、芳香水剂、糖浆剂、醑剂、甘油剂等。

（1）溶液剂　系指药物溶解于溶剂中所制成的澄明液体制剂。

溶液剂应澄清，不得有沉淀、混浊或异物；制备时加入的添加剂不得影响主药的性能，应密闭，在阴凉处保存。

（2）芳香水剂　系指芳香挥发性药物（多为挥发油）的饱和或近饱和水溶液。

也有用水和乙醇为混合溶剂制成的含大量挥发油的浓芳香水剂，临用时再稀释。芳香水剂的浓度一般较低，不宜大量配制和久贮。

（3）糖浆剂　系指含有原料药物的浓蔗糖水溶液，供口服用。

纯蔗糖的近饱和水溶液称为单糖浆，其浓度为85%（g/mL）或64.7%（g/g），可供配制药用糖浆，也可作矫味剂或助悬剂。

糖浆剂中的含糖量应不低于45%（g/mL）。一般应检查相对密度、pH值等；除另有规定外，糖浆剂应澄清，在贮存期间不得有发霉、酸败、产生气体或其他变质现象，药材提取物糖浆剂允许有少量摇之易散的沉淀；应密封，置阴凉干燥处贮存。

（4）醑剂　系指挥发性药物的浓乙醇溶液，供外用或内服。

用于制备芳香水剂的药物一般都可以制成醑剂。醑剂中药物浓度可达5%~10%，乙醇浓度一般为60%~90%。除用于治疗外，醑剂也可作芳香矫味剂。醑剂中挥发油易氧化变质和挥发，且长期贮存会变色，故醑剂应贮藏于密闭容器中，置冷暗处保存，且不宜长期贮藏。醑剂应规定含醇量。

（5）甘油剂　系指药物溶解于甘油中制成的液体制剂，专供口腔、耳鼻喉科疾病的外用治疗。

甘油具有黏稠性、吸湿性，对皮肤、黏膜有滋润作用，可以延长药物在患处的滞留，更好地发挥作用。但甘油剂引湿性较大，应密闭保存。

（二）低分子溶液剂的制备

1. 低分子溶液剂制备主要有溶解法、稀释法、化学反应法。其中溶解法常用，其制备工艺如图2-1所示。

称量 → 溶解 → 滤过 → 混合 → 定容 → 质检

图2-1　溶解法制备低分子溶液剂的工艺流程图

低分子溶液剂常见的制备方法和操作过程见表2-1。

表 2-1 低分子溶液剂制备方法与操作过程

类型	制备方法	操作过程
溶液剂	溶解法	一般取处方总量 1/2～3/4 溶剂，加入药物搅拌使溶解，滤过，再通过滤器加溶剂至全量，搅匀即得
	稀释法	先将药物配制成高浓度溶液，再用溶剂稀释至所需浓度，搅匀即得
糖浆剂	热溶法	制法：将蔗糖加入沸纯化水中，加热溶解后，再加可溶性药物，混合、溶解、滤过，从滤器上加适量纯化水至规定容量，即得。此法适用于制备对热稳定的含药糖浆和有色糖浆 特点：蔗糖易溶解，趁热易滤过，所含高分子杂质如蛋白质加热凝固被滤除，制得的糖浆剂易于滤清，同时在加热过程中杀灭微生物，使糖浆易于保存。但加热过久或超过 100℃时，转化糖含量增加，糖浆剂颜色容易变深
	冷溶法	制法：在室温下将蔗糖溶于纯化水中制成。此法适用于对热不稳定的药物和挥发性药物的糖浆剂制备 特点：制成的糖浆剂颜色较浅，但生产周期长，制备过程易被微生物污染
	混合法	系将药物与单糖浆均匀混合而制成。此法操作简便，质量稳定，应用广泛，但制成的含药糖浆含糖量低，应特别注意防腐
芳香水剂	溶解法	取挥发油或挥发油性药物细粉，加纯化水适量，用力振摇成饱和溶液，滤过，通过过滤器加适量纯化水至全量，摇匀，即得。制备时也可先加适量滑石粉与挥发油研匀，再加纯化水溶解
	稀释法	取浓芳香水剂，加纯化水稀释，搅匀，即得
	水蒸气蒸馏法	取含挥发性成分的药材适量，洗净，适当粉碎，置蒸器中，加适量纯化水浸泡一定时间，通入水蒸气蒸馏，一般收集药材重量的 6～10 倍蒸馏液，除去过量的挥发性物质或重蒸馏一次。必要时可用润湿的滤纸滤过，成澄清溶液
醑剂	溶解法	直接将挥发性药物溶于乙醇中即得
	蒸馏法	将挥发性药物溶于乙醇后再进行蒸馏，或将化学反应制得的挥发性药物加以蒸馏而制得
甘油剂	溶解法	将药物溶于甘油中制成

2. 低分子溶液剂制备注意事项

（1）根据药物的性质和工艺要求，选择适宜的制备方法。

（2）易溶但溶解缓慢的药物，可以采用粉碎、搅拌、加热等措施促进药物溶解。

（3）制备时先将溶解度小的药物溶解后，再加入其他药物。

（4）难溶性药物可适当加入增溶剂或助溶剂。

（5）对温度敏感的易氧化、易挥发药物，应在室温下制备，并加入适宜的抗氧剂等。

二、液体制剂的初滤

（一）滤材

常用于初滤的滤材有滤纸、长纤维脱脂棉、绸布、绒布、尼龙布、滤网等。常用的过滤设备有钛滤器、砂滤棒、板框过滤器、袋式过滤器等。

（二）方法与设备

根据生产中不同药品的过滤要求，结合药液中沉淀物的多少，选择适宜的滤器与过滤设备。

1. 高位静压滤过装置自然滤过

该装置适用于楼房，配液间和储液罐在楼上，待滤药液通过管道自然流入滤器，滤液流入楼下的贮液瓶或直接灌入容器。利用液位差形成的静压，促使经过滤器的滤材自然滤过。适用于生产量不大、缺乏加压或减压设备的情况，特别在有楼房时，药液在楼上配制，通过管道滤过到楼下继续灌封。此法简便、压力稳定、质量好但滤速慢。

2. 减压滤过装置

是在滤液贮存器上不断抽去空气，形成负压，促使在滤器上方的药液经滤材流入滤液贮存器内。适用于各种滤器，但压力不够稳定，操作不当，易使滤层松动从而影响质量。此过滤装置可先粗滤，再精滤，进行连续过滤，整个过程处于封闭状态，药液不易污染，但进入系统的空气必须经过过滤。

3. 加压滤过装置

系用离心泵输送药液通过滤器进行滤过。其特点是压力稳定、滤速快、质量好、产量高。由于全部装置保持正压，空气中的微生物和微粒不易侵入滤过系统，同时滤层不易松动，因此滤过质量比较稳定。但此法需要离心泵，适用于配液、滤过、灌封在同一平面工作。

（三）注意事项

1. 不论采用何种滤过方式和装置，由于滤材的孔径不可能完全一致，故最初的滤液不一定澄明，常要倒回料液中再滤，称为"回滤"。回滤可使滤液更澄清。

2. 滤过的目的是实现固液分离。有效成分为可溶性成分时取滤液，有效成分为固体沉淀物时取滤渣，有时滤液和滤渣皆为有效成分，则应分别收集。

3. 过滤过程中滤渣在滤过介质的空隙上逐步累积形成"架桥"现象，与滤渣颗粒形状及压缩性有关，针状或粒状坚固颗粒可集成具有空隙的致密滤层，滤液可通过，大于间隙的微粒被截留而达到滤过的作用。"架桥"现象可以增加滤液的滤过效果，但会降低过滤效率。

任务二　混悬剂制备

药物制剂工（中级）的要求

鉴定点：
1. 影响混悬剂稳定性的因素；
2. 混悬剂的稳定剂；
3. 混悬剂的制备方法与设备；
4. 混悬剂的质量评价。

鉴定点解析：
1. 掌握影响混悬剂的稳定性的因素和常用的稳定剂；
2. 熟悉混悬剂的制备方法和质量控制；
3. 了解混悬剂的定义、特点。

一、混悬剂的认知

混悬剂系指难溶性固体药物以微粒状态分散于分散介质中形成的非均相液体制剂。所用分散介质大多数为水，也可用植物油。混悬剂属于热力学和动力学不稳定的粗分散体系。在药物制剂工（五级）中介绍了混悬剂的含义和特点，在此基础上，药物制剂工（四级）中将介绍混悬剂的影响混悬剂稳定性的因素和常用稳定剂，以及混悬剂的准备方法和质量评价。

二、混悬剂的稳定性

（一）影响混悬剂稳定性的因素

混悬剂中药物微粒与分散介质之间存在着固液界面，微粒的分散度较大，使混悬微粒具有较高的表面自由能，故处于不稳定状态。尤其是疏水性药物的混悬剂，存在更大的稳定性问题。混悬剂的稳定性与下列因素有关：

1. 混悬粒子的沉降

混悬剂中的微粒由于重力作用，静置后会自然沉降，沉降速度服从 Stokes 定律：

$$V = \frac{2r^2(\rho_1 - \rho_2)g}{9\eta}$$

式中，V 为沉降速度（cm/s）；r 为微粒半径（cm）；ρ_1、ρ_2 分别为微粒和介质的密度（g/mL）；g 为重力加速度（cm/s^2），η 为分散介质的黏度（Pa·s）。由 Stokes 公式可知：微粒沉降速度与微粒半径的平方、微粒与分散介质的密度差成正比，与分散介质的黏度成反比。

为减小沉降速度，增加混悬剂的稳定性，可采用以下措施：①尽可能减小微粒半径；②减小微粒与分散介质的密度差，如向水中加蔗糖、甘油等密度大的物质，或将药物与密度小的载体制成固体分散体；③加入高分子助悬剂，增加介质的黏度，减小微粒与分散介质之间的密度差，如在溶液中加入胶浆剂等黏稠液体。

2. 混悬微粒的润湿

固体药物的亲水性强弱，表面能否被液体分散介质润湿，直接影响混悬剂的稳定性。亲水性药物制备时易被水润湿，易分散在液体介质中，制得稳定的混悬剂；疏水性药物不能被水润湿，较难分散在液体介质中，可加入润湿剂改善疏水性药物的润湿性，使混悬剂易于制备并增加其稳定性。

3. 微粒的荷电与水化

混悬剂中微粒因本身解离或吸附分散介质中离子而荷电，具有双电层结构，即有ζ电位。同时由于微粒荷电，水分子可在微粒周围形成水化膜，这种水化作用的强弱与双电层厚度相关。由于微粒带相同电荷的排斥作用和水化膜的存在，阻碍了微粒的合并，可增加混悬剂的稳定性。当向混悬剂中加入少量电解质，则可改变双电层的结构和厚度，使混悬粒子聚结而产生絮凝。亲水性药物微粒除带电外，本身具有较强的水化作用，受电解质的影响较小，而疏水性药物微粒的水化作用很弱，对电解质更为敏感。

4. 絮凝与反絮凝

混悬剂中微粒由于分散度大而具有较大的界面自由能，因而静置过程中微粒之间会发生一定的聚集。但由于微粒荷电，电荷的排斥力阻碍了微粒聚集。因此加入适量的电解质，使ζ电位降低，就可减小微粒间的电荷排斥力。

ζ电位降低到一定程度后，混悬剂中微粒形成疏松的絮状聚集体，这一过程称为絮凝，加入的电解质称为絮凝剂。为了得到稳定的混悬剂，一般应控制ζ电位在 20 ~ 25 mV。絮凝状态下的混悬微粒沉降虽快，但沉降体积大。沉降物不易结块，振摇后又能迅速恢复均匀的混悬状态。

向絮凝状态的混悬剂中加入电解质，使絮凝状态变为非絮凝状态的过程称为反絮凝。加入的电解质称为反絮凝剂。反絮凝剂可增加混悬剂流动性，使之易于倾倒，方便应用。

5. 结晶增长与转型

混悬剂中存在溶质不断溶解与结晶的微观动态过程。混悬剂中固体药物微粒通常大小不一，小微粒由于表面积大，在溶液中的溶解速度快而不断溶解，而大微粒则不断结晶而增大，结果是小微粒数目不断减少，大微粒不断增多，使混悬微粒沉降速度加快，从而影响混悬剂的稳定性。此时必须加入抑制剂，以阻止结晶的溶解与增大，保持混悬剂的稳定性。

具有同质多晶性质的药物，若制备时使用了亚稳定型结晶药物，在制备和贮存过程中亚稳定型可转化为稳定型，可能改变药物微粒沉降速度或结块。

6. 分散相的浓度与温度

在同一分散介质中，分散相浓度增加，微粒碰撞聚集机会增加，混悬剂的稳定性降低。温度对混悬剂稳定性有重要影响。温度变化不仅改变药物的分散速度和溶解度，还能影响微粒的沉降速度、絮凝速度及沉降体积大小，从而改变混悬剂的稳定性。冷冻可破坏混悬剂的网状结构，使稳定性降低。

（二）混悬剂的稳定剂

为增加混悬剂的物理稳定性，在制备时需加入能使混悬剂稳定的附加剂，包括润湿剂、助悬剂、絮凝剂和反絮凝剂等，统称为稳定剂。

1. 润湿剂

系指能增加疏水性药物微粒被水湿润的附加剂。最常用的润湿剂是 HLB 值为 7～9 的表面活性剂，如聚山梨酯类、聚氧乙烯蓖麻油类、聚氧乙烯脂肪醇醚类、磷脂类、泊洛沙姆等。此外，还有低分子溶剂，如甘油、乙醇等。

许多疏水性药物如硫磺、甾醇类、阿司匹林等不易被水润湿，加之微粒表面吸附有空气，给混悬剂制备带来困难，这时若加入润湿剂，润湿剂可吸附于药物微粒表面，降低微粒和分散介质之间的界面张力与接触角，使药物微粒易于润湿，增加其亲水性，产生较好的分散效果。

2. 助悬剂

系指能增加分散介质的黏度以降低微粒的沉降速度或增加微粒亲水性的附加剂。常用的助悬剂有：

（1）低分子助悬剂：如甘油、糖浆等，可增加分散介质的黏度，也可增加微粒的亲水性。甘油常用于外用制剂，糖浆常用于内服制剂。

（2）高分子助悬剂：包括天然的高分子助悬剂和合成高分子助悬剂。此类助悬剂大多性质稳定，受 pH 值影响小，但应注意某些助悬剂能与药物或其他附加剂有配伍变化。常用的天然高分子助悬剂有阿拉伯胶、西黄蓍胶、杏胶、桃胶、琼脂等。其中阿拉伯胶用量为 5%～15%，西黄蓍胶用量为 0.5%～1%。常用的合成高分子助悬剂有甲基纤维素、羧甲纤维素钠、羟丙甲纤维素、羟丙纤维素、羟乙纤维素、卡波普、聚维酮、丙烯酸钠等。

（3）硅酸盐类：常用的有含水硅酸铝、胶体二氧化硅、硅皂土等。

（4）触变胶：将单硬脂酸铝溶解于植物油中可形成典型的触变胶。其稳定原理为利用触变胶的触变性，即凝胶与溶胶恒温转变的性质，静置时形成凝胶防止微粒沉降，振摇后变为溶胶有利于混悬剂的使用。

3. 絮凝剂与反絮凝剂

絮凝剂系指使混悬剂产生絮凝作用的附加剂，而产生反絮凝作用的附加剂称为反絮凝剂。常用的絮凝剂有枸橼酸盐、酒石酸盐、磷酸盐及氯化物等。

制备混悬剂时常需加入絮凝剂，使混悬剂处于絮凝状态，以提高混悬剂的稳定性。絮凝剂主要是不同价数的电解质，且同一电解质可因加入量的不同而在混悬剂中起絮凝作用

（降低ζ电位）或反絮凝作用（升高ζ电位）。絮凝剂和反絮凝剂的种类、性能、用量对混悬剂有很大影响，应在试验的基础上加以选择。

三、混悬剂的制备方法与设备

1. 制备方法

制备混悬剂时，应使混悬微粒有适当的分散度，并尽可能分散均匀，以减小微粒的沉降速度，使混悬剂处于稳定状态。操作过程见表2-2。

表2-2 混悬剂制备方法与操作过程

制备方法		操作过程
分散法	加液研磨法	粉碎时固体药物加入适当液体研磨，称为加液研磨法，可减小药物分子间的内聚力，使药物易粉碎得更细。加液研磨时，可用处方中的液体，如水、芳香水、糖浆、甘油等，通常是1份药物加0.4~0.6份液体，能产生最大分散效果
	水飞法	对于质重、硬度大的药物，可采用水飞法制备，即将药物加适量的水研磨至细，再加入较多量的水，搅拌，稍加静置，倾出上层液体，研细的悬浮微粒随上清液被倾倒出去，余下的粗粒再进行研磨，如此反复直至完全研细，达到要求的分散度为止，再合并含有悬浮微粒的上清液，即得。水飞法可使药物研磨到极细的程度
凝聚法	物理凝聚法	选择适当的溶剂，将药物以分子或离子状态分散制成饱和溶液，在快速搅拌下加入另一不溶的分散介质中凝聚成混悬液的方法。主要指微粒结晶法，一般将药物制成热饱和溶液，在搅拌下加至另一种药物不溶的液体中，使药物快速结晶，可制成10μm以下（占80%~90%）微粒，再将微粒分散于适宜介质中制成混悬剂
	化学凝聚法	使两种或两种以上药物发生化学反应法生成难溶性药物微粒，再分散于分散介质中的制备方法。化学反应在稀溶液中进行并急速搅拌，可使制得的混悬剂药物微粒更细小、更均匀

2. 设备

混悬剂小量制备用乳钵，大量生产采用乳匀机、胶体磨、带搅拌的配料罐等。通过物料在多层转子和定子之间的间隙内高速运动，形成强烈的液力剪切和湍流，分散物料，同时产生离心挤压、碾磨、碰撞等综合作用力，最终使物料充分混合、搅拌、细化达到理想要求。其中，乳匀机是借强大推动力将两相液体通过乳匀机的细孔；胶体磨主要利用高速旋转的转子和定子之间的缝隙产生强大剪切力使液体乳化；带搅拌的配料罐分为低速搅拌乳化装置和高速搅拌乳化装置。

四、混悬剂的质量评价

1. 微粒大小

混悬剂中微粒的大小不仅关系到混悬剂的质量和稳定性，也会影响混悬剂的药效和生物利用度，所以测定混悬剂中药物微粒大小及其分布是评价混悬剂质量的重要指标。测定微粒大小的方法有显微镜法、库尔特计数法、浊度法、光散射法、漫反射法等。

2. 沉降体积比

系指沉降物的体积与沉降前混悬剂的体积之比，用 F 表示。通过测定沉降体积比可以评价混悬剂的稳定性。F 值愈大混悬剂愈稳定，F 的数值在 0～1 之间，《中国药典》（现行版）规定口服混悬剂静置 3 小时的 F 值不得低于 0.90。

检查法：除另有规定外，用具塞量筒量取供试品 50 mL，密塞，用力振摇 1 分钟，记下混悬物的开始高度 H_0，静置 3 小时，记下混悬物的最终高度 H，按下式计算：

$$F = \frac{H}{H_0}$$

干混悬剂按各品种项下规定的比例加水振摇，应均匀分散，并照上法检查沉降体积比，应符合规定。

3. 絮凝度的测定

絮凝度是比较混悬剂絮凝程度的重要参数，用下式表示：

$$\beta = \frac{F}{F_\infty}$$

式中 F 为絮凝混悬剂的沉降容积比；F_∞ 为无絮凝混悬剂的沉降容积比；β 是由絮凝所引起的沉降物容积增加的倍数。β 值愈大，絮凝效果愈好，表明絮凝剂对混悬剂的稳定作用越好。

4. 重新分散试验

混悬剂具有良好的再分散性，才能保证服用时的均匀性和分剂量的准确性。

重新分散试验测定方法：将混悬剂置于 100 mL 量筒内，以 20 r/min 的速度转动，经过一定时间的旋转，量筒底部的沉降物应重新均匀分散，说明混悬剂再分散性良好。

5. ζ 电位测定

可用电泳法测定混悬剂的 ζ 电位，ζ 电位可判断混悬剂的存在状态及稳定性。一般 ζ 电位在 20～25 mV 时，混悬剂呈絮凝状态；ζ 电位在 50～60 mV 时，混悬剂呈反絮凝状态。

6. 流变学测定

用旋转黏度计测定混悬液的流动曲线，由流动曲线的形状，确定混悬液的流动类型，以评价混悬液的流变学性质。若为触变流动、塑性触变流动和假塑性触变流动，能有效地减缓混悬剂微粒的沉降速度。

项目三　注射剂

任务一　小容量注射剂的制备

> **药物制剂工（中级）的要求**
>
> **鉴定点：**
> 1. 热原的相关知识；
> 2. 注射剂的溶剂；
> 3. 注射剂的附加剂；
> 4. 注射剂的配液方法与设备；
> 5. 注射剂的灌封方法与设备；
> 6. 灌封的质量要求。
>
> **鉴定点解析：**
> 1. 掌握热原的定义、特点、理化性质、污染途径、除去方法和检查方法；
> 2. 注射剂的溶剂和附加剂；注射剂配液的方法和设备；注射剂的灌封方法和设备；注射剂灌封的质量要求；
> 3. 熟悉注射剂常用附加剂的种类和作用；每种配液方法的适用范围；灌封的操作注意事项；
> 4. 了解热原的危害。

一、注射剂认知

注射剂系指原料药物或与适宜的辅料制成的供注入体内的无菌制剂。注射剂可分为注射液、注射用无菌粉末与注射用浓溶液等。注射液系指原料药物或与适宜的辅料制成的供注入体内的无菌液体制剂。其中，供静脉滴注用的大容量注射液（除另有规定外，一般≥100 mL，生物制品一般≥50 mL）也可称为输液。注射液中除了大容量注射液以外的注射液，一般称为小容量注射剂。

在药物制剂工（五级）中介绍了注射剂的含义、特点、分类及制备基本操作等知识内容。依据药物制剂工（四级）国家标准，以安瓿瓶装的小容量注射剂的制备为例，介绍小容量注射剂的制备。

二、热原认知

（一）热原的定义和组成

热原，系指注入机体后能引起体温异常升高的致热物质。广义的热原包括细菌性热原、内源性高分子热原、内源性低分子热原及化学热原等。细菌性热原主要是某些微生物的代谢产物、细菌尸体及内毒素。致热能力最强的是革兰阴性杆菌的细胞壁产物，即通常所说的细菌内毒素，主要化学成分是脂多糖中的类脂 A。霉菌、酵母菌甚至病毒也能产生热原。大致可以认为热原＝内毒素＝脂多糖。

注入人体的注射剂中含有热原量达 1μg/kg 就可引起不良反应，大约半小时就能产生发冷、寒战、体温升高、恶心呕吐等现象，严重者出现昏迷、虚脱，甚至有生命危险。所以，注射剂对热原的控制有很高的要求。

（二）热原的理化性质

1. 耐热性

热原在 60℃加热 1 小时不受影响，100℃也不会发生降解。但热原的耐热性有一定的限度，如 250℃加热 30～45 分钟、180～200℃加热 3～4 小时可使热原彻底破坏。

2. 滤过性

热原体积很小，在 1～5 nm 之间，不能被一般滤器包括微孔滤膜截留，只有用特制的微孔滤膜采用超滤方法才能除去热原。但热原可被活性炭吸附，利用活性炭、硅藻土等对热原吸附后辅助过滤除去。随着深层过滤技术的发展，也有利用深层过滤技术辅助抗生素类药物除热原的应用。

3. 水溶性

热原由于磷脂结构上连接有多糖，所以易溶于水，几乎不溶于乙醚、丙酮等有机溶剂。

4. 不挥发性

热原本身不挥发，但因具水溶性，在蒸馏时可随蒸汽雾滴进入蒸馏水中，故要求制备注射用水的重蒸馏水器必须设有隔沫装置，以防热原被带入蒸馏水中。

5. 被吸附性

溶液中的热原易被吸附剂吸附，其中以活性炭最为常用。所以配制注射剂时药液可用活性炭进行处理，起到去除色素、热原等作用。活性炭在生产过程中通过过滤工艺去除，本身不会出现在制剂产品中。但活性炭转运、称量、使用过程中易污染洁净区；其成分复杂，所含杂质可能进入药液引入新风险。从污染控制角度考虑，建议取消活性炭使用，降低风险。

6. 其他

热原能被强酸强碱所破坏，也能被氧化剂如高锰酸钾（$KMnO_4$）或双氧水（H_2O_2）、超声波所破坏。

（三）热原的污染途径

注射剂的热原污染可能是由于微生物控制不充分而产生。热原污染的可能途径包括以下内容：

1. 注射用水

注射用水是设备、器具清洗、溶液配制的基础，是注射剂出现细菌内毒素污染的重要潜在来源。例如，蒸馏水制备系统结构不合理，或操作不当，在制备过程中热原可随着未气化的雾滴进入蒸馏水。同样注射用水在长期循环过程中，如果出现微生物滋生，也会引发污染。因此，《中国药典》（现行版）对注射用水的细菌内毒素检测有严格的规定，要求每 1 mL 中含内毒素的量应小于 0.25 EU。

2. 原辅料

原辅料包装不适宜或者破损，以及一些本身容易滋长微生物的原辅料，特别是用生物方法制造的原辅料，如右旋糖酐、水解蛋白或抗生素等药物，葡萄糖、乳糖等原辅料，易滋生微生物，都可能导致热原的污染。

3. 容器、用具、管道与设备等

热原会从容器、用具、管道和装置等引入。如器具清洗后未能及时干燥，滋生微生物，继而引发热原污染；清洗过程不彻底或被外部清洗水污染；在灭菌除热原过程中灭菌工艺条件发生偏离，导致除热原失效等可能会导致热原污染。此外，容器、用具等传递过程不当、环境控制系统的因素（如空调系统的运行不够稳定，或空气过滤器的完整性不佳等）都可能造成热原污染。

4. 制备过程与生产环境

制备过程中室内卫生差（达不到规定的洁净要求），操作时间过长（超出规定的时间），装置不密闭，产品灭菌不及时或不合格，中间产品的存放时长不合理，人员操作不当等都会增加细菌污染的机会，从而可能产生热原。

5. 人员

无菌制剂的生产应配备足够数量的符合条件的人员，如果人员的穿着不当、工作时长过长、人数控制不合理，以及操作失误等都可能造成热原的污染。

6. 输液器具

有时输液本身不含热原，而在输液的过程中由于输液器具（输液瓶、乳胶管、针头与针筒等）污染而引起热原反应。

（四）热原的除去方法

1. 除去管道、容器、用具上热原的方法

（1）高温法

凡能耐受高温处理的容器、用具，一般选高温法除去热原，如注射用玻璃针筒及其他玻璃容器，在洗净烘干后于250℃加热30 min以上，可有效地破坏热原。药厂常用250℃、45 min除热原。

（2）酸碱处理法

酸法氧化，碱法水解。热原可被强酸或强碱所破坏，所以玻璃、瓷制容器、管道和用具可用酸液（重铬酸钾－硫酸清洗液）或碱液（稀氢氧化钠液）处理，如用稀氢氧化钠溶液煮沸30分钟以上，或以重铬酸钾－硫酸清洗液浸泡。考虑到重金属的污染，现多用碱处理。

（3）其他

微波等也可以去除热原。此外，使用注射用水按有效的清洁方式对管道、容器、用具进行淋洗，也可有效降低热原污染概率。

2. 除去药液中热原的方法

（1）吸附法

常用的吸附剂为活性炭，可以脱色并有效去除热原，常用量为 0.1% ~ 0.2%（g/mL）。由于活性炭自身的杂质问题、清洁难度以及可能对药物产生吸附，在制剂生产中应该慎重使用。

（2）超滤法

细菌内毒素在溶液中，尺寸一般不会超过 0.1 μm，所以 0.22 μm（更小孔径或相同过滤效力）的除菌滤膜对细菌内毒素的去除没有显著效果。一般去除热原超滤膜截留量为 10 000 分子量，操作时要注意过滤时的温度和压力。

（3）离子交换法

热原在水溶液中带负电，可被阴离子型树脂所交换而去除，但树脂易饱和，须经常再生。

3. 除去溶媒中热原的方法

（1）蒸馏法

一般用于去除水中的热原。利用热原的不挥发性来制备注射用水，但热原又具有水溶性，所以蒸馏器要有隔沫装置，挡住雾滴的通过，避免热原进入蒸馏水中。例如，在生产注射用水的过程中，原水被加热后变为水蒸气，在蒸馏塔的螺旋管道中向上高速流动。由于水的分子量很小，而细菌内毒素分子量相对较大，在高速运行中由于离心力的作用，分子量较大的细菌内毒素被"甩"出来，形成"脏水"流出。而去除（或部分去除）细菌内毒素的水蒸气继续上升，到达冷凝塔后凝结成"合格"的注射用水。

（2）反渗透法

用醋酸纤维素膜、聚酰胺膜、复合膜等制备注射用水可除去热原，与蒸馏法相比，具有节约热能和冷却水的优点。

（五）热原或细菌内毒素的检查方法

《中国药典》（现行版）规定了热原检查法和细菌内毒素检查法。

三、溶剂与附加剂

（一）注射用溶剂

注射剂所用溶剂应安全无害，并与其他药用成分兼容性良好，不得影响活性成分的疗效和质量。一般分为水性溶剂和非水性溶剂。

1. 水性溶剂

最常用的为注射用水，或用0.9%氯化钠溶液或其他适宜的水溶液。注射用水为纯化水经蒸馏所得的水，应符合细菌内毒素试验要求。注射用水可用作配制注射剂、滴眼剂等的溶剂或稀释剂及容器精洗剂。灭菌注射用水为注射用水按注射剂生产工艺制备所得的水，主要用作注射用无菌粉末的溶剂或注射剂的稀释剂。

2. 非水性溶剂

虽然注射用水是注射剂中最常用的溶剂，但常用一种或一种以上非水有机溶剂来增加药物溶解度或稳定性。常用的为植物油，主要为供注射用大豆油，其他还有乙醇、丙二醇、聚乙二醇、甘油等溶剂。

（二）附加剂

为确保注射剂的安全、有效和稳定，除主药和溶剂外还可加入其他物质，这些物质统称为附加剂。

1. 增溶剂

增溶剂可增加药物的溶解度，但一般仅用于小剂量的注射剂和中药注射剂。常用的增溶剂有聚氧乙烯蓖麻油、聚山梨酯20、聚山梨酯40、聚山梨酯80等。

2. 助悬剂和乳化剂

在注射剂中常用的是吐温80，能用于静脉注射的有卵磷脂和泊洛沙姆。常用的助悬剂和乳化剂有卵磷脂、羧甲纤维素等。

3. 抗氧剂和金属螯合剂

抗氧剂是强还原剂，遇氧后首先被氧化，消耗周围的氧，从而防止药物氧化。常用的抗氧剂有亚硫酸钠、亚硫酸氢钠和焦亚硫酸钠等，一般浓度为0.1%～0.2%。

由于金属离子能够催化氧化反应的进行，所以在注射剂中加入金属螯合剂，可与注射剂中的金属离子螯合，钝化金属离子，防止药物氧化。常用的金属螯合剂是依地酸二钠（EDTA-2Na），常用浓度为0.01%～0.05%。

4. pH 值调节剂

为增加药物的溶解度，保证药物的稳定性以及减少药物对机体的局部刺激，常需调节注射剂的 pH 值。一般血液的 pH 值为 7.4 左右，因此用于皮下或肌内注射的小容量注射剂，通常要求 pH 值在 4～9。椎管注射及大容量静脉注射液原则上要求尽可能接近血液的 pH 值，以防引起酸、碱中毒。常用的 pH 值调节剂有枸橼酸、枸橼酸钠、乳酸、酒石酸、酒石酸钠、磷酸氢二钠、磷酸二氢钠、碳酸氢钠、碳酸钠、醋酸、醋酸钠等。

5. 抑菌剂

注射剂严格要求无菌，凡采用低温灭菌、过滤除菌或无菌操作法制备的注射剂及多剂量包装的注射剂，需酌情加入适宜的抑菌剂。抑菌剂的用量应能抑制注射剂中微生物的生长，加抑菌剂的注射液，仍需用适宜的方法灭菌。静脉输液与脑池内、硬膜外、椎管内用的注射液均不得加抑菌剂。除另有规定外，一次注射量超过 15 mL 的注射液不得加抑菌剂。常用的抑菌剂有 0.5% 苯酚、0.3% 甲酚、0.5% 三氯叔丁醇、0.01% 硫柳汞等。

6. 局麻剂

注射剂注射时会对组织产生刺激而引起疼痛，为了减少疼痛，可加入局麻剂。常用的局麻剂有利多卡因、盐酸普鲁卡因、苯甲醇、三氯叔丁醇等。

7. 等渗调节剂

（1）等渗溶液

等渗溶液指与血浆渗透压相等的溶液。0.9% 的氯化钠溶液、5% 的葡萄糖溶液与血浆具有相同的渗透压，为等渗溶液。

（2）渗透压

两种不同浓度的溶液被一理想的半透膜（溶剂分子可通过，而溶质分子不能通过）隔开，溶剂从低浓度一侧向高浓度一侧转移，此动力即为渗透压。注入机体内的液体一般要求等渗，否则，有可能会引起细胞萎缩或溶血。

椎管内给药必须严格调节至等渗。常用的等渗调节剂有氯化钠和葡萄糖等。

常用的渗透压调节方法：冰点降低数据法和氯化钠等渗当量法。

（3）冰点降低数据法

这是注射剂常用的渗透压调节方式之一。冰点相同的稀溶液具有相同的渗透压。一般情况下，人的血浆的冰点为 -0.52℃。根据物理化学原理，任何稀溶液其冰点降低到 -0.52℃，即与血浆等渗。因此，可利用该原理计算药物配成等渗溶液所需加入等渗调节剂的量。

将溶液调整为等渗溶液可按下式进行计算：

$$W = (0.52 - a)/b$$

其中，W 为配成 100 mL 等渗溶液所需加入等渗调节剂的克数；a 为未经调整的药物溶液的冰点降低值；b 为 1%（g/mL）等渗调节剂水溶液的冰点降低值。

（4）氯化钠等渗当量法

指与 1 g 药物呈等渗效应的氯化钠的量，常用 E 表示。已知 0.9% 的氯化钠溶液与血浆等渗，任何药物只要能产生与 0.9% 的氯化钠相同的渗透压即为等渗溶液，计算公式如下：

$$W = 0.009V - EX$$

其中，W：配成体积为 V 的等渗溶液需加入氯化钠的量（g）；V：欲配药液体积（mL）；E：1 g 药物的氯化钠等渗当量（查表或给出）；X：体积为 V 的药物溶液所含药物的量（g）。

四、玻璃瓶装的小容量注射剂的制备工艺流程

小容量注射剂的生产，按照生产工艺可以分为最终灭菌工艺和无菌生产工艺。本部分主要介绍玻璃瓶装的小容量注射剂生产中的最终灭菌工艺。

小容量注射剂的生产工艺流程图（最终灭菌工艺），如图 3-1 所示。

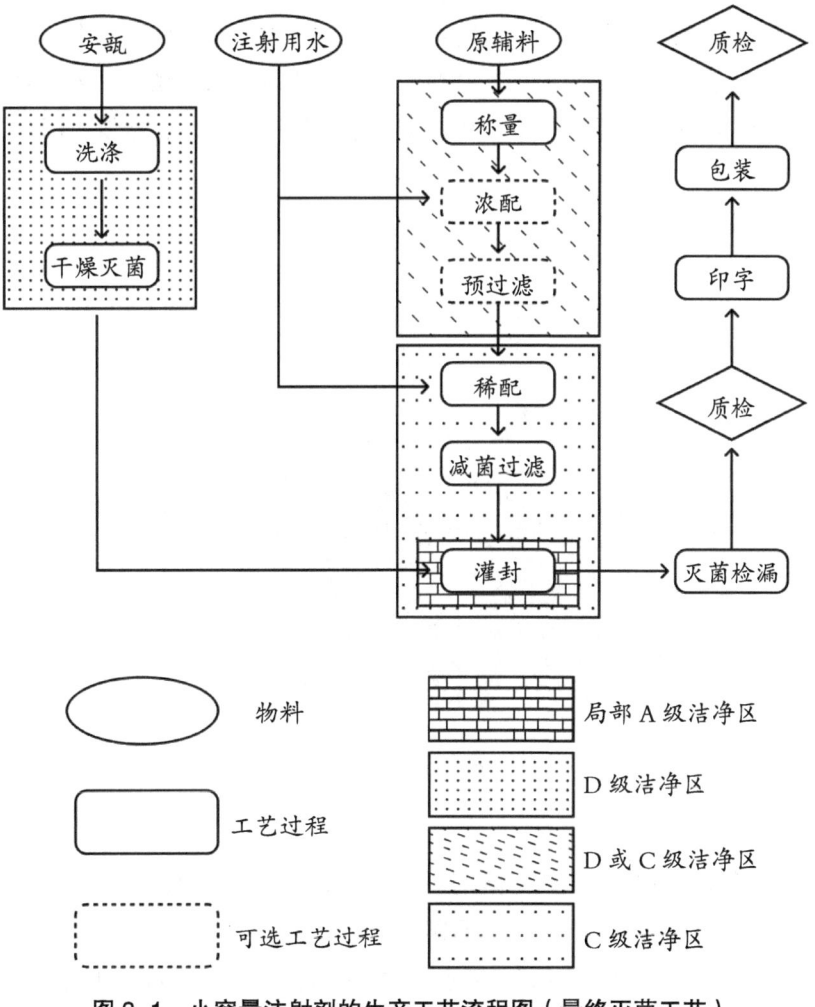

图 3-1 小容量注射剂的生产工艺流程图（最终灭菌工艺）

(一) 容器（安瓿）的洗涤、干燥、灭菌

小容量注射剂的容器有玻璃安瓿和塑料安瓿两种，其中最常用的是曲颈易折玻璃安瓿。安瓿必须经过洗涤才能使用，目前常用的是气水喷射洗涤法和超声波洗涤法相结合，洗涤效果好，所用的设备是超声波清洗机。

安瓿洗涤后，要进行干燥灭菌，以灭活微生物和除热原。生产上多采用隧道式灭菌干燥机（安瓿洗灌封联动一体化生产设备的一部分），一般在 290℃ 灭菌 9 min 以上，即可达到安瓿灭菌及除热原的目的。

(二) 配液

配液是按工艺规程要求把注射用活性成分、辅料以及溶剂等按顺序投料并进行混合，制备成溶液，以待下一步灌封或灌装。包括固体物料的溶解，或简单的液体混合，也可以包括更为复杂的操作，如乳化或者脂质体的形成。

配液用具的材料有玻璃、耐酸碱搪瓷、不锈钢、聚乙烯等。配制浓的盐溶液不宜选用不锈钢容器；需加热的药液不宜选用塑料容器。大生产中配液常用夹层配液罐（浓配罐和稀配罐）（图 3-2），装有搅拌桨。配液时可以通过夹层通入蒸汽或冷却水，对药液进行加热或冷却。配液所有用具在使用前均须洗净，最后用注射用水洗涤或灭菌后使用。操作完毕后立即洗净，干燥或灭菌后供下次使用。配液罐及管道的清洁，尽量使用在线清洗程序（CIP）进行清洗。

图 3-2　注射剂配液机组

配液的方法有稀配法和浓配法：

1. 稀配法：将全部药物加入所需溶剂中，一次配成所需浓度，然后再过滤。该法用得很少，仅适合于优质原料或不易带来可见异物的原料。

2. 浓配法：全部药物加入少部分溶剂中先配成浓溶液，然后经过加热或冷藏后过滤，最后稀释至所需浓度。该法可滤除溶解度小的杂质。

配液的注意事项：

（1）对不稳定的药物更应注意调配顺序（先加稳定剂或通惰性气体等），有时要控制温度与避光操作。

（2）配制油性注射液，常将注射用油先经150℃干热灭菌1～2h，冷却至适宜温度趁热配制。

（3）在注射剂生产过程中，应尽可能缩短配制时间，防止微生物与热原的污染和原料药物变质。

（三）过滤

无菌制剂中所用的过滤是微滤（一般指孔径从0.1 μm到10 μm之间的过滤）。微滤是保证注射液澄明的关键操作。注射液的过滤一般采用二级过滤，宜先用钛滤棒粗滤，再用微孔滤膜精滤（孔径为0.22～0.45 μm）。为了确保药液质量，灌装前往往将精滤后的药液进行终端过滤（0.22 μm的微孔滤膜）。

（四）灌封

灌封是将配制的注射液中间产品检验合格后定量地灌入经过无菌干燥的安瓿内，并加以封口的过程。已配好的药液应在规定时限内开始灌装，确保微生物符合要求。灌封包括灌注药液、充氮、封口，为避免污染，应立即封口，这两个步骤在同一台设备（安瓿拉丝灌封机）完成。注射剂质量直接由灌封区域环境和灌封设备决定，灌封区洁净级别要求最高，高污染风险的最终灭菌产品灌封在洁净级别C级背景下的局部A级，如为非最终灭菌产品洁净级别则为B级背景下的局部A级。

1. 药液的灌装

药液灌封要求做到剂量准确，药液不沾瓶口，以防熔封时发生焦头或爆裂，注入容器的量要比标示量稍多，以抵偿在给药时由于瓶壁黏附和注射器及针头的吸留而造成的损失。一般易流动液体可增加少些，黏稠性液体宜增加多些，《中国药典》（现行版）规定：注射剂的灌装标示装量不大于50 mL时，可参考表3-1适当增加装量。除另有规定外，多剂量包装的注射剂，每一容器的装量一般不得超过10次注射量，增加的装量应能保证每次注射用量。

表3-1 注射剂的装量增加量通例表

标示量 / mL	增加量	
	易流动液 / mL	黏稠液 / mL
0.5	0.10	0.12
1	0.10	0.15
2	0.15	0.25
5	0.30	0.50

（续表）

标示量	增加量	
	易流动液 / mL	黏稠液 / mL
10	0.50	0.70
20	0.60	0.90
50	1.00	1.50

灌装时要求装量准确，每次灌装前必须调整装量，符合规定后再进行灌装。注射剂灌装后应尽快熔封或严封。

2. 通入惰性气体

对于易氧化的药物，在灌装过程中应排出容器内的空气，可填充二氧化碳或氮气等惰性气体。其中，氮气是常用的惰性气体，用于将产品同氧气隔离以提高产品的稳定性或增强产品耐受热处理（如湿热灭菌）的能力。

3. 安瓿封口

已灌装好的安瓿应立即熔封。熔封应严密、不漏气、安瓿封口后长短整齐一致，颈端应圆整光滑、无尖头和小泡。封口方法有拉封和顶封两种，顶封易出现毛细孔，不如拉封封口严密，故目前常用拉封的封口方式。

安瓿灌封的工艺过程一般分为安瓿的排整、灌装、充氮、封口等工序。具体的工作流程为：安瓿→进瓶斗→传动齿条→灌药工位→充气、灌药→充气→封口工位→预热→移动→加热、封口→移动到出料斗。

目前，在药厂常用的灌封设备是安瓿拉丝灌封机（图3-3，安瓿洗灌封联动一体化生产设备的一部分）。安瓿灌装药液以后，用火烧瓶颈，使玻璃熔融，再用拉丝钳夹住安瓿瓶口并拉丝，断口处被火烧熔融封口。

图3-3 安瓿拉丝灌封机

4. 灌封后的质量监控

灌封后要进行外观、装量、含量、pH值等项目进行质量检查，从而判断灌封是否符合要求。

（1）外观　封口应严密光滑，不得有尖头、凹头、泡头、焦头等。

（2）装量　灌装量比标示量略多，需增加的装量及装量差异限度参照药典规定。

（3）需填充惰性气体的药物，残氧量应< 0.2%。

（4）含量、pH值　按药典或企业内控制标准检查。

（五）灭菌和检漏

注射剂灌封后，要根据原料药的性质选用适宜的方法进行灭菌，以保证注射剂的无菌。对热稳定的产品（终端灭菌），湿热灭菌法是最常用的灭菌方法，常采用121℃、30 min进行热压灭菌。对热不稳定的（非终端灭菌产品）产品，只能采用过滤灭菌或其他方式除去细菌。

灌封之后，要进行检漏，即检查是否有漏液。对于容器内灌装的液体具有一定电导率的，常采用在灯检后用高压放电检漏设备检漏。如果药液的电导率太低无法采用高压放电法，则采用负压检漏。

（六）灯检

灯检的目的是检测注射剂中可见异物是否符合《中国药典》（现行版）要求。可见异物是指存在于注射剂、眼用液体制剂和无菌原料药中，在规定条件下目视可以观测到的不溶性物质，其粒径或长度通常大于50 μm。

灯检有人工灯检和机器（半自动、自动）灯检两种方式。

（七）印字和包装

灯检后的产品转入包装工序，对产品进行印字或激光打码（产品名称、规格、批号、有效期等产品信息）。

最终包装前，应对容器、包装材料、标签和标签打印内容（如批号、有效期）等进行确认，以减少产品的包装差错和混淆的风险。对于产品最小市售包装（如小盒）喷印一级电子监管码，对更高一级的外包装（如箱子）喷印二级电子监管码，建立可追溯的关联关系，然后完成剩余包装步骤。

任务二　注射剂质量要求

> **药物制剂工（中级）的要求**
>
> 鉴定点：
> 1. pH 值测定法；
> 2. 溶液颜色检查法。
>
> 鉴定点解析：
> 1. 掌握 pH 值测定法的目的、所需的仪器，溶液颜色检查法的目的、所需的仪器；
> 2. 了解注射剂的质量检查项目涵盖内容。

一、注射剂的质量要求

根据《中国药典》（现行版）四部注射剂项下的要求，除另有规定外，注射剂应进行以下相应检查。

（一）装量

注射液及注射用浓溶液照下述方法检查，应符合规定。

检查法　供试品标示装量不大于 2 mL 者，取供试品 5 支（瓶）；2 mL 以上至 50 mL 者，取供试品 3 支（瓶）。开启时注意避免损失，将内容物分别用相应体积的干燥注射器及注射针头抽尽，然后缓慢、连续地注入经标化的量入式量筒内（量筒的大小应使待测体积至少占其额定体积的 40%，不排尽针头中的液体），在室温下检视。测定油溶液、乳状液或混悬液时，应先加温（如有必要）摇匀，再用干燥注射器及注射针头抽尽后，同前法操作，放冷（加温时），检视。每支（瓶）的装量均不得少于其标示装量。

标示装量为 50 mL 以上的注射液及注射用浓溶液照《中国药典》最低装量检查法检查，应符合规定。

（二）装量差异

除另有规定外，注射用无菌粉末照下述方法检查，应符合规定。

检查法　取供试品 5 瓶（支），除去标签、铝盖，容器外壁用乙醇擦净，干燥，开启时注意避免玻璃屑等异物落入容器中，分别迅速精密称定；容器为玻璃瓶的注射用无菌粉末，首先小心开启内塞，使容器内外气压平衡，盖紧后精密称定。然后倾出内容物，容器用水或乙醇洗净，在适宜条件下干燥后，再分别精密称定每一容器的重量，求出每瓶（支）的装量与平均装量。每瓶（支）装量与平均装量相比较（如有标示装量，则与标示装量相比较），应符合下表 3-2 要求，如有 1 瓶（支）不符合规定，应另取 10 瓶（支）复试，应符合规定。

表 3-2 注射剂的装量差异限度要求表

标识装量或平均装量	装量差异限度
0.05 g 及 0.05 g 以下	±15%
0.05 g 以上至 0.15 g	±10%
0.15 g 以上至 0.50 g	±7%
0.50 g 以上	±5%

凡规定检查含量均匀度的注射用无菌粉末，一般不再进行装量差异检查。

（三）渗透压摩尔浓度

除另有规定外，静脉输液及椎管注射用注射液按各品种项下的规定，照《中国药典》渗透压摩尔浓度测定法测定，应符合规定。

（四）可见异物

除另有规定外，照《中国药典》可见异物检查法检查，应符合规定。

（五）不溶性微粒

除另有规定外，用于静脉注射、静脉滴注、鞘内注射、椎管内注射的溶液型注射液、注射用无菌粉末及注射用浓溶液照《中国药典》不溶性微粒检查法检查，均应符合规定。

（六）中药注射剂有关物质

按各品种项下规定，照《中国药典》注射剂有关物质检查法检查，应符合有关规定。

（七）重金属及有害元素残留量

除另有规定外，中药注射剂照《中国药典》铅、镉、砷、汞、铜测定法测定，按各品种项下每日最大使用量计算，铅不得超过 12 μg，镉不得超过 3 μg，砷不得超过 6 μg，汞不得超过 2 μg，铜不得超过 150 μg。

（八）无菌

照《中国药典》无菌检查法检查，应符合规定。

（九）细菌内毒素或热原

除另有规定外，静脉用注射剂按各品种项下的规定，照《中国药典》细菌内毒素检查法或热原检查法检查，应符合规定。

二、注射剂具体品种项下的质量要求

《中国药典》（现行版）对每个注射剂品种都做出了一系列明确的质量要求，如性状、鉴别、检查、含量测定等。依据药物制剂工（四级）国家职业标准，这里主要介绍性状检查方法和 pH 值检查方法。

（一）溶液颜色检查法

药物溶液的颜色及其与规定颜色的差异能在一定的程度上反映药物的纯度，控制药品有色杂质限量。

溶液颜色检查法系将药物溶液的颜色与规定的标准比色液比较，或在规定的波长处测定其吸光度。药品项下规定的"无色"系指供试品溶液的颜色相同于水或所用溶剂，"几乎无色"系指供试品溶液的颜色不深于相应色调 0.5 号标准比色液。

（二）pH 值测定法

药液保持合适的 pH 值，可以增加药物的溶解度，保证药物的稳定性，减少药物对机体的局部刺激，满足生理要求。

溶液的 pH 值使用 pH 计（酸度计）测定。水溶液的 pH 值通常以玻璃电极为指示电极、饱和甘汞电极或银－氯化银电极为参比电极进行测定。酸度计应定期进行计量检定，并符合国家有关规定。测定前，应采用下列标准缓冲液校正仪器，也可用国家标准物质管理部门发放的标示 pH 值准确至 0.01 C 单位的各种标准缓冲液校正仪器。

项目四　颗粒剂

任务一　颗粒剂制备

> **药物制剂工（中级）的要求**
>
> **鉴定点：**
> 1. 软材的制备方法与设备；
> 2. 挤压制粒的方法与设备；
> 3. 颗粒剂的包装及设备。
>
> **鉴定点解析：**
> 1. 熟悉软材的定义、制备方法和特点；
> 2. 熟悉挤压制粒的定义和方法；
> 3. 熟悉颗粒的包装过程；
> 4. 了解槽式混合机、摇摆式颗粒机和旋转挤压式颗粒机、颗粒包装机的设备结构及应用场景。

一、颗粒剂认知

颗粒剂系指原料药物与适宜的辅料混合制成具有一定粒度的干燥颗粒状制剂，是目前应用较为广泛的剂型之一。颗粒剂制备工艺适于工业生产，且产品质量稳定。因其剂量较小，服用、携带、贮藏、运输均较为方便，故深受患者欢迎。

根据颗粒剂在水中溶解的情况，颗粒剂可分为可溶颗粒（通常称为颗粒）、混悬颗粒、泡腾颗粒、肠溶颗粒等。

在药物制剂工（五级）中详细介绍了颗粒剂的含义、特点、分类，以及烘干、整粒的方法、设备及操作，在此基础上，依据药物制剂工（四级）国家职业标准，本项目继续介绍软材的制备、挤压制粒、包装及颗粒剂质量要求的相关内容。

二、颗粒剂的工艺流程

制备颗粒剂的方法通常分为湿法制粒和干法制粒两种。湿法制粒是在粉末物料中加入黏合剂，粉末靠黏合剂的架桥作用或黏结作用聚结在一起而制成颗粒的方法。湿法制粒分为挤压制粒、高速搅拌制粒、流化床制粒、喷雾制粒等，是目前制备颗粒剂的常用方法。湿法制粒生产工艺流程，如图4-1所示，主要包含了物料准备、制软材、制湿颗粒、干燥、整粒、包衣、分剂量与包装几个步骤。

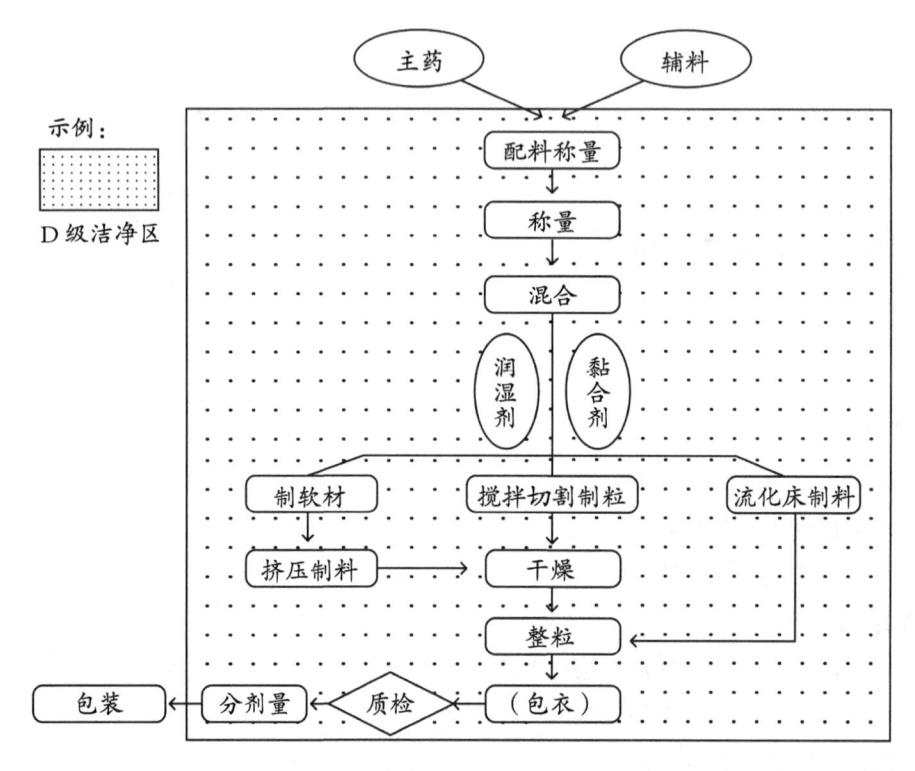

图4-1 湿法制粒生产工艺流程

（一）物料准备

传统湿法制粒中物料的粉碎、筛分、混合工序与散剂相同，其细度以通过80～100目筛为宜，毒剧药、贵重药及有色的原辅料宜更细，易于混匀，使含量准确。如果以中药材为原料，则应先根据药材中有效成分的溶解性，采用不同溶剂和方法浸出有效成分，经精制、浓缩，得到高纯度浸膏或干膏后再进行制粒。

（二）制软材

将药物与适当的稀释剂（淀粉、糊精、乳糖或蔗糖等）、崩解剂（淀粉、纤维素衍生物等）充分混合均匀，再加入适量的润湿剂（水或乙醇）或黏合剂（淀粉浆或糖浆等），继续混匀，即为软材。传统的参考标准以"手握成团，轻压即散"为度。

（三）制湿颗粒

1. 挤压制粒

是将制好的软材用强制挤压的方式使其通过具有一定大小筛孔的孔板或筛网而制粒的方法。挤压制粒的方式较多，如螺旋挤压、旋转挤压、摇摆挤压等，其操作原理相似，即软材在外力作用下通过筛网或辊子。湿颗粒的粗细和松紧程度需视具体品种而定，总的要求是湿颗粒置于手掌上簸动应有沉重感，细粉少，颗粒大小整齐，色泽均匀，无长条者为宜。

2. 高速搅拌制粒

是将原辅料和黏合剂加入容器，靠搅拌器的高速旋转搅拌作用和切割刀的切割作用，迅速完成混合、切割、滚圆并制成颗粒的方法。

3. 流化床制粒

是采用流化技术，使物料粉末在自下而上的气流作用下保持悬浮的流化状态，再喷入黏合剂溶液，将粉末结聚成颗粒的方法。由于粉粒呈流态化在筛板上翻滚，如同沸腾状，故又称为"流化制粒"或"沸腾制粒"。此法将混合、制粒、干燥在同一台设备内一次性完成，还可称为"一步制粒法"。

4. 喷雾制粒

是将药物溶液或混悬液用雾化器喷雾于干燥室内的热气流中，使水分迅速蒸发以直接制成球状干燥细颗粒。该法在数秒钟内即完成原料液的浓缩、干燥、制粒的过程，原料液含水量可达70%以上。

（四）干燥

除了流化制粒或喷雾制粒法制得的颗粒已干燥外，其他湿法制粒方法制得的颗粒必须立即用适宜方法加以干燥，除去水分，防止颗粒结块或受压变形。干燥温度由物料性质决定，一般以50～80℃为宜，对热稳定的药物可适当调整到80～100℃，缩短干燥时间。干燥温度宜逐渐升高，颗粒摊铺厚度不宜超过2 cm，并定时翻动。颗粒的干燥程度，以颗粒的干燥失重控制在2.0%以内为宜。常用干燥方法有箱式干燥法、沸腾干燥法、真空干燥法等。

（五）整粒

湿颗粒干燥后，由于颗粒间可能发生粘连，甚至结块，必须对干燥颗粒予以整粒与分级，使结块、粘连的颗粒分散开，获得具有一定粒度的均匀颗粒，以符合颗粒剂的粒度要求。一般应按粒度规格的上限过一号筛，把不能通过筛孔的较大颗粒进行碎解，然后按粒度规格的下限过五号筛，除去粉末部分。

（六）包衣

为使颗粒达到矫味、矫嗅、稳定、缓释或肠溶等目的，可对其进行包衣，一般常用薄膜包衣。

（七）分剂量与包装

将制得的颗粒进行含量测定与粒度测定等项目检查合格后，按剂量进行分装与包装。单剂量包装的颗粒剂在标签上要标明每袋（瓶）中活性成分的名称及含量。多剂量包装的颗粒剂除应有确切的分剂量方法外，在标签上要标明颗粒中活性成分的名称和重量。颗粒剂的包装常用复合膜包装材料，其优点是轻便、不透湿、不透气、颗粒不易出现潮解、软化的现象。除另有规定外，颗粒剂应在密封、干燥处贮存，避免吸潮。

三、软材制备设备

制软材是湿法制粒的关键技术，常选用的设备是槽式混合机，在操作中一定要注意观察，软材在混合器内能"翻滚成浪"，说明黏合剂用量适宜。

槽式混合机内有搅拌桨（单桨或双桨），双桨槽式混合机粉料在混合筒内旋转混合一段时间后，加入黏合剂，桨叶具有一定的曲线形状，在转动时对物料产生各方向的推力，使物料翻动，与四周物料的位置不断更换，达到均匀混合。槽可绕水平轴转动，以便卸出槽内粉末。该混合设备可用于制粒前软材的捏合。

软材质量直接影响颗粒质量。润湿剂或黏合剂的用量及混合条件等对所制颗粒的密度、硬度和粒度有一定影响。一般润湿剂或黏合剂的用量过多，则混合强度大、软材偏黏，以致制粒困难，挤压后物料成条状，或制出颗粒偏硬，影响药物溶出；若润湿剂或黏合剂的用量过少，则软材偏松，颗粒不能成型。润湿剂或黏合剂的用量应根据物料的性质而定，如粉末较细、质地疏松、干燥及黏性较差的粉末，应酌量多加，反之用量应减少。

制软材岗位通常可与挤压制粒岗位、烘箱干燥岗位设计在同一操作间，以减少物料转运周期，降低生产人员劳动强度，提高生产效率。

四、挤压制粒设备

摇摆式颗粒机（图4-2）：由加料斗、筛网、刮粉轴等组成。筛网呈半圆形，上方与加料斗相连，网内有一按正、反方向旋转的转子（转角为200°左右），在转子上固定有若干个棱柱形的刮粉轴。在制粒时，将软材置于料斗中，借助转子正、反方向旋转时刮粉轴对物料的挤压与剪切作用，软材通过筛网而成颗粒。筛网通常采用尼龙筛、镀锌铁丝筛和不锈钢筛。

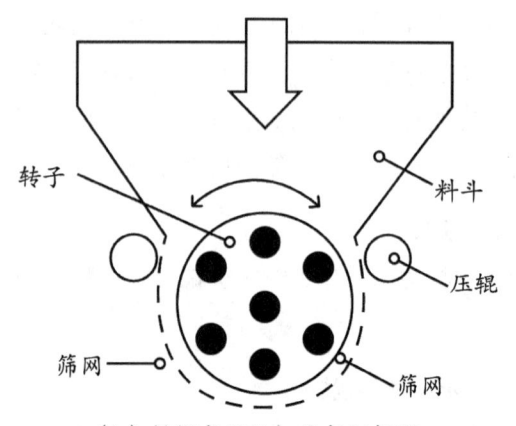

（a）摇摆式颗粒机　　（b）摇摆式颗粒机局部剖析图

图4-2　摇摆式颗粒机

挤压制粒的特点：①所得颗粒形状以圆柱状、角状为主，继续加工可制成球状、不定形等，颗粒大小取决于筛网孔径，一般粒径范围在 0.3～30 mm；②颗粒的疏松度可通过黏合剂的种类和用量进行调节；③制备过程需经过混合、制软材等工序，劳动强度大。

旋转挤压式颗粒机：在圆筒状钢皮筛网内，轴心上固定有十字形刮板如挡板，两者转动方向不同，使软材被压出筛孔而成颗粒（图4-3）。本机仅适用于含黏性药物较少的软材，其生产量小于摇摆式制粒机。

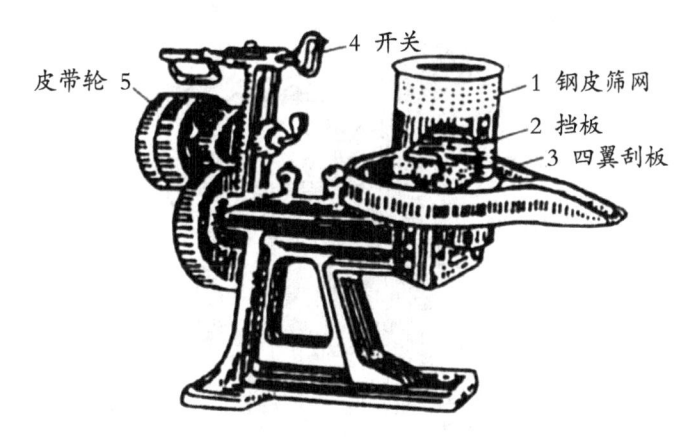

（a）旋转式制粒机外形图

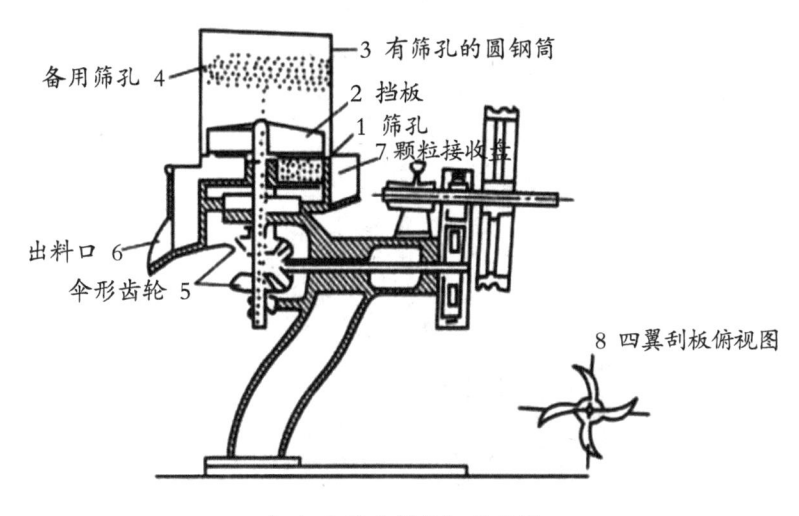

（b）旋转式制粒机示意图

图4-3 旋转式制粒机

五、颗粒包装设备

颗粒包装机利用制袋装置把卷膜制成包装袋，可自动完成计量、制袋、充填、封合、打印批号、切断及计数等工作。由料斗、计量转盘、包装纸输送机构、制带器、封口装置和拉纸轮、冲裁装置等组成（图4-4）。在颗粒包装时，物料从料斗加入，经过计量转盘的可调量杯计量后，把固定量的物料向下输送。包装纸从架纸轴上经过滚筒后，由控制杆控制供纸电机向下输送，绕过导向轴，并依次经过导纸板、光电头进入圆弧槽的三角制袋器卷成圆筒状。热封位置的左右热封器对圆筒状包装纸进行热封后，由拉纸轮向下拉动进入冲裁位置，冲裁的左右切刀根据预先设定的包装袋长度进行裁切，完成包装。

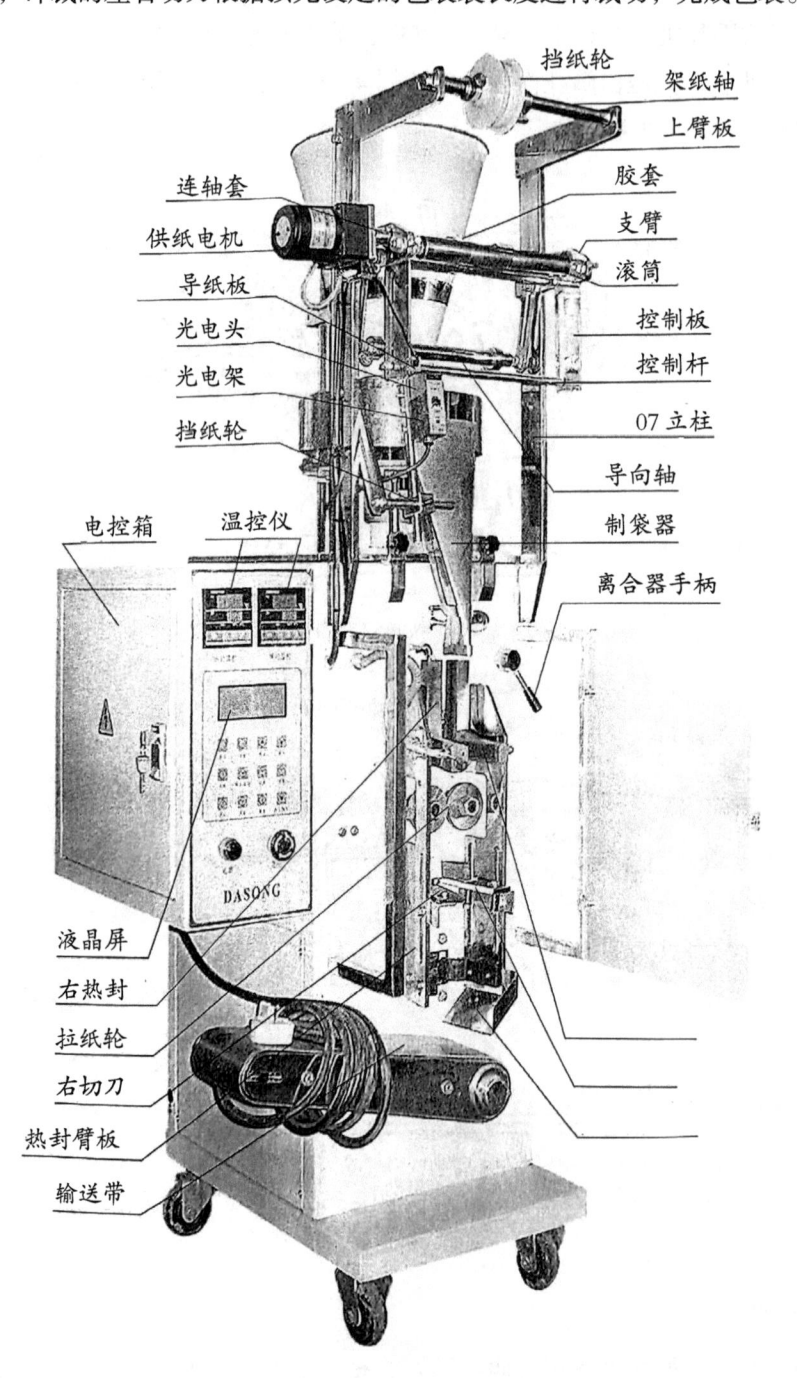

图 4-4　颗粒分装机

任务二　颗粒剂质量要求

> **药物制剂工（中级）的要求**
>
> **鉴定点：**
> 颗粒剂的质量要求。
> **鉴定点解析：**
> 熟悉颗粒剂的质量检查项目涵盖内容。

一、颗粒剂的质量控制

根据《中国药典》（现行版）四部规定，颗粒剂在生产与贮藏期间应符合下列规定。

（一）原料药物与辅料应均匀混合。含药量小或含毒、剧药物的颗粒剂，应根据原料药物的性质采用适宜方法使其分散均匀。

（二）除另有规定外，中药饮片应按各品种项下规定的方法进行提取、纯化、浓缩成规定的清膏，采用适宜的方法干燥并制成细粉，加适量辅料或饮片细粉，混匀并制成颗粒；也可将清膏加适量辅料或饮片细粉，混匀并制成颗粒。

（三）凡属挥发性原料药物或遇热不稳定的药物在制备过程应注意控制适宜的温度条件，凡遇光不稳定的原料药物应遮光操作。

（四）颗粒剂通常采用干法制粒、湿法制粒等方法制备。干法制粒可避免引入水分，尤其适合对湿热不稳定药物的颗粒剂的制备。

（五）根据需要颗粒剂可加入适宜的辅料，如稀释剂、黏合剂、分散剂、着色剂以及矫味剂等。

（六）除另有规定外，挥发油应均匀喷入干燥颗粒中，密闭至规定时间或用包合等技术处理后加入。

（七）为了防潮、掩盖原料药物的不良气味，也可对颗粒进行包衣。必要时，包衣颗粒应检查残留溶剂。

（八）颗粒剂应干燥，颗粒均匀，色泽一致，无吸潮、软化、结块、潮解等现象。

（九）颗粒剂的微生物限度应符合要求。

（十）根据原料药物和制剂的特性，除来源于动、植物多组分且难以建立测定方法的颗粒剂外，溶出度、释放度、含量均匀度等应符合要求。

（十一）除另有规定外，颗粒剂应密封，置干燥处贮存，防止受潮。生物制品原液、半成品和成品的生产及质量控制应符合相关品种要求。

《中国药典》（现行版）规定，除另有规定外，颗粒剂应进行以下相关检查。

（一）粒度

除另有规定外，照《中国药典》粒度和粒度分布测定法测定，不能通过一号筛与能通过五号筛的总和不得超过15%。

（二）水分

中药颗粒剂照《中国药典》水分测定法测定，除另有规定外，水分不得超过8.0%。

（三）干燥失重

除另有规定外，化学药品和生物制品颗粒剂照《中国药典》干燥失重测定法测定，于105℃干燥（含糖颗粒应在80℃减压干燥）至恒重，减失重量不得超过2.0%。

（四）溶化性

除另有规定外，颗粒剂照下述方法检查，溶化性应符合规定。含中药原粉的颗粒剂不进行溶化性检查。

可溶颗粒检查法　取供试品10 g（中药单剂量包装取1袋），加热水200 mL，搅拌5分钟，立即观察，可溶颗粒应全部溶化或轻微浑浊。

泡腾颗粒检查法　取供试品3袋，将内容物分别转移至盛有200 mL水的烧杯中，水温为15～25℃，应迅速产生气体而呈泡腾状，5分钟内颗粒均应完全分散或溶解在水中。

颗粒剂按上述方法检查，均不得有异物，中药颗粒还不得有焦屑。

混悬颗粒以及已规定检查溶出度或释放度的颗粒剂可不进行溶化性检查。

（五）装量差异

单剂量包装的颗粒剂按下述方法检查，应符合规定。

取供试品10袋（瓶），除去包装，分别精密称定每袋（瓶）内容物的重量，求出每袋（瓶）内容物的装量与平均装量。每袋（瓶）装量与平均装量相比较〔凡无含量测定的颗粒剂或有标示装量的颗粒剂，每袋（瓶）装量应与标示装量比较〕，超出装量差异限度的颗粒剂不得多于2袋（瓶），并不得有1袋（瓶）超出装量差异限度1倍。

表4-1　颗粒剂的装量差异限度

平均装量或标示装量	装量差异限度
1.0 g及1.0 g以下	±10%
1.0 g以上至1.5 g	±8%
1.5 g以上至6.0 g	±7%
6.0 g以上	±5%

凡规定检查含量均匀度的颗粒剂，一般不再进行装量差异检查。

（六）装量

多剂量包装的颗粒剂，照《中国药典》最低装量检查法检查，应符合规定。

（七）微生物限度

以动物、植物、矿物质来源的非单体成分制成的颗粒剂，生物制品颗粒剂，照《中国药典》非无菌产品微生物限度检查：微生物计数法和控制菌检查法及非无菌药品微生物限度标准检查，应符合规定。规定检查杂菌的生物制品颗粒剂，可不进行微生物限度检查。

项目五　胶囊剂

任务一　硬胶囊制备

> **药物制剂工（中级）的要求**
>
> **鉴定点：**
> 1. 空心胶囊的外观质量要求；
> 2. 硬胶囊内容物填充的方法与设备。
>
> **鉴定点解析：**
> 1. 了解空心胶囊的外观质量要求、检查项目及方法，能对空心胶囊外观质量进行判断；
> 2. 了解空心胶囊常见内容物形式、硬胶囊剂制备工艺流程；
> 3. 熟悉粉末、颗粒作为胶囊内容物的填充方法以及全自动胶囊机物料填充模块的工作原理。

一、硬胶囊剂认知

胶囊剂系指原料药物或与适宜辅料充填于空心胶囊或密封于软质囊材中制成的固体制剂，主要供口服用，也可用于其他部位，如直肠、阴道等。胶囊剂可分为硬胶囊剂和软胶囊剂。

硬胶囊剂系指采用适宜的制剂技术，将原料药物或加适宜辅料制成的均匀粉末、颗粒、小片、小丸、半固体或液体等，充填于空心胶囊中的胶囊剂。

在药物制剂工（五级）中详细介绍了胶囊剂的含义、特点与分类，硬胶囊剂内容物制备中混合操作与设备、胶囊的抛光方法及设备、胶囊装瓶设备等知识内容。依据药物制剂工（四级）国家职业技能标准，本项目着重介绍空心胶囊外观质量要求，硬胶囊内容物填充方法及设备。

二、空心胶囊壳认知

空心胶囊壳是制备胶囊剂的重要辅料，外观呈圆筒状，系由可套合和锁合的帽和体两节组成的质硬且有弹性的空囊。囊体应光洁、色泽均匀、切口平整、无变形、无异臭。本品分为透明（两节均不含遮光剂）、半透明（仅一节含遮光剂）、不透明（两节均含遮光剂）三种。据《中国药典》（现行版）收录，根据制备材料不同胶囊壳分为明胶空心胶囊、肠溶明胶空心胶囊、羟丙甲纤维素空心胶囊、羟丙基淀粉空心胶囊、普鲁兰多糖空心胶囊，其中以明胶空心胶囊最常用。不同材质的胶囊壳检查项目略有不同，以明胶空心胶囊为例，质量要求见表5-1。

表5-1 明胶空心胶囊质量要求

检查项目	检查方法	质量要求
松紧度	取本品10粒，用拇指与食指轻捏胶囊两端，旋转拔开，不得有黏结、变形或破裂，然后装满滑石粉，将帽、体套合并锁合，逐粒于1 m的高度处直坠于厚度为2 cm的木板上	应不漏粉或少量漏粉不超过1粒。如超过，应另取10粒复试，均应符合规定
脆碎度	取本品50粒，置表面皿中，放入盛有硝酸镁饱和溶液的干燥器内，置25℃±1℃恒温24小时，取出，立即分别逐粒放入直立在木板（厚度2 cm）上的玻璃管（内径为24 mm，长为200 mm）内，将圆柱形砝码（材质为聚四氟乙烯，直径为22 mm，重20 g±0.1 g）从玻璃管口处自由落下	胶囊破裂不超过5粒
崩解时限	取本品6粒，装满滑石粉，照《中国药典》（现行版）崩解时限检查法胶囊剂项下的方法，加挡板进行检查，除破碎的囊壳外，应全部通过筛网。如有胶囊壳碎片不能通过筛网，但已软化、黏附在筛网及挡板上，可作符合规定论	各粒均应在10分钟内崩解，如有1粒不符合规定，应另取6粒复试，均应符合规定
亚硫酸盐（以SO_2计）	取本品5.0 g，置长颈圆底烧瓶中，加热水100 mL使溶化，加磷酸2 mL与碳酸氢钠0.5 g，即时连接冷凝管，加热蒸馏，用0.05 mol/L碘溶液15 mL为接收液，收集馏出液50 mL，用水稀释至100 mL，摇匀，量取50 mL，置水浴上蒸发，随时补充水适量，蒸至溶液几乎无色，用水稀释至40 mL，照《中国药典》（现行版）硫酸盐检查法检查	与标准硫酸钾溶液3.75 mL制成的对照液比较，不得更浓（0.01%）
干燥失重	取本品1.0 g，将帽、体分开，在105℃干燥6小时	减失重量应为12.5%～17.5%
炽灼残渣	取本品1.0 g，依据《中国药典》（现行版）检查	遗留残渣分别不得超过2.0%(透明)、3.0%(半透明)与5.0%(不透明)
铬	取本品0.5 g，依据《中国药典》（现行版）四部"明胶空心胶囊"质量检查项目下操作，照原子吸收分光光度法（通则0406第一法），在357.9 nm的波长处测定，或照《中国药典》（现行版）电感耦合等离子体质谱法测定	含铬不得过百万分之二

(续表)

检查项目	检查方法	质量要求
重金属	取炽灼残渣项下遗留的残渣，加硝酸 0.5 mL 蒸干，至氧化氮蒸气除尽后，放冷，加盐酸 2 mL，置水浴上蒸干后加水 5 mL，微热溶解，滤过（透明空心胶囊不需滤过），滤渣用 15 mL 水洗涤，合并滤液和洗液至乙管中，依法检查	含重金属不得过百万分之二十
微生物限度	取本品，依据《中国药典》（现行版）检查	每 1 g 供试品中需氧菌总数不得过 10^3 cfu，霉菌和酵母菌总数不得过 10^2 cfu，不得检出大肠埃希菌；每 10 g 供试品中不得检出沙门菌

如空心胶囊中加入对羟基苯甲酸酯类作为抑菌剂，含羟苯甲酯、羟苯乙酯、羟苯丙酯与羟苯丁酯的总量不得过 0.05%；以环氧乙烷为空心胶囊灭菌工艺的还需检查空心胶囊中氯乙醇、环氧乙烷含量。

硬胶囊剂生产工艺流程如图 5-1 所示：

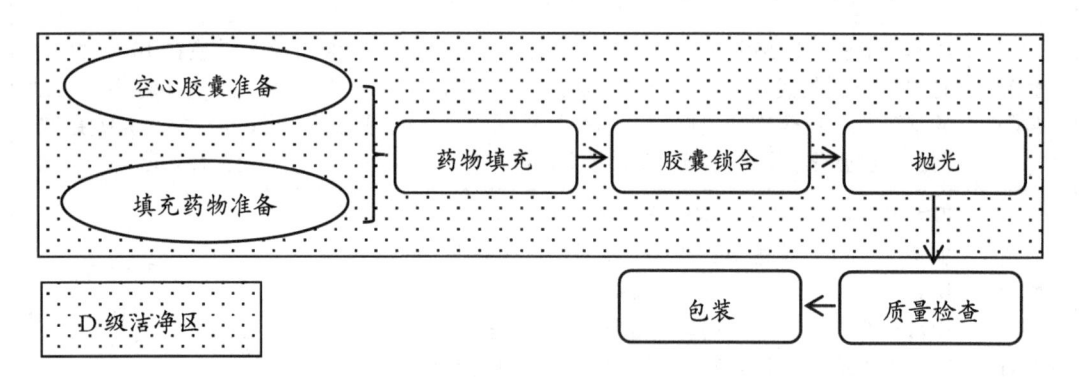

图 5-1 硬胶囊剂生产工艺流程

（一）空心胶囊的准备以及填充药物的制备

空胶囊由囊体和囊帽组成，目前空心胶囊制备的方法普遍采用的是栓模法，其主要制备流程：溶胶→蘸胶（制坯）→干燥→拔壳→切割→整理。

硬胶囊剂中填充物的形式有粉末、颗粒、小丸、小片、半固体或液体等。单纯的药物也可以装入空心胶囊，但更多情况下是添加适宜的辅料混匀后，再装入空心胶囊。常用辅料有稀释剂，如淀粉、微晶纤维素、蔗糖等；润滑剂，如硬脂酸镁、滑石粉、二氧化硅等，以改善填充内容物的流动性、稳定性等。需要注意的是药物的水溶液或稀醇溶液、刺激性药物、易风化、易吸湿、强酸或强碱性药物会影响胶囊壳的稳定性，不宜制成胶囊剂。

（二）药物填充

物料填充是硬胶囊剂生产的关键步骤。填充前应确认内容物符合生产要求，硬胶囊剂的填充方法包括手工填充法和机械填充法。手工填充系指采用胶囊填充板进行胶囊填充操作，此方法一般用于小样试验、实验室制备胶囊剂。在大规模生产中采用全自动胶囊填充机（图5-2）进行胶囊的填充，工作流程：送囊→囊帽、囊体分离→充填物料→锁囊→出囊。

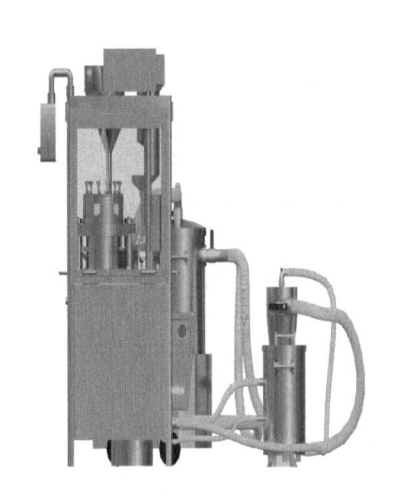

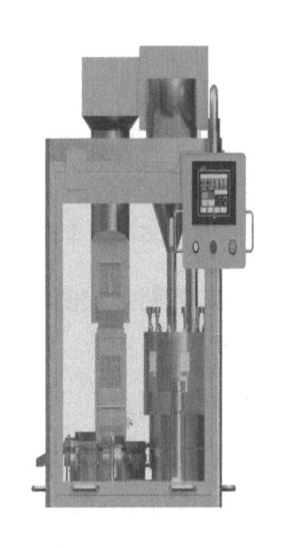

（a）全自动硬胶囊填充机　　　　　　（b）全自动胶囊机局部示意图

图 5-2　全自动硬胶囊填充机

（三）胶囊锁合

物料填充于胶囊体后，即可套合胶囊帽。囊体和囊帽的套合方式有平口和锁口两种。平口式胶囊需进行胶液封口操作，锁口型胶囊药物填充后，囊体、囊帽套上即咬合锁口，可在全自动胶囊填充机上完成锁合工序，无须另外封口操作。

（四）抛光

填充后的硬胶囊表面容易黏附填充物料粉末，可使用胶囊抛光机喷洒适量液体石蜡，滚搓抛光处理后使胶囊光亮整洁，此工序及设备在药物制剂工（五级）中有详细介绍。

四、硬胶囊剂填充设备

目前国内外应用最广泛的硬胶囊填充设备为全自动硬胶囊填充机，其工作台面设有十工位或者十二工位的胶囊工作台，设备还包含空胶囊落料装置、物料填充装置、真空泵、电气控制系统、箱内传动机构等，全自动胶囊充填机按其工作台运动形式分为间歇回转式和连续回转式。现国内常用的是间歇式全自动胶囊充填机，以十工位间歇式全自动胶囊充填机为例，围绕工作台依次完成排序定向、拔囊、体帽错位、药物填充、废囊剔除、胶囊闭合、出囊、清洁工序，如图5-3所示。

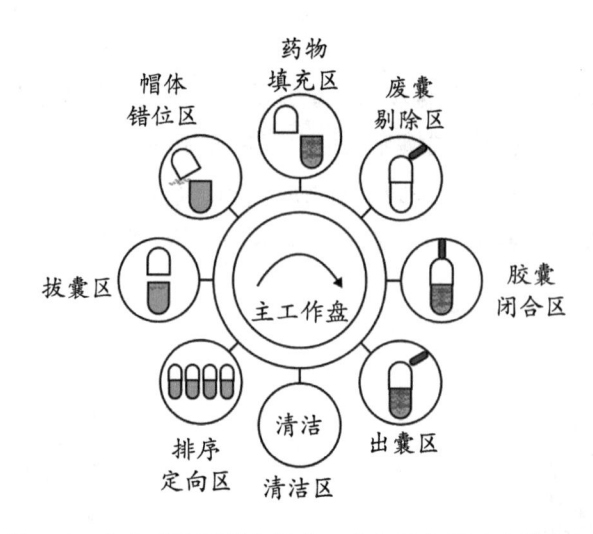

图 5-3 全自动胶囊填充机主工作盘及各区域功能流程图

由于胶囊的内容物形式多样，依据物料流动性的差异，物料填充装置类型多样，常见的填充装置有以下四类：

（一）填塞式定量装置

是利用填塞杆逐次将药物夯实在定量盘的模孔中，如图 5-4 所示，a～f 代表各组填塞杆，在填塞杆上升后的间歇时间内，药粉盒间歇回转一个工位，定量盘上边的药粉会自动填充到模孔中，填充杆下降再次压实模孔中药粉，如此多次对模孔中物料进行压实操作，直到回转一圈到达 f 工位。f 工位定量盘下方的托板在此处有一半圆缺口，第 f 组冲杆的位置最低，它将模孔中的药粉柱夯实至下囊版的空胶囊体内，即完成一次充填工作，通过调节冲杆的升降高度，可对药物充填的剂量进行微调。密封环与下模块平面间隙不小于 5 mm，刮粉器与定量盘之间的相对运动，将定量盘表面上的多余药粉刮除，保证药粉柱的计量要求。填塞式定量装置装量准确，误差可在 ±2%，适于粉末、颗粒类物料的充填。

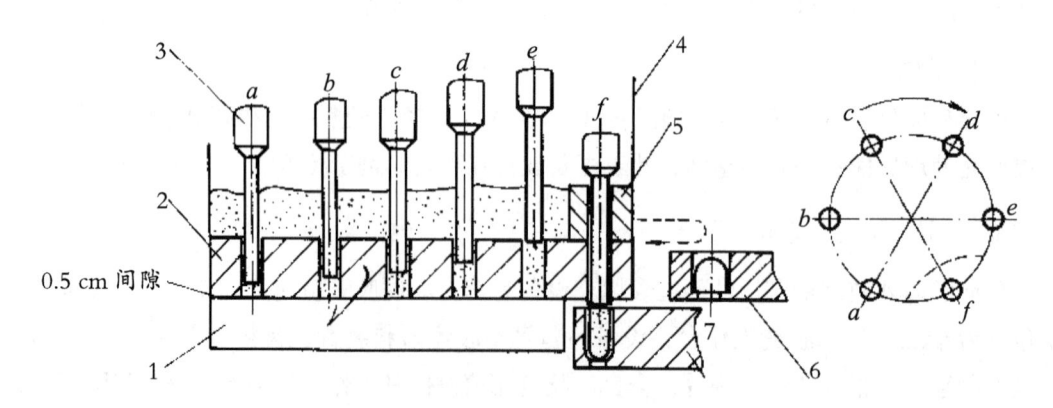

1.托板；2.定量盘；3.冲杆；4.粉盒圈；5.刮粉器；6.上囊板；7.下囊板

图 5-4 填塞式定量装置结构与原理

（二）间歇插管式定量装置

将空心计量管插入药粉斗中，利用管内的冲塞将药粉压紧，然后计量管离开粉面，旋转180°，冲塞下降，将管内药料压入胶囊体中，完成药粉的充填过程，如图5-5所示。可以通过调节药粉斗中药粉高度及计量管中冲杆的冲程来调整充填剂量，适用于流动性、可压性较好的物料填充。

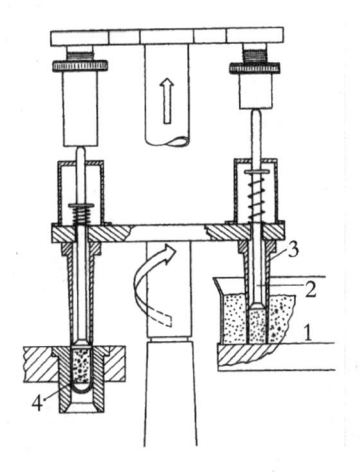

1. 药粉斗；2. 冲杆；3. 计量管；4. 囊体

图5-5 间歇插管式定量装置结构与原理

（三）活塞-滑块定量装置

如图5-6所示，此装置在料斗的下方有多个平行的定量管，管内有可上下移动的定量活塞，通过调节定量活塞的上升位置，可控制药物的充填剂量。在料斗与定量管之间有可左右移动的滑块，滑块上开有凹槽；当凹槽位于料斗与定量管之间时，料斗中的物料流入定量管。随后滑块移动，将料斗停止加料，定量活塞下移，使定量管内物料填入滑块凹槽，经滑块移动使物料充填至胶囊体内。此定量装置适用于微丸、颗粒等流动性好的物料的填充，连续式装置设有多个料斗，可实现同一胶囊内多种物料的充填。

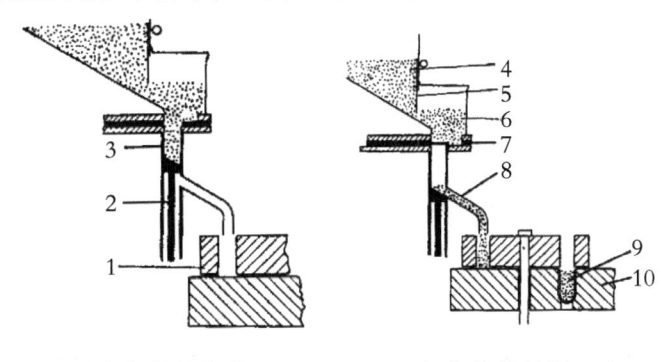

（a）药物定量　　（b）药物充填

1. 填料器；2. 定量活塞；3. 定量管；4. 料斗；5. 物料高度调节板；
6. 药物颗粒或微丸；7. 滑块；8. 支管；9. 胶囊体；10. 下囊板

图5-6 活塞-滑块定量装置的结构与工作原理

(四)真空定量装置

真空定量装置工作原理是利用真空负压将药物吸入定量管,然后再利用压缩空气将药物吹入胶囊体(图5-7),是一种连续式药物充填装置,对物料流动性要求小,适用于各类型药物的充填。

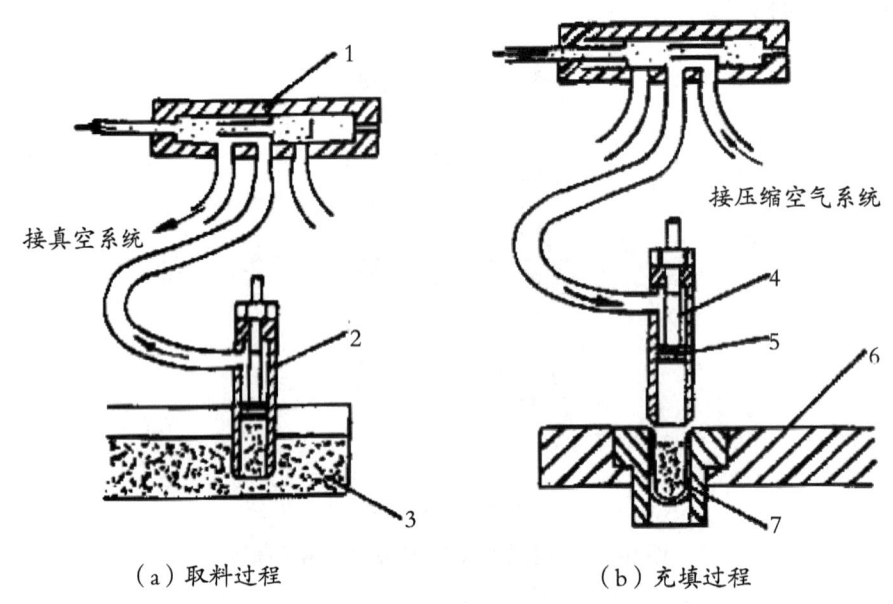

(a)取料过程　　　　(b)充填过程

1.切换装置;2.定量管;3.料槽;4.定量活塞;5.尼龙过滤器;6.下囊板;7.胶囊体

图5-7　真空定量装置工作原理示意

任务二　软胶囊制备

> **药物制剂工(中级)的要求**
>
> **鉴定点:**
> 软胶囊的干燥方法与设备。
> **鉴定点解析:**
> 1. 了解软胶囊的制备工艺流程;
> 2. 熟悉软胶囊干燥操作方法与设备。

一、软胶囊认知

软胶囊系将一定量的液体原料药物直接密封,或将固体原料药物溶解或分散在适宜的辅料中制备成溶液、混悬液、乳状液或半固体,密封于软质囊材中的胶囊剂,亦称"胶丸"。软胶囊剂的囊材主要由明胶、增塑剂、水和附加剂组成,通常干明胶:增塑剂:水三者适合的比例为1:(0.4~0.6):1。

二、软胶囊的制备

（一）压制法

是将明胶、甘油、水等溶解后制成厚薄均匀的胶皮，胶皮从一对圆柱形模具中间穿过，供料泵将定量的药液通过喷嘴注入胶皮之间，模具相向运动将两片胶皮压合并从胶皮上切出，形成完全闭合的胶囊。压制法主要工艺步骤包括化胶、配液、压制成囊、干燥、拣丸等步骤，工艺流程如图 5-8 所示。

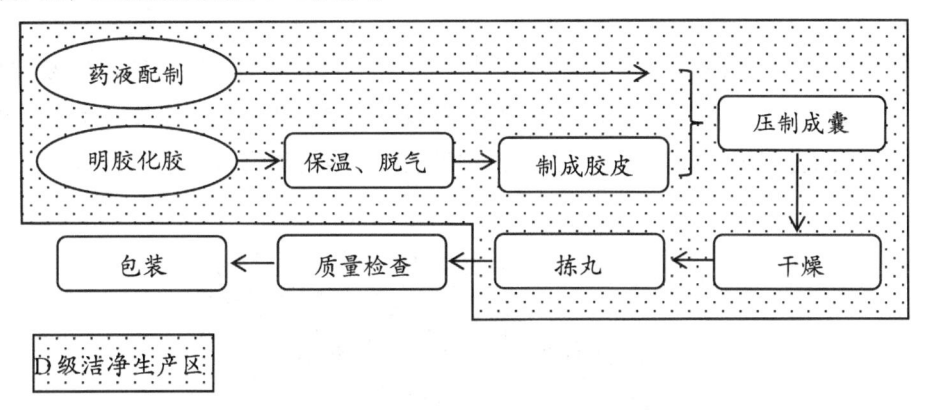

图 5-8　压制法制备软胶囊工艺流程

（二）滴制法

系指通过滴丸机制备软胶囊剂的方法。利用两个同心套管喷嘴滴头分别向外定时、定量地排出药液和胶液，借助于承接液体与其自身的液体表面张力作用和自重、浮力等，自然形成球体囊滴，在承接冷却液体中冷却定形，制成大小均匀的无缝圆形软胶囊。滴制法主要工艺步骤包括化胶、配液、滴制成囊、冷却、洗丸、干燥、拣丸等步骤，工艺流程如图 5-9 所示。

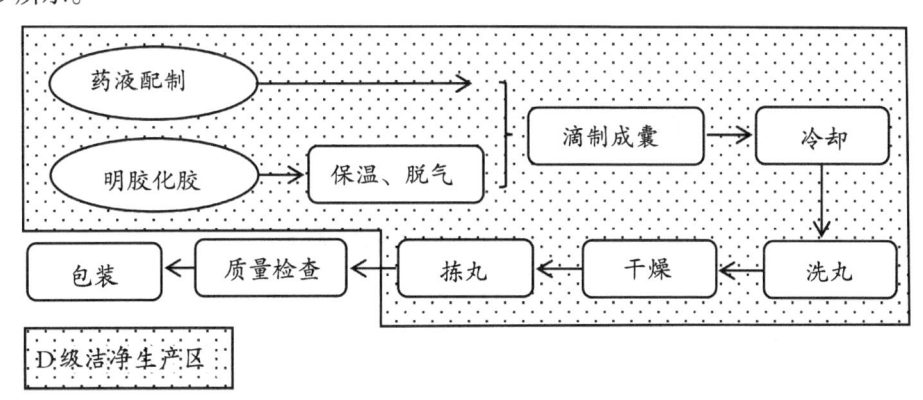

图 5-9　滴制法制备软胶囊工艺流程

三、软胶囊生产设备

在药物制剂工（五级）中已经详细学习了软胶囊的脱油设备，依据药物制剂工（四级）国家职业技能标准要求，重点介绍软胶囊的干燥方法及设备。

一般软胶囊壳水分要控制在 8% ~ 12%，水分过高成品囊壳会过软，且容易发霉；水分过低的话囊壳会发生脆裂，不利于存储运输，因此干燥工序是影响软胶囊质量的重要因素。干燥工序一般分为定型干燥及静置干燥。定型干燥即将新鲜压制的软胶囊立即传送至转笼干燥机（图 5-10）中进行干燥，干燥温度 20 ~ 25℃，相对湿度 < 20%，逐渐干燥使水分降至 25% ~ 30%，使软胶囊形状基本定型。为清洗软胶囊表面的润滑油，定型干燥过程中可在干燥转笼中加入吸有一定量乙醇的无纺布擦拭软胶囊。将定型干燥后的软胶囊转移至干燥托盘中，放入低湿度干燥间中静置干燥，干燥时每三小时翻丸一次，使干燥均匀和防止粘连，尤其注意翻动托盘边角位置的胶丸。软胶囊的干燥，是内容物、囊壳中的水分在渗透压作用下逐渐向囊壳表面迁移而蒸发，关键在于环境温湿度、干燥时间的控制。囊壳弹性除受明胶、增塑剂的种类、比例影响外，也受囊壳含水量的影响。

图 5-10　转笼式干燥箱

转笼式干燥箱由转笼、风机、控制面板、电机组成，转笼可依据生产要求选择合适的筛孔大小与节数，可由控制面板设定转笼的转向、转速、风量，以控制软胶囊的流动定型、干燥。电器电路和风机内置于转笼底部，结构紧凑，占地面积小，转笼可以拆卸清洁，符合 GMP 规范要求。

任务三　胶囊剂质量要求

药物制剂工（中级）的要求

鉴定点：
胶囊剂的质量要求。
鉴定点解析：
1. 了解空心胶囊的质量检查项目；
2. 了解胶囊剂水分含量要求、装量差异检查法要求；
3. 掌握不同类型胶囊剂崩解时限检查方法及要求。

一、胶囊剂的质量要求

胶囊剂的内容物不论是原料药物还是辅料，均不应造成囊壳的变质。除另有规定外，胶囊剂应密封贮存，存放环境温度 ≤ 30℃，湿度应适宜，防止受潮、发霉、变质。生物制品原液、半成品和成品的生产及质量控制应符合相关品种要求。

二、水分

中药硬胶囊剂应进行水分检查。

取供试品内容物，照《中国药典》（现行版）水分测定法测定。除另有规定外，不得超过 9.0%。

硬胶囊内容物为液体或半固体者不检查水分。

三、装量差异

照下述方法检查，应符合规定。

检查法：除另有规定外，取供试品 20 粒（中药取 10 粒），分别精密称定重量，倾出内容物（不得损失囊壳），硬胶囊囊壳用小刷或其他适宜的用具拭净；软胶囊或内容物为半固体或液体的硬胶囊囊壳用乙醚等易挥发性溶剂洗净，置通风处使溶剂挥尽，再分别精密称定囊壳重量，求出每粒内容物的装量与平均装量。每粒装量与平均装量相比较（有标示装量的胶囊剂，每粒装量应与标示装量比较），超出装量差异限度的不得多于 2 粒，并不得有 1 粒超出限度 1 倍（表 5-2）。

表 5-2 胶囊剂装量差异限度

平均装量或标示装量	装量差异限度
0.3 g 以下	±10%
0.3 g 以及 0.3 g 以上	±7.5%（中药 ±10%）

凡规定检查含量均匀度的胶囊剂，一般不再进行装量差异的检查。

四、崩解时限

除另有规定外，照《中国药典》（现行版）崩解时限检查法检查，均应符合规定。硬胶囊应在 30 分钟内全部崩解。软胶囊应在 1 小时内全部崩解。肠溶胶囊，在人工胃液中 2 小时囊壳均不得有裂缝或崩解现象，改在人工肠液中进行，1 小时应全部崩解。

凡规定检查溶出度或释放度的胶囊剂，一般不再进行崩解时限的检查。

五、微生物限度

以动物、植物、矿物质来源的非单体成分制成的胶囊剂，生物制品胶囊剂，照《中国药典》（现行版）非无菌产品微生物限度检查：微生物计数法和控制菌检查及非无菌药品微生物限度标准检查，应符合规定。规定检查杂菌的生物制品胶囊剂，可不进行微生物限度检查。

项目六　片剂

任务一　片剂制备

> **药物制剂工（中级）的要求**
>
> **鉴定点：**
> 1. 片剂的辅料；
> 2. 制粒的方法和设备；
> 3. 干颗粒的质量要求。
>
> **鉴定点解析：**
> 1. 掌握片剂辅料的种类及常用辅料、制湿颗粒的方法；
> 2. 熟悉湿法制粒压片的工艺流程、干颗粒的质量要求；
> 3. 了解粉末直接压片和干法制粒压片的工艺流程、压片过程中可能出现的问题及解决方法。

一、片剂的认知

片剂系指原料药物或与适宜的辅料制成的圆形或异形的片状固体制剂，常见的异形片有三角形、菱形、椭圆形等。在药物制剂工（五级）中介绍了片剂的含义、特点与分类，干颗粒压片前的处理、压片的方法与设备，在此基础上，药物制剂工（四级）中将介绍片剂的辅料、制颗粒的方法与设备，以及干颗粒的质量要求。

二、片剂的辅料

片剂由主药和辅料两大类物质构成。发挥治疗作用的药物，即主药；除主药以外的其他一切辅助物质，即辅料（也称赋形剂）。辅料所起的作用主要包括填充、黏合、崩解和润滑，有时还起到着色、矫味以及美观等作用。辅料可以改善药物的流动性、可压性、黏结性、润滑性等，使压制出来的片剂光洁美观。根据辅料在片剂制备中所起作用不同，可分为以下几种类型：

（一）填充剂

填充剂包括稀释剂和吸收剂。当主药量较小不利于成型时，需加入辅料增加药物重量与体积，该辅料称为稀释剂；当主药含有挥发油或液体成分时，需加入辅料吸收液体组分以便成型，该辅料称为吸收剂。常用填充剂见表6-1。

表6-1 常用填充剂

辅料	主要特点	应用
淀粉	性质稳定、价格便宜、吸湿性小，但可压性较差	制剂生产中常用玉米淀粉，常与其他可压性较好的药用辅料配合使用
糖粉	黏合力较强，可使片剂的表面光滑美观，缺点为吸湿性较强，长期贮存会导致片剂硬度过大，崩解或溶出困难	除制备含片或可溶片外，一般不单独使用，常与糊精、淀粉混合使用
乳糖	无吸湿性，可压性好，性质稳定，与大多数药物不起化学反应，压成的片剂光洁、美观	优良的填充剂，喷雾干燥法制备的乳糖可用于粉末直接压片
预胶化淀粉	亦称可压性淀粉。具有良好的流动性、可压性、自身润滑性和干黏合性，且具有较好的崩解作用	除用作填充剂外，还可在干法压片工艺中作黏合剂，且能同时起到润滑的作用，但用量太大会影响片剂的溶出度。可用于粉末直接压片
微晶纤维素	具有良好的流动性和可压性，黏合性能好。其结构中有大量的羟基，可吸收水分，因此具有优良的促崩解性能	可作填充剂、黏合剂和崩解剂。可用于粉末直接压片
甘露醇	无吸湿性，可用于易吸湿性药物，便于颗粒的干燥和压片成型。在口中溶解时吸热，有凉爽感，具有一定的甜味	适用于制备咀嚼片，但价格稍贵，常与蔗糖混合使用
硫酸钙	属于无机盐类。性质稳定，无吸湿性，易溶于水，所制片剂光滑美观	可用作稀释剂和吸收剂，与多种药物均可配伍。但对四环素类药物含量测定存在干扰，不宜使用

（二）润湿剂与黏合剂

润湿剂是一类本身无黏性的液体，加入某些有黏性的物料中，可润湿物料并诱发物料的黏性，使其聚结成软材并制成颗粒。常用的润湿剂有水和不同浓度的乙醇溶液，具体见表6-2。

表6-2 常用润湿剂

辅料	主要特点	应用
纯化水	最常用润湿剂。无毒、无味、价廉，但制粒干燥温度高、干燥时间长，不适于湿热敏感的药物	常用于中药片剂包衣锅中转动制粒，或与淀粉浆及乙醇合用
乙醇	制粒干燥温度低、速度快。制粒时宜迅速搅拌，立即制粒，以减少乙醇的挥发	适用于不耐湿热，遇水产生较大黏性的物料。常用30%～70%乙醇

黏合剂是一类自身具有黏性的固体粉末或黏稠液体，能使无黏性或黏性不足的物料粉末聚结成颗粒的物质，包括液体黏合剂和固体黏合剂。在湿法制粒压片中主要使用液体黏合剂，在干法制粒及粉末直接压片中主要使用固体黏合剂。常用黏合剂见表6-3。

表6-3 常用黏合剂

辅料	主要特点	应用
淀粉浆	常用黏合剂。价廉易得，黏性良好，有冲浆法和煮浆法两种制备方法	适用于对湿热稳定的药物。常用浓度为8%～15%，可压性差物料可提高浓度至20%
甲基纤维素（MC）	微有吸湿性，水溶性良好，作黏合剂时，宜选低或中度黏度级辅料	常用浓度为2%～10%，可用于水溶性及水不溶性物料的制粒压片
羧甲纤维素钠（CMC-Na）	具有吸湿性，水溶性良好，可形成黏稠胶浆。水溶液黏度随温度升高而降低	常用1%～2%的水溶液，多用于可压性较差的物料
羟丙甲纤维素（HPMC）	能溶于水及部分极性有机溶剂。在水中溶胀形成黏性溶液，同时具有崩解迅速、溶出速率高等特点	常用浓度为2%～5%，除用作黏合剂应用外，也可作新型薄膜衣材料等
羟丙纤维素（HPC）	容易压制成型，特别适用于不易成型的片剂，如塑性、脆性、疏散性较强的片剂，压制的片剂具有较高的硬度	片剂湿法制粒压片时，作为黏合剂常用浓度为5%～20%，一般用于原料本身有一定黏性的品种，也可作为粉末直接压片的干黏合剂
乙基纤维素（EC）	不溶于水，溶于乙醇等有机溶剂中，黏性较强，在胃肠液中不溶解	可用作对水敏感药物的黏合剂。用乙基纤维素作黏合剂制得的片剂硬度大、脆性小、溶出慢
聚维酮（PVP）	吸湿性较强，既溶于水，又溶于乙醇。制得的片剂在贮存期间硬度可能增加，还可能延长片剂崩解时限	既可用于湿热敏感药物和疏水性药物的制粒，也可作干黏合剂，用于粉末直接压片。常用于泡腾片及咀嚼片的制粒

（三）崩解剂

崩解剂是一种能促使片剂在胃肠道中迅速碎裂成细小粒子的辅料。压制片剂时，除缓释片、控释片、含片、植入片、咀嚼片等类型外，一般均需加入崩解剂。崩解剂的加入方法包括内加法、外加法和内外加法。内加法是指崩解剂与其他物料混合均匀后共同制粒，因此片剂的崩解发生在颗粒的内部；外加法是指崩解剂加入整粒后的干颗粒中，因此片剂的崩解发生在颗粒之外即各颗粒之间；内外加法是指崩解剂分为两份，一份按内加法加入，剂量占崩解剂总量的50%～75%，另一份按外加法加入，剂量占崩解剂总量的25%～50%。常用崩解剂见表6-4。

表6-4 常用崩解剂

辅料	主要特点	应用
干淀粉	传统经典崩解剂，吸水性较强且有一定膨胀性。作崩解剂时需干燥，使含水量在8%以下	常用作水不溶性或微溶性药物的崩解剂，对易溶性药物的崩解作用较差，用量一般为干颗粒的5%～20%
羧甲基淀粉钠（CMS-Na）	最常用的崩解剂之一。吸水膨胀作用明显，吸水后可膨胀至原体积的300倍。性能优良，价格较低	既适用于不溶性药物，也适用于水溶性药物。可用于粉末直接压片。片剂中作崩解剂常用量为2%～8%
低取代羟丙纤维素（L-HPC）	在水和有机溶剂中不溶，但在水中可溶胀。由于粉末具有很大的表面积和孔隙度，加大了吸湿速度，使片剂易于崩解，还可提高片剂的硬度。崩解后的颗粒较细，有利于药物的溶出	常用量为2%～10%，一般以5%较为常见
交联羧甲纤维素钠（CCNa）	水中溶胀但不溶解，膨胀为原体积4～8倍，有较好崩解性与流动性，引湿性较大，常用量为5%～10%	既适用于湿法制粒压片，也适用于直接压片。在湿法制粒压片中，选用外加法比内加法的效果更好，且与CMS-Na合用时，崩解效果更好。但与干淀粉合用崩解效果会降低
交联聚维酮（PVPP）	流动性良好，水中迅速溶胀，不溶解，无黏性。崩解效果好，但引湿性很强	崩解性能优越，常用于速释片剂
泡腾崩解剂	遇水产生气体，使片剂迅速崩解。生产与贮存过程中严格避免受潮造成崩解剂失效	最常用组合是碳酸氢钠与枸橼酸，属于泡腾片剂专用

（四）润滑剂

广义的润滑剂是具有助流、抗黏着和润滑三种作用物质的统称。按照作用不同，可以细分为助流剂、抗黏着剂和狭义的润滑剂。助流剂指在压片前加入用以降低颗粒间摩擦力，增加颗粒流动性的辅料；抗黏着剂指用来防止压片时物料黏着于冲模表面的辅料；狭义的润滑剂指用以降低颗粒（或片剂）与冲模间摩擦力，增加颗粒滑动性的辅料。常用润滑剂见表6-5。

表 6-5 常用润滑剂

辅料	主要特点	应用
硬脂酸镁	疏水性润滑剂。附着性好，助流性较差，易与颗粒混合均匀，压片后片面光滑美观，应用广泛	用量过大时，会影响片剂崩解。不宜用于阿司匹林、多数有机碱盐类药物片剂的制备。常用量为 0.3%～1%
滑石粉	水不溶性亲水性润滑剂。助流性、抗黏附性良好，润滑性、附着性较差	与季铵化合物存在配伍禁忌。一般不单独使用，常与硬脂酸镁合用。常用量为 0.1%～3%，最多不超过 5%，过量会造成流动性降低
微粉硅胶	水不溶性亲水性润滑剂。有良好的流动性、可压性和附着性，是优良的助流剂	可在粉末直接压片时作助流剂使用，特别适用于油类和浸膏类等药物。常用量为 0.1%～0.3%
氢化植物油	不溶于水，溶于液状石蜡。应用时将其溶于热轻质液状石蜡中，再将此溶液喷于干颗粒上，以利于均匀分布	凡不宜采用碱性润滑剂的药物均可选用本品，但与强酸和氧化剂有配伍禁忌。常用量为 1%～5%
聚乙二醇类（PEG）	水溶性润滑剂，具有良好的润滑效果，片剂的崩解和溶出不受影响	可作润滑剂，也可作黏合剂。适用于要求迅速溶解、均匀分散的片剂，如溶液片、分散片、泡腾片等

片剂中还可加入一些着色剂、矫味剂等辅料以改善口味和外观。着色剂常用药用或食用色素，矫味剂常用芳香剂和甜味剂。无论加入何种辅料，都应符合药用的要求，都不能与主药发生反应，也不应妨碍主药的溶出和吸收。

三、片剂的制备

（一）片剂生产工艺流程

片剂的制备方法按制备工艺不同分为粉末直接压片法和制粒压片法。制粒压片法又可分为干法制粒压片法和湿法制粒压片法。目前国内应用最广泛的是湿法制粒压片。片剂生产工艺流程如图 6-1 所示。

粉末直接压片指药物粉末和适宜辅料混合均匀，不制粒直接进行压片的方法。适合于对湿热不稳定且自身具有良好流动性和可压性的药物。本法省去了制粒、干燥等工序，操作简便、节能和省时，有利于生产的连续化和自动化。但此法对物料的流动性、可压性和润滑性等有较高要求，且有生产过程粉尘较多、粉末压片容易造成裂片、外观较差等弱点。

干法制粒压片指将药物和粉状辅料混合均匀，采用滚压法或重压法压成块状或大片状后，再将其粉碎成所需大小颗粒的方法。滚压法是利用转速相同的两个滚动圆筒之间的缝隙，将物料粉末滚压成板状物，再破碎制粒的方法；重压法是利用重型压片机将物料粉末压制成直径为 20～25 mm 的大片，再破碎制粒的方法。干法制粒压片适合于对湿热不稳定，遇水易分解且自身流动性、可压性不好的药物。

湿法制粒压片指将药物和辅料粉末混合，加入黏合剂或润湿剂制备软材，通过制粒技术制得湿颗粒，经干燥和整粒，再压制成片的工艺方法。湿法制粒压片适合于不能直接压片且遇湿热稳定的药物。制粒是该方法的重要环节，制粒的目的：①改善物料流动性；②防止各种成分因粒度、密度的差异在混合过程中分层；③避免或减少粉尘；④调整松密度，改善溶出与崩解性能；⑤改善物料在制片过程中压力传递的均匀性。

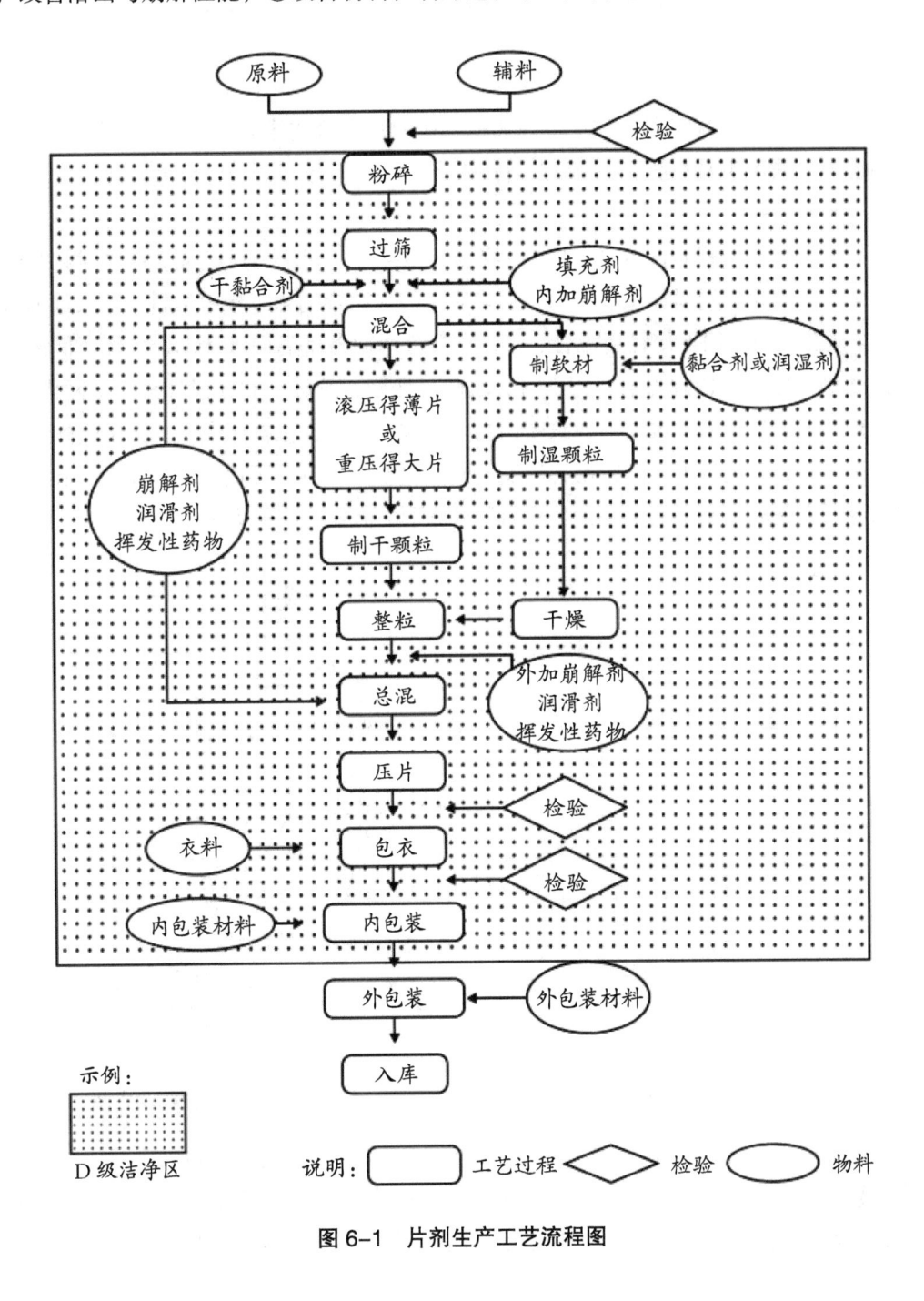

图 6-1 片剂生产工艺流程图

（二）湿法制粒压片

1. 原辅料的预处理

原料和辅料在投料前需进行质量检查，鉴别和含量测定合格的物料经干燥、粉碎后过 80～100 目筛，毒剧药、贵重药及有色药物宜更细（120 目左右）以保证混合均匀。

2. 制软材

制软材是关键步骤，适宜的软材以"握之成团、轻压即散"为好。

3. 湿法制颗粒

（1）制颗粒方法

常用制颗粒方法有挤压制粒法、高速搅拌制粒法、流化床制粒法、喷雾制粒法几种。具体内容详见项目四颗粒剂。

（2）制粒设备

①高速搅拌制粒机（图6-2）主要由容器、搅拌桨、切割刀所组成。制粒时将物料倒入容器中，盖上盖，用搅拌桨搅拌物料混匀后，加入黏合剂（直接由加料斗流入或喷枪喷入），在搅拌桨的作用下使物料混合、翻动、分散甩向器壁后向上运动，在短时间内翻滚混合成软材，然后在切割刀的作用下将大块软材切割、绞碎，并在搅拌桨的共同作用下，使颗粒得到强大的挤压、滚动形成致密而均匀的颗粒。改变搅拌桨和切割刀的转速与运转时间、调节黏合剂用量可得到密度和硬度不同的颗粒。该方法可使混合、捏合、制粒在同一封闭容器内完成，制得的颗粒大小均匀且近球形，但颗粒粒径大小不易控制。

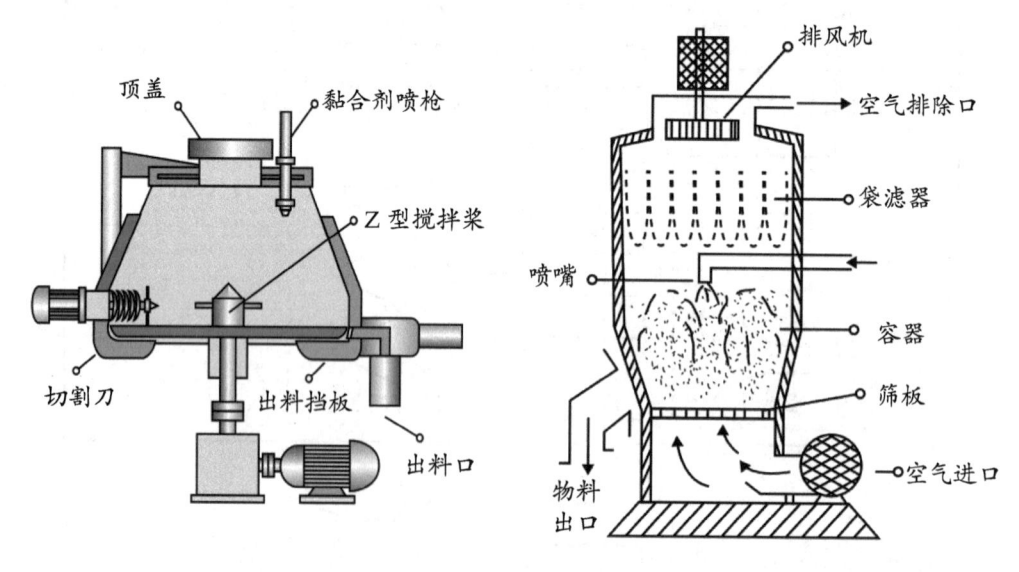

图 6-2 高速搅拌制粒机示意图　　图 6-3 流化床制粒机示意图

②流化床制粒机（图6-3）该设备通过控制喷浆量和喷浆时间，以及引风的大小、温度等参数，可以得到大小均匀的颗粒。适用于黏性大、普通湿法制粒不能成形的物料制粒。流化床制粒法的缺点是能量消耗较大，对密度相差悬殊的物料制粒不理想。

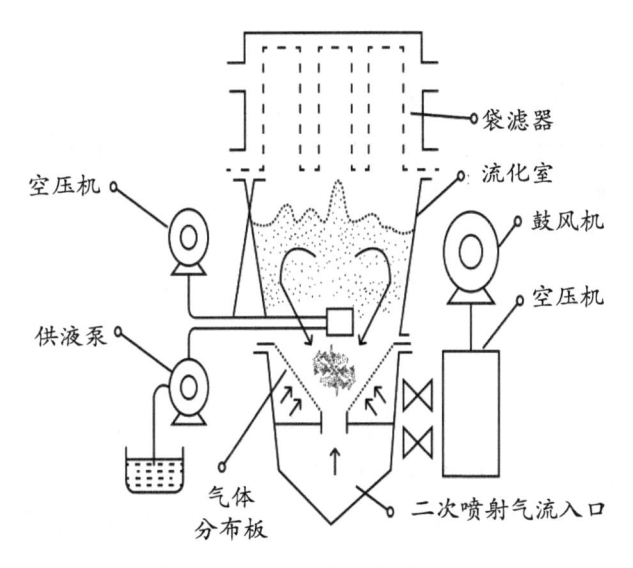

图 6-4 喷雾干燥制粒机示意图

③喷雾干燥制粒机（图6-4）是一种将喷雾干燥技术与流化床制粒技术结合为一体的新型中成药、西药制粒设备。该设备集混合、喷雾干燥、制粒、颗粒包衣多功能于一体，生产出的颗粒速溶，符合GMP要求。缺点是设备能耗大，操作费用较高，黏性较大的物料易粘壁。

4. 干燥

湿颗粒制成后应立即干燥，以免受压变形或结块。干燥温度根据药物性质而定，一般以 50～60℃为宜，对湿热稳定的药物可适当提高至 70～80℃。干燥时温度应逐渐升高，以免颗粒表面干燥后形成硬膜而影响内部水分的蒸发，造成颗粒外干内湿的现象。如果颗粒中加了淀粉、糊精，受骤热易引起糊化，不但使颗粒坚硬，而且片剂不易崩解。使用箱式干燥器干燥湿颗粒时，应定时对颗粒进行翻动，以减少因可溶性成分在颗粒之间迁移而造成片剂含量不均匀等问题。

干燥后的颗粒应具有适宜的流动性和可压性，还应满足下列质量要求：

（1）主药含量应符合该片剂品种的要求。

（2）含水量应均匀、适量。中药片剂品种不同，颗粒含水量要求不同，一般为3%～5%，化学药颗粒为1%～3%，含水量过高压片时会产生黏冲现象，含水量过低则易出现顶裂现象。

（3）颗粒的大小、松紧及粒度应适当。颗粒大小应根据片重及药片直径选择，制备片剂一般选用能通过二号筛或更细的颗粒；干颗粒的松紧度影响片剂的外观，硬颗粒在压片时易产生麻面，松颗粒则易产生松片，以手指轻捻干颗粒能碎成有粗糙感的细粉为宜；干颗粒中粗细颗粒的比例应适宜，细颗粒填充于大颗粒间，使片剂中药物含量准确，片重差异小。通常以含有能通过二号筛的颗粒占总量的 20%～40% 为宜，且无通过六号筛的细粉。

5. 整粒

颗粒在干燥过程中有部分互相粘连，甚至成块状，也有部分从颗粒机上落下时呈条状，需要再一次通过筛网整粒使之分散成粒度均匀的干颗粒。整粒机选用的筛网孔径一般比制湿颗粒时选择的筛网孔径小一些。

6. 总混

把外加崩解剂、润滑剂以及挥发性药物甚至是小剂量或对湿热不稳定的药物加入制备好的干颗粒中充分混合均匀的过程。

7. 压片

根据测定的主药含量计算片重，再进行压片。压片是片剂成型的主要过程，也是整个片剂生产的关键部分。生产中常选用旋转式压片机进行压片操作。计算好片重、选好冲模、确认设备完好后，操作人员根据生产指令到中间站领取合格的颗粒，核对物料的品名、批号、规格、重量。加物料开机运行，调整装量和片厚进行试压片。检查片重、硬度、崩解时限、脆碎度等指标，符合要求才可正式压片生产。正式压片时，每间隔规定时间进行平均片重、重量差异和脆碎度等检查，通常平均片重每 15～30 min 检查一次，确保制得的片剂质量符合标准。按要求做好生产记录。生产结束后及时进行清场。

8. 压片过程中的常见问题及解决方法

由于片剂的处方、工艺技术及机械设备等因素的影响，在制备过程中可能导致片剂出现各种问题，这些问题直接影响片剂最终的质量，具体问题应具体分析。具体见表 6-6。

表 6-6　压片过程中的常见问题及解决办法

问题	现象	原因	解决方法
松片	片剂硬度不够，受震动出现破碎或松散	1. 含纤维性物料弹性回复大，可压性差 2. 含油类成分含量高的物料 3. 黏合剂选择不当、黏性不足或用量不足 4. 颗粒质地疏松，细粉多 5. 压力过小 6. 冲头长短不齐或下冲下降不灵活	1. 加入易塑性变的辅料和一定渗透性、黏性强的黏合剂 2. 加入吸收剂 3. 选择黏性强的黏合剂重新制粒 4. 整粒或重新制粒 5. 增加压力 6. 调换冲头、冲模
裂片	片剂受震动或经放置从腰部开裂（腰裂）或顶部脱落（顶裂）	1. 含纤维性、易脆碎物料，塑性差、结合力弱 2. 含油类成分 3. 颗粒过分干燥 4. 颗粒过细或颗粒含细粉过多 5. 黏合剂选择不当或用量不够 6. 压力过大或压片机转速过快	1. 选弹性小、塑性大的辅料，如糖粉 2. 加入吸收剂 3. 喷入适量乙醇 4. 应重新制粒 5. 更换黏合剂或增加用量或加入干燥黏合剂 6. 减小压力或减慢转速

（续表）

问题	现象	原因	解决方法
黏冲	片剂表面被冲头黏去一小部分，造成片剂表面粗糙不平或出现凹痕	1. 药物容易吸潮 2. 颗粒含水量多 3. 润滑剂用量不够或混合不匀 4. 冲头表面粗糙或不干净，冲头刻字太深	1. 降低操作室湿度 2. 重新干燥颗粒 3. 增加用量或混合均匀 4. 处理冲头或调换冲头
崩解迟缓	片剂崩解时间超过药典规定的时间	1. 颗粒过硬或压力过大 2. 黏合剂黏性太强或用量过大 3. 崩解剂选择不当或用量不足 4. 疏水性润滑剂用量过多	1. 喷入乙醇或减小压力 2. 更换黏合剂或减少用量 3. 更换崩解剂或增加用量 4. 减少用量
重量差异超限	重量差异超过药典规定的允许范围	1. 颗粒粗细悬殊 2. 颗粒流动性不好 3. 冲头和冲模吻合性不好 4. 加料斗内物料不稳定	1. 重新制粒 2. 加入适宜的助流剂 3. 更换冲头、冲模 4. 保证料斗内的颗粒量

任务二　片剂包衣

药物制剂工（中级）的要求

鉴定点：

1. 包衣的目的、分类、质量要求；
2. 薄膜衣的包衣物料；
3. 薄膜衣包衣液的配制方法与设备；
4. 薄膜衣包衣的方法与设备。

鉴定点解析：

1. 掌握薄膜衣的包衣材料；包衣液的配制；包衣的方法；
2. 熟悉包衣目的、分类、包衣工艺；
3. 了解包衣过程中的常见问题。

片剂包衣是指在压制合格的片（称素片或片芯）表面包上适宜物料，以使药物与外界隔离的操作过程。包衣后的片剂称包衣片，包衣的材料称为包衣材料或衣料。在药物制剂工（四级）中将介绍包衣的目的、分类、质量要求，主要介绍薄膜衣的包衣物料、包衣液配制及包衣方法。

一、包衣的目的、分类、质量要求

（一）目的

1. 掩盖药物的不良味道，如盐酸小檗碱片。

2. 增加药物稳定性，如多酶片。

3. 改变药物的释放部位，如肠溶阿司匹林片、肠道驱虫药。

4. 控制药物的释放速度，使药物达到缓释、控释作用。

5. 保护药物免受胃酸和酶等破坏。

6. 克服配伍禁忌，将药物不同组分隔离。

7. 改善片剂外观和便于识别。

（二）分类

根据包衣材料不同，片剂的包衣可分为糖包衣和薄膜包衣两种。糖衣料主要以糖浆为主，另包括胶浆、滑石粉、白蜡、色素等；薄膜衣料通常包括成膜材料、增塑剂、溶剂、着色剂、掩蔽剂和速度调节剂等。

1. 糖衣

（1）定义：系指在药物片芯上包裹一层以蔗糖为主要包衣材料的衣层。

（2）特点：糖衣有一定防潮、隔绝空气的作用，可掩盖某些药物的不良味道，改善外观并易于吞服。但包衣时间长，包衣物料可使药片的片芯重量增加50%～100%，影响药物释放；糖衣中含有大量的糖粉和滑石粉，也不适宜中老年或糖尿病患者长期服用；糖衣工艺较复杂，很大程度上依赖操作者的经验和技艺。

2. 薄膜衣

（1）定义：系指在药物片芯上包裹高分子聚合物衣膜。

（2）特点：薄膜衣与糖衣一样有防潮、掩盖不良味道等作用。与糖衣相比，薄膜衣操作简单，节省物料，成本较低；衣层薄，片芯仅增重2%～4%；压在片芯上的标志包衣后清晰可见；对片剂崩解和溶出度的不良影响较糖衣小。

（三）质量要求

衣层应均匀、牢固，与主药不起作用，崩解时限应符合《中国药典》规定，经较长时间贮存，仍能保持光洁、美观、色泽一致，并无裂片现象，且不影响药物的溶出与吸收。为避免片芯边缘部位难以覆盖衣层，片芯要有适宜弧度；硬度比一般片剂要大，以防止在包衣过程中多次滚转时破裂。

二、包衣的工艺

包衣物料决定采用何种包衣工艺。糖衣以蔗糖为主要包衣物料，片剂包糖衣的生产工艺流程如图6-5所示。

（一）糖衣

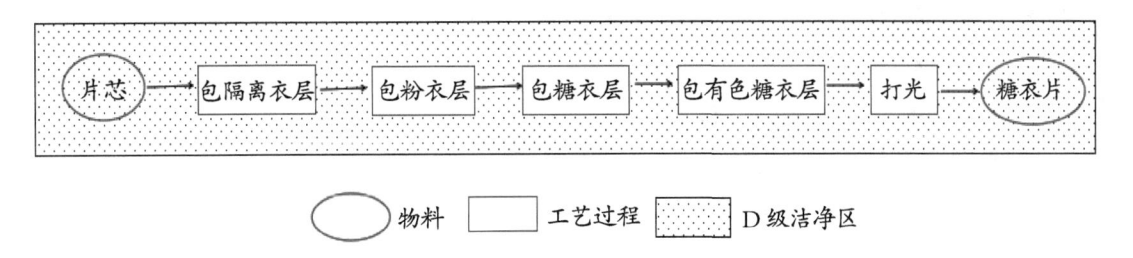

片芯 → 包隔离衣层 → 包粉衣层 → 包糖衣层 → 包有色糖衣层 → 打光 → 糖衣片

○ 物料　□ 工艺过程　▦ D级洁净区

图 6-5　糖衣的生产工艺流程图

（二）薄膜衣

薄膜衣以高分子成膜材料为主要包衣材料，片剂包薄膜衣的生产工艺流程如图 6-6 所示。

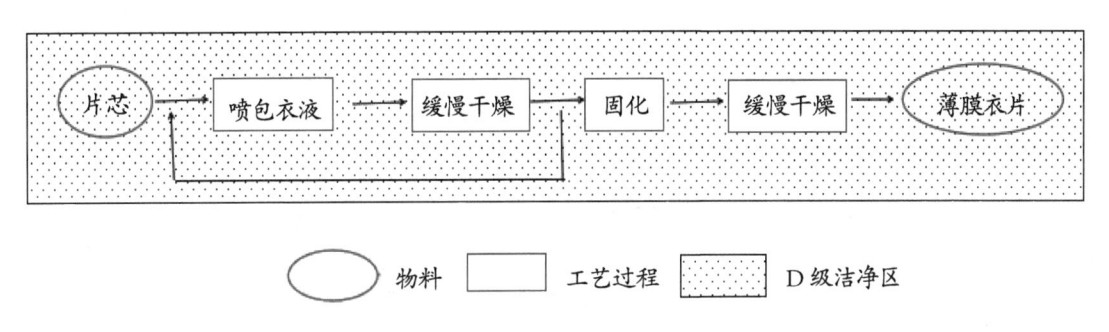

片芯 → 喷包衣液 → 缓慢干燥 → 固化 → 缓慢干燥 → 薄膜衣片

○ 物料　□ 工艺过程　▦ D级洁净区

图 6-6　薄膜衣的生产工艺流程图

三、薄膜衣

（一）包衣材料

1. 薄膜衣料

薄膜包衣按材料溶解性能可分为胃溶型薄膜包衣、肠溶型薄膜包衣和水不溶型薄膜包衣。常见的薄膜衣料见表 6-7。

表 6-7 常见薄膜衣料

类型	包衣材料	主要特点	应用情况
胃溶型薄膜衣	①羟丙甲纤维素（HPMC）	成膜性能好，衣膜透明坚韧，包衣时没有黏结现象等	目前广泛使用的纤维素类包衣材料
	②聚乙二醇（PEG）	可溶于水及胃肠液，对热敏感，温度高时易熔融	常选用PEG4000、PEG6000等，可提高片剂释放药物的能力，还可使片剂表面光泽平滑、不易损坏
	③聚丙烯酸树脂Ⅳ	在pH值低于5.0的胃酸中迅速溶解，膜的溶解速度随pH值的上升而降低，一般在pH值1.2~5.0溶解，pH值5.0~8.0溶胀	是良好的胃溶型薄膜衣材料，与HPMC以（3~12）:1合用，可改善外观；与玉米朊（6~12）:1合用，可提高产品的抗湿性
	④聚维酮（PVP）	可成膜，形成的衣膜对热敏感，温度高时易熔融	常与其他薄膜衣材料合用
肠溶型薄膜衣	①邻苯二甲酸醋酸纤维素（CAP）	性质稳定，防潮性优，成膜比较坚固，久贮亦不影响崩解时间	使用量为片芯重量的0.5%~0.9%，可采用常规包衣工艺或喷雾工艺
	②醋酸羟丙甲纤维素琥珀酸酯（HPMCAS）	在小肠上部（十二指肠）溶解性好，对于增加药物在小肠上段的吸收比现行其他肠溶材料理想	作为肠溶包衣材料，由于成膜性好，不需要添加增塑剂。可适用于干法包衣技术
	③聚丙烯酸树脂Ⅲ	溶于乙醇、不溶于水。成膜性好，膜致密有韧性，能抗潮，在胃中2小时完整，在肠内30分钟即可全部溶解	常用85%~95%乙醇作为溶剂，配成5%~8%的包衣液使用。常与丙烯酸树脂Ⅱ联合使用
水不溶型薄膜衣	①乙基纤维素（EC）	不溶于水、胃肠液、甘油和丙二醇，成膜性好。不耐酸，阳光下易氧化降解，宜贮藏在避光的密闭容器内	单用衣膜渗透性差，常与羟丙纤维素（HPC）、HPMC等合用
	②醋酸纤维素（CA）	不溶于水、乙醇、酸、碱溶液，成膜性好。所成膜比EC牢固和坚韧	常用于缓释和控释包衣

2. 溶剂

适宜的溶剂或分散介质可将包衣材料溶解或分散并均匀地分布到片剂表面，形成均匀光滑的薄膜。以前的常用溶剂有乙醇、丙酮等，现在基本以水分散体为主。

3. 附加剂

常用的附加剂有增塑剂、释放速度调节剂、着色剂、遮光剂。

(1) 增塑剂　增加包衣材料的可塑性，提高衣层在室温时的柔润性。常用的水溶性增塑剂有丙二醇、甘油、聚乙二醇等；水不溶性增塑剂有蓖麻油、乙酰化甘油酸酯、邻苯二甲酸酯等。

(2) 释放速度调节剂　又称为释放速度促进剂或致孔剂。遇水后迅速溶解，使衣膜成为微孔薄膜，从而调节药物溶液按一定速度扩散。薄膜衣的材料不同，调节剂的选择也不同。常用的有蔗糖、氯化钠、聚乙二醇（PEG）等。

(3) 着色剂　便于识别不同类型的片剂，并遮盖有色斑的片芯或不同批号片芯间色调的差异。常用的着色剂有水溶性色素、水不溶性色素和色淀三类。色淀是用氢氧化铝、滑石粉、硫酸钙等惰性物质吸收水溶性色素沉淀而成。

(4) 遮光剂　提高片芯内药物对光的稳定性。常用钛白粉，即二氧化钛。

（二）包衣液的配制方法和设备

1. 包衣粉用量

包衣增重（用量）通常为片重的2%～4%（中药片底色较重时，用量须适当增加1%～2%）。通过预试验确定包衣增重后，包衣粉用量即可按照公式计算：包衣粉用量 = 片芯重量 × 片芯增重率。

2. 包衣液配制

选择适当溶剂将包衣粉配制成一定比例（固含量）的溶液。

计算方法：

全液重量 = 包衣粉量 ÷ 固含量

溶剂重量（水量）= 全液重量 − 溶质重量（包衣粉量）

选择适当固含量对包衣操作效果有一定的调节作用，尤其是全水溶型包衣液的操作。当选择高固含量配液时，由于包衣液的浓度高，在包衣操作中成膜快，操作时间短，但成膜的均匀性（着色的均匀性及片面细腻程度）略有下降。另外，随着配液固含量的提高，雾化压力也要适当提高，以保证雾化充分。

3. 设备

包衣液配制罐是配制包衣液常用的设备，主要包括配液罐及搅拌器。

（三）包衣的方法和设备

包衣方法的选择，在一定程度上影响着包衣片的质量。目前常用的包衣方法有滚转包衣法、流化包衣法和压制包衣法等。

1. 滚转包衣法

将药片放置锅体内进行预热，此时锅体不转或点动，减少药片的磨损，待药片达到工艺要求的温度时，旋转锅体并打开喷枪，将配好的含有包衣材料的液体雾化喷洒在药片的表面，使衣膜在片剂表面分布均匀后，通入热风将喷洒在药片表面的液体干燥形成保护膜。根据需要重复操作数次，直至将配好的液体喷洒完毕。

包衣后多数薄膜衣还需在室温或略高于室温条件下自然放置 6~8 小时使薄膜固化完全。

滚转包衣法常用设备为普通包衣机（图 6-7）、埋管包衣机（图 6-8）和高效包衣机（图 6-9）。

（1）普通包衣机一般由包衣锅、动力部分、加热器和鼓风设备组成。包衣锅有两种形式：一种为荸荠形，另一种为球形（莲蓬形）。包衣锅的转速根据锅的大小与包衣物的性质而定，其特点是具有良好的导热性，包衣锅中轴与水平的夹角为 30°~45°。包衣锅的倾斜角度、转速、温度和风量可根据需要调节。包衣锅的转速直接影响包衣效率，控制好转速产生的离心作用，使锅内的药片能转至最高点呈弧形运动落下，做均匀有效地翻转，使加入的包衣材料分布均匀。

（2）埋管包衣锅是在物料层内插进喷头和空气入口，使包衣液的喷雾在物料层内进行，热气通过物料层，不仅能防止喷液的飞扬，而且能加快物料的运动速度和干燥速度。

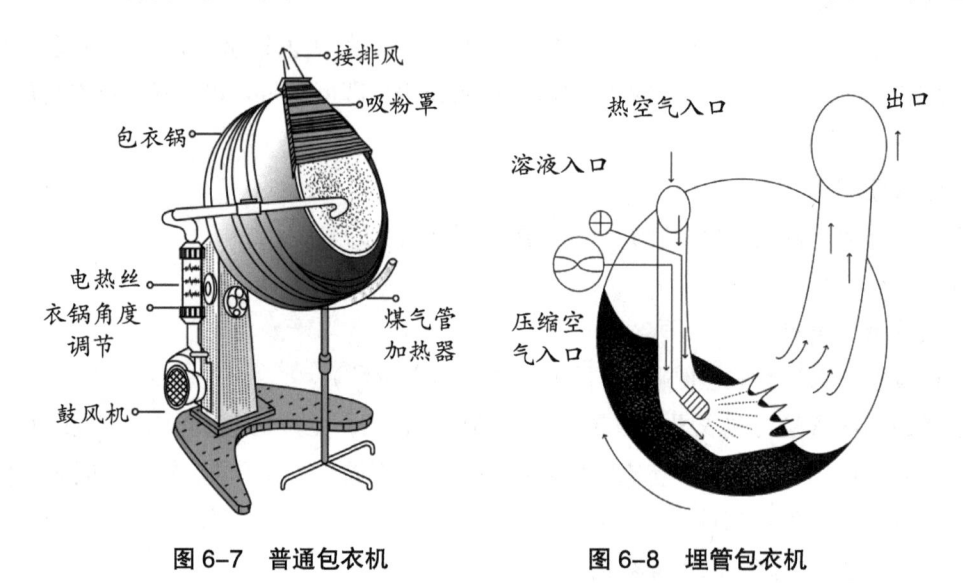

图 6-7 普通包衣机　　　　图 6-8 埋管包衣机

（3）高效包衣机包括主体包衣锅、定量喷雾系统、送风系统、排风系统以及程序控制系统。片芯在密闭的包衣滚筒内连续地做特定的复杂运动，由微机程序控制，按工艺顺序和选定的工艺参数将包衣液由喷枪洒在片芯表面，同时送入洁净热风对药片包衣层进行干燥，废气排出，快速形成坚固、细密、光整圆滑的包衣膜。高效包衣机采用对流的方式进行传热，包衣质量稳定、效率高，既可用于糖包衣，也可用于薄膜包衣。此种包衣锅具有密闭、防尘、防交叉污染的特点，并可根据不同类型片剂的不同包衣工艺，由电脑程序控制包衣全过程，实现了包衣的自动化、程序化。

(a)高效包衣机外观图　　(b)高效包衣机原理图

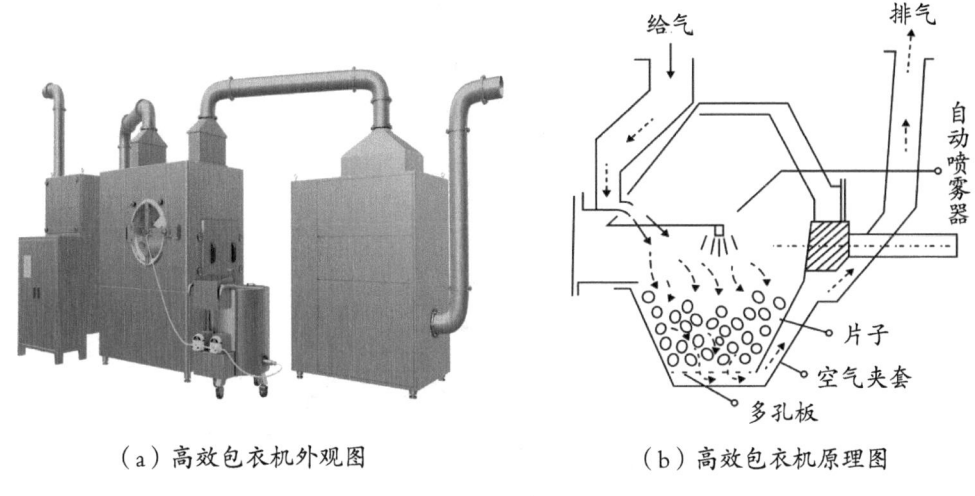

图 6-9　高效包衣机

2. 流化包衣法

又称喷雾包衣。根据包衣液喷入方式分为顶喷式、底喷式和侧喷式（图 6-10）。片芯置于流化床中，通入气流，借急速上升的气流使片芯悬浮于包衣室中处于流化状态，将包衣液雾化喷入，使片剂表面黏附包衣液。

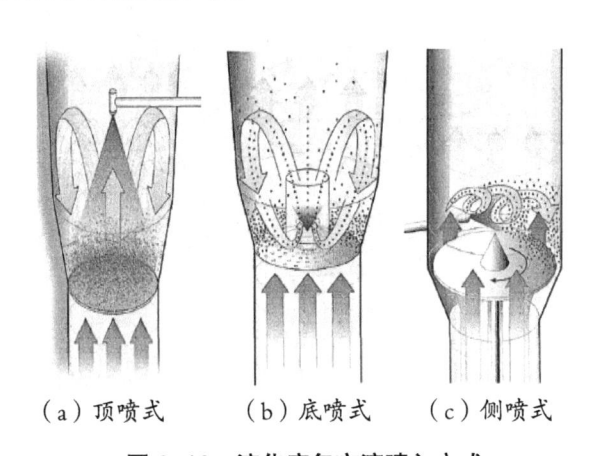

(a)顶喷式　　(b)底喷式　　(c)侧喷式

图 6-10　流化床包衣液喷入方式

流化床包衣法常用设备有空气悬浮包衣机（图 6-11）。操作时称取包衣的片芯，加至包衣室内，鼓风，借急速上升的热空气流使全部片芯悬浮在空气中，上下翻动呈良好的沸腾状态，同时包衣溶液由喷嘴喷出，形成雾状而喷射于片芯上，至需要厚度后，片芯继续沸腾数分钟干燥即可，停机取出即得。其设备特点是物料在洁净的热气流（负压）作用下悬浮形成流化状态，其表面与热空气完全接触，受热均匀，热交换效率高，速度快，包衣时间短。缺点是物料的运动主要依赖于气流的推动，不适用于大剂量片剂的包衣，并且流化过程中物料相互之间的摩擦和与设备间的碰撞较为激烈，对物料的硬度具有较高要求。

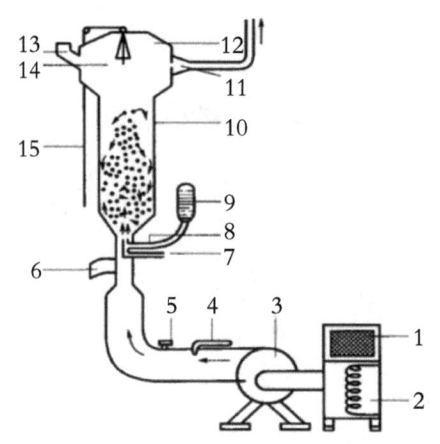

1. 空气滤过器；2. 预热器；3. 鼓风机；4. 温度计；5. 风量调节器；6. 出料口；7. 压缩空气进口；8. 喷嘴；9. 包衣溶液筒；10. 包衣室；11. 栅网；12. 扩大室；13. 进料口；14. 起动塞；15. 起动拉绳

图 6-11　空气悬浮包衣机

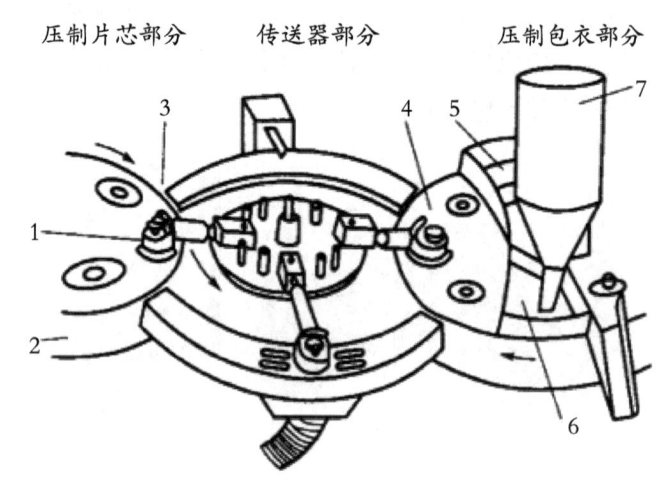

1. 输送杯；2. 转盘；3. 杆起片芯；4. 置入片芯；
5. 衣料上部填充；6. 衣料底层填充；7. 料斗（衣料）

图 6-12　干压包衣机

3. 压制包衣法

将一部分包衣物料填入冲模孔作为底层，置入片芯，再加入包衣物料填满模孔压制成包衣片。可避免水分、高温对药物的不良影响，且生产流程短、自动化程度高、劳动条件好，但对设备精密度要求较高。

压制包衣法常用设备有干压包衣机（图 6-12）。此设备适用于包糖衣、肠溶衣或含有药物的衣。可以避免水分和温度对药物的影响；包衣物料亦可为各种药物成分，因此常使用于有配伍禁忌的药物或需延效的药物压制成的多层片。

（四）薄膜包衣过程中的常见问题及解决方法

包衣的好坏直接影响产品的外观和内在质量。包衣过程中的常见问题和解决方法见表6-8。

表6-8 薄膜包衣过程中的常见问题和解决方法

问题	原因	解决办法
起泡	固化条件不当；干燥速度过快	控制成膜条件；降低干燥温度和速度
皱皮	包衣液用量太多；衣膜未铺均匀已干燥；选择衣料不当；干燥条件不当	控制包衣液用量；掌握好溶剂蒸发速度；选择其他成膜材料；选择适当的干燥条件
花斑	增塑剂、色素等选择不当；干燥时溶剂将可溶性成分带到衣膜表面	改变包衣处方，选择适宜增塑剂；调节空气温度和流量，减慢干燥速度
剥落	选择的衣料不当，两次包衣间隔时间太短	更换衣料；适当降低包衣溶液的浓度；延长包衣间隔时间，调节干燥温度

任务三 片剂质量要求

> **药物制剂工（中级）的要求**
>
> **鉴定点：**
> 1. 片剂脆碎度检查法；
> 2. 片剂崩解时限检查法；
> 3. 片剂重量差异检查。
>
> **鉴定点解析：**
> 1. 掌握脆碎度、崩解时限、重量差异检查的操作方法；
> 2. 熟悉硬度的检查方法；
> 3. 了解溶出度、含量均匀度、微生物限度的检查方法。

片剂在生产与贮藏期间应符合相关质量要求。按照《中国药典》（现行版）片剂项下硬度、脆碎度、重量差异、崩解时限、分散均匀性和微生物限度等检查法要求完成片剂的质量检查，正确评价片剂质量。在药物制剂工（四级）中将主要介绍片剂的脆碎度、崩解时限和重量差异检查等质检项目。

一、脆碎度检查

脆碎度是指非包衣片经过振荡、碰撞而引起的破碎程度。中国药典制剂通则规定：采用冷冻干燥法制备的口崩片可不进行脆碎度检查。测定脆碎度可选用脆碎度检查仪（图6-13）。

检查法：片重为 0.65 g 或以下者取若干片，使其总重约为 6.5 g；片重大于 0.65 g 者取 10 片。用吹风机吹去片剂脱落的粉末，精密称重，置圆筒中，以 25 r/min 的速度转动 100 次。取出，同法除去粉末，精密称重，减失的重量不得超过 1%，且不得检出断裂、龟裂及粉碎的片。

本试验一般仅做一次。如减失的重量超过 1%，应复测两次，三次的平均减失重量不得超过 1%，并不得检出断裂、龟裂及粉碎的片。

如供试品的形状或大小使片剂在圆筒中形成不规则滚动时，可调节圆筒的底座，使与桌面成约 10° 的角，试验时片剂不再聚集，能顺利下落。对于因形状或大小特殊在圆筒中形成严重不规则滚动或特殊工艺生产的片剂，不适于本法检查，可不进行脆碎度检查。对吸湿性强的制剂，操作时应注意防止吸湿（通常控制相对湿度低于 40%）。

图 6-13　脆碎度检查仪　　　　　图 6-14　崩解仪

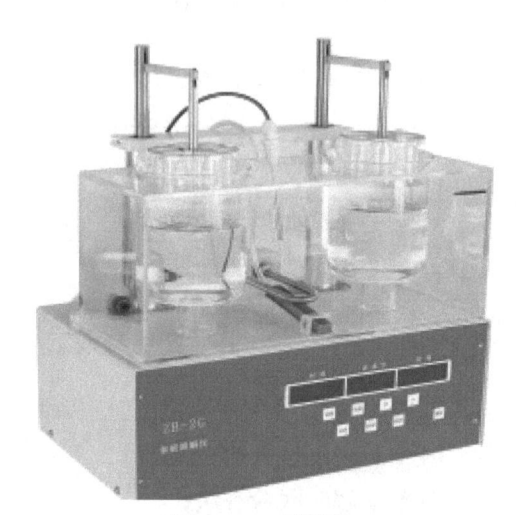

二、崩解时限检查

崩解时限系指口服固体制剂在规定条件下全部崩解溶散或成碎粒，除不溶性包衣材料外，全部通过筛网的时间。如有少量不能通过筛网，但已软化或轻质上漂且无硬芯者，可作符合规定论。检测仪器是崩解仪（图 6-14），其结构主要是一个可以升降的吊篮，吊篮中有 6 根玻璃管。

检查法：将吊篮通过上端的不锈钢轴悬挂于支架上，浸入 1 000 mL 烧杯中，烧杯内盛有温度为 37℃ ±1℃ 的水，并调节吊篮位置使其下降至低点时筛网距烧杯底部 25 mm，调节水位高度使吊篮上升至高点时筛网在水面下 15 mm 处，吊篮顶部不可浸没于溶液中。

除另有规定外，取供试品 6 片，分别置上述吊篮的玻璃管中，启动崩解仪进行检查，各片均应在规定时间内全部崩解，具体要求见表 6-9。如有 1 片不能完全崩解，应另取 6 片复试，均应符合规定。

表 6-9 《中国药典》(现行版)规定的片剂崩解时限

片剂种类	崩解时限
普通片	15 分钟内全部崩解
中药浸膏片、半浸膏片和全粉片	浸膏(半浸膏)片在 1 小时内全部崩解;全粉片在 30 分钟内全部崩解
薄膜衣片	盐酸溶液(9→1 000)中进行检查,化药薄膜衣片应在 30 分钟内全部崩解;中药薄膜衣片则每管加挡板 1 块,各片均应在 1 小时内全部崩解。
糖衣片	1 小时内全部崩解
肠溶片	盐酸溶液(9→1 000)中检查 2 小时不得有裂缝、崩解或软化现象;磷酸盐缓冲液(pH 值 6.8)中 1 小时内应全部崩解
结肠定位肠溶片	盐酸溶液(9→1 000)及 pH 值 6.8 以下的磷酸盐缓冲液中均不得有裂缝、崩解或软化现象;在 pH 值 7.5～8.0 的磷酸盐缓冲液中 1 小时内应完全崩解
含片	不应在 10 分钟内全部崩解或溶化
舌下片	5 分钟内全部崩解并溶化
可溶片	水温为 20℃±5℃,3 分钟内全部崩解并溶化
泡腾片	1 片置 250 mL 烧杯(内有 200 mL 温度为 20℃±5℃的水),5 分钟内崩解。同法检查 6 片
口崩片	应在 60 秒内全部崩解并通过筛网,如有少量轻质上漂或黏附于不锈钢管内壁或筛网,但无硬芯者,可作符合规定论

除另有规定外,凡规定检查溶出度、释放度或分散均匀性的片剂以及某些特殊的片剂(如口含片、咀嚼片、缓控释片等),不再进行崩解时限检查。

三、重量差异检查

片剂的重量差异可用于衡量每个药片中主药的含量是否一致,重量差异不合格对临床治疗可能产生不利的影响。《中国药典》(现行版)规定片剂重量差异限度应符合表 6-10 的有关规定。

表 6-10 片剂重量差异限度

平均片重或标示片重	重量差异限度
0.30 g 以下	±7.5%
0.30 g 及 0.30 g 以上	±5%

检查法:取供试品 20 片,精密称定总重量,求得平均片重后,再分别精密称定每片的重量,每片重量与平均片重相比较(凡无含量测定的片剂或有标示片重的中药片剂,每

片重量应与标示片重比较），按表中的规定，超过重量差异限度的不得多于 2 片，并不得有 1 片超出限度 1 倍。

糖衣片的片芯应检查重量差异并符合规定，包糖衣后不再检查重量差异。薄膜衣片应在包薄膜衣后检查重量差异并符合规定。

凡规定检查含量均匀度的片剂，一般不再进行重量差异检查。

四、硬度检查

片剂的硬度不仅影响片剂的崩解和主药的溶出，还会对片剂的生产、运输和贮存带来影响，故需要对其严格控制。《中国药典》（现行版）对片剂硬度没有统一规定，因此制药企业通常按照内控标准控制片剂硬度。

按照企业规定进行检查，取一定量片剂，置于片剂硬度仪中分别检测每片硬度，并计算硬度平均值。检测方法：将每片药片径向固定在两横杆之间，其中的活动柱杆借助弹簧沿水平方向对片剂径向加压，当片剂破碎时，活动柱杆的弹簧停止加压，仪器刻度盘即会显示片剂的硬度。若硬度超出企业要求控制范围，应重新复检，复检结果仍不合格，则须立即进行调整。

五、溶出度和释放度

溶出度系指活性药物从片剂、胶囊剂或颗粒剂等普通制剂在规定条件下溶出的速率和程度。在缓释、控释、肠溶及透皮贴剂等制剂中也称释放度。

凡含有在消化液中难溶的药物片剂，久贮后溶解度降低的药物片剂，与其他成分容易相互作用的药物片剂，以及剂量小、药效强、副作用大的药物片剂，《中国药典》规定需进行溶出度测定。凡测定溶出度或释放度的片剂，不再做崩解时限的检查。

《中国药典》（现行版）四部中共收载了七种测定方法，具体测定方法及判断标准照溶出度与释放度测定法检查，应符合规定。

六、含量均匀度

含量均匀度是指小剂量内服片剂中每片含量符合标示量的程度。

《中国药典》（现行版）规定了每片标示量小于 25 mg 或主药含量小于每片重量 25% 者均应检查含量均匀度。凡检查含量均匀度的制剂，不再检查重（装）量差异。检查方法和判断标准详见《中国药典》（现行版）四部。

七、微生物限度

以动物、植物、矿物来源的非单体成分制成的片剂，生物制品片剂，以及黏膜或皮肤炎症或腔道等局部用片剂（如口腔贴片、外用可溶片、阴道片、阴道泡腾片等），照《中国药典》非无菌产品微生物限度检查；微生物计数法和控制菌检查法及非无菌药品微生物限度标准检查，应符合规定。规定检查杂菌的生物制品片剂，可不进行微生物限度检查。

项目七　丸剂

任务一　中药丸剂制备

> **药物制剂工（中级）的要求**
>
> **鉴定点：**
> 1. 炼蜜的质量要求；
> 2. 塑制丸的制备方法与设备。
>
> **鉴定点解析：**
> 1. 了解炼蜜的定义、分类，以及嫩蜜、中蜜、老蜜的理化性质及使用范围；
> 2. 熟悉塑制法制备中药丸剂的工艺流程及关键工序；
> 3. 了解制丸块设备（槽型混合机）、塑制法制丸设备（中药多功能制丸机）的设备结构以及应用场景。

一、丸剂认知

丸剂系指原料药物与适宜的辅料制成的球形或类球形固体制剂，主要供内服。丸剂是中药传统剂型之一，其药用历史悠久，丸剂具有作用持久缓和、适用范围广、制备工艺简单，以及使用特定的辅料或制备方法可降低药物的毒副作用、减缓挥发性成分的散失等优点。

中药丸剂根据制备方法不同可分为泛制丸、塑制丸，根据赋形剂不同可分为蜜丸、水蜜丸、水丸、糊丸、蜡丸、浓缩丸等。

其中泛制法系指在转动的适宜容器内，将药材细粉与赋形剂交替润湿、撒布，不断翻滚，逐渐增大成型的一种制丸方法，常用于制备水丸、水蜜丸、糊丸、浓缩丸等小丸。

塑制法系指药材细粉加适宜的黏合剂，混合均匀，制成软硬适宜、可塑性较大的丸块，再依次制丸条、分粒、搓圆而成丸粒的一种制丸方法。

在药物制剂工（五级）中详细介绍了丸剂的含义、特点与分类、炼蜜的目的、方法与设备、丸剂的原辅料混合、干燥、选丸操作等内容。依据药物制剂工（四级）国家职业技能标准，本项目以塑制法制备蜜丸为例，介绍中药丸剂的制备。

二、炼蜜认知

炼蜜是制备蜜丸的基本赋形剂。蜜丸系指饮片细粉以炼蜜为黏合剂制成的丸剂，其中每丸重量在 0.5 g（含 0.5 g）以上的称"大蜜丸"，每丸重量在 0.5 g 以下的称"小蜜丸"，是应用最广的丸剂。

李时珍《本草纲目》记载蜂蜜入药有清热、补中、解毒、润燥、止痛"五功"，因此，滋补类药物、小儿用药、贵重及含易挥发性成分药物常制备为蜜丸。炼蜜为蜂蜜通过加热除去部分水分炼制而成，其作用有除杂质、降水分、破坏酶类、杀死微生物、增加黏性等。依据炼制程度以及含水量不同，炼蜜可分为嫩蜜、中蜜、老蜜，具体质量要求如表 7-1 所示。

表 7-1 炼蜜的质量要求

炼蜜规格	炼蜜温度	含水量	相对密度	适用范围
嫩蜜	105~115℃	17%~20%	1.35	适用于含淀粉、黏液质、糖类、胶类及油脂较多、黏性强的药粉
中蜜	116~118℃	14%~16%	1.37	适用于自身黏性中等的药物粉末
老蜜	119~122℃	10%以下	1.40	适用于富含纤维类成分或者矿物类等自身黏性差的药物粉末

三、塑制法制丸的工艺流程

塑制法生产工艺流程如图 7-1 所示。

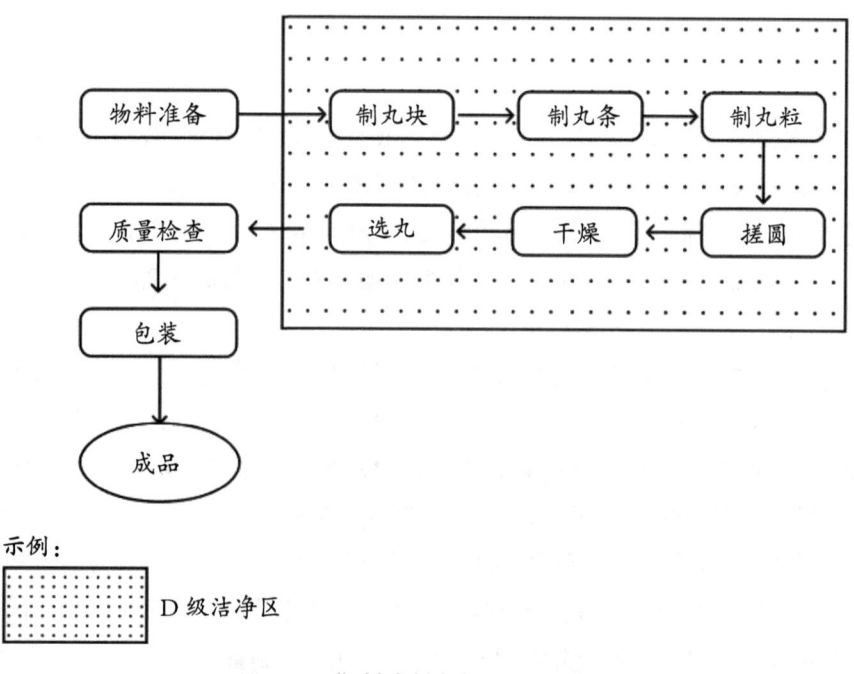

图 7-1 塑制法制丸剂工艺流程图

(一) 物料准备

中药材净选后粉碎为细粉或最细粉,再经过筛、混合,部分中药品种还会经辐照杀菌处理,依据处方及工艺要求,进行配制、称量黏合剂,如炼蜜等操作。

(二) 制丸块

又称为合坨、合药,是塑制法制丸的关键工序,是将处方药材粉末混合均匀后,加入适宜的黏合剂,经搅拌、挤压、切割、研磨等作用,最终制成软硬适宜、密度一致、可塑性强、光滑不粘手、不粘附器壁的可塑性团块,以便后续制条、制丸。丸块制备完成后需放置规定时间,使蜂蜜充分渗入药粉内,使药坨滋润,便于后续操作。生产时一般采用槽型混合机或捏合机进行制丸块操作。

(三) 制丸条

将制好的丸块通过挤出或者切割的方法制成粗细适宜、表面光滑、内无空隙的条状物,称为"制丸条"。

(四) 制丸粒

将制好的丸条经过合适的切药刀,进行分割、搓圆,制成大小均匀丸粒的过程,称为"制丸粒"。

(五) 搓圆

将制好的丸粒采用手工搓丸板或全自动制丸机搓成光滑、圆整、实心内无空隙的丸粒。生产上常使用中药多功能制丸机进行制丸条、制丸粒、搓圆的操作。

依据工艺需要,可通过选择不同规格的制条板和刀轮,制备不同粒径的中药丸剂。

(六) 干燥

蜜丸因水分含量较少,可不干燥,成丸后立即分装,以保持药丸的滋润状态。除另有规定外,水蜜丸、水丸、浓缩水蜜丸和浓缩水丸均应在80℃以下干燥;含挥发性成分或淀粉较多的丸剂(包括糊丸)应在60℃以下干燥。生产上可依据丸粒的大小及工艺要求等选用热风循环干燥箱、流化沸腾干燥机、微波干燥箱等设备进行干燥操作。

(七) 选丸

为保证丸粒大小均匀、剂量准确、外观圆整,应对干燥后的丸粒进行筛选,除去大小不匀及异形者。生产上常采用离心式选丸机(或称螺旋选丸机)、滚筒式筛丸机进行选丸。

四、塑制法制丸设备

(一) 槽型混合机

槽型混合机是生产上常用的混合设备,可用于丸剂制备中物料准备阶段中药干粉物料的混合,还可用于丸块的捏合。如图7-2所示,槽型混合机由混合桶、"S"形搅拌桨、动力轴、电机、减速器、控制面板等组成。动力轴两端有密封轴承,防止药物粉末、黏合剂等物料进入动力轴损坏电机。启动时通过机械传动，使"S"形搅拌桨旋转，推动物料往复翻动、均匀混合。操作时采用电器控制，依据不同丸剂的工艺，设定混合时间。卸料时可控制混合桶翻转，最大倾斜角度可达105°，卸料时间短，操作便捷。

采用槽型混合机制备丸块时，开机前应当空载检查设备完好性，物料装载量控制在混合桶容积的50%左右。由于中药粉末可能存在批次差异，因此在加入黏合剂时，应分次加入，时刻观察丸块状态，药粉与蜜的比例一般为1∶1～1∶1.5。在机器运行过程中，严禁用手接触物料及机器运行部件，防止发生事故。

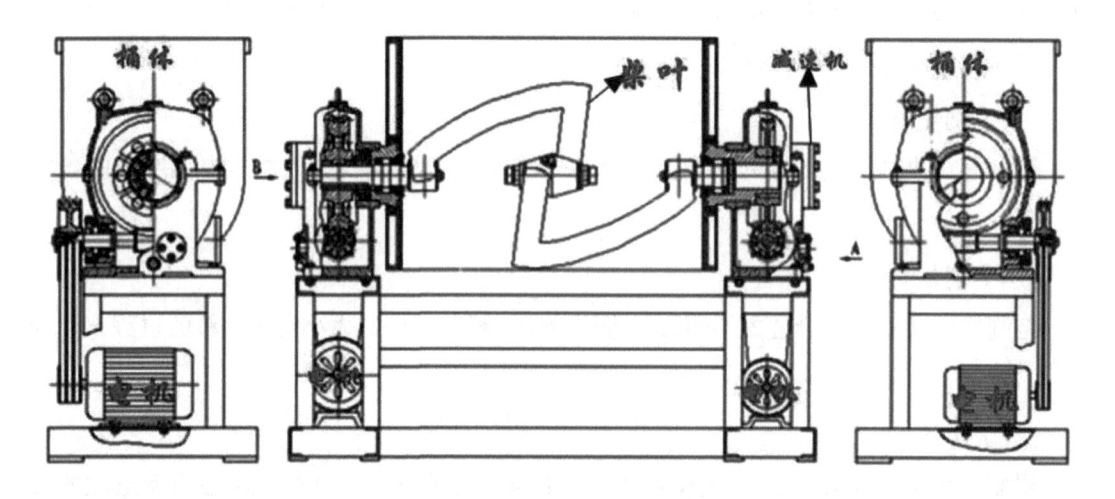

图 7-2　槽型混合机

（二）中药多功能制丸机

是工业生产中塑制法制丸的常用设备，由出条和制丸两部分组成（图7-3），制丸部件包括翻料板、丸条板、丸条板紧固螺母、顺条器、毛刷、制丸刀、润滑剂加料器等组成，本机可以完成制丸条、制丸粒、搓圆操作。

生产时，将丸块物料从投料口加入，物料经翻料板按压，由螺旋送料杆输送至丸条板出口挤压成丸条，丸条需生产工手工接条，经顺条器至两制丸刀中间，再通过制丸刀切割、搓丸制备成大小均一、组织均匀、内部无空隙、形状圆整的药丸。可以通过控制面板控制螺旋送料杆的转速来控制制条速度以及制丸刀的切割速度，如果制条速度过快，则丸条堆积在出条口，丸条垂落变形，反之，若制丸刀切割速度过快，则可能拉断丸条。

制丸过程中，可在润滑器中加入食品级95%乙醇，滴加至两制丸刀中部上方丸条上，起到润滑作用，防止药丸粘连。

图 7-3　中药多功能制丸机

任务二　滴丸制备

> **药物制剂工（中级）的要求**
>
> 鉴定点：
> 1. 滴丸基质熔融的方法与设备；
> 2. 滴头的安装。
>
> 鉴定点解析：
> 1. 掌握滴丸生产工艺流程，重点掌握滴丸基质熔融的方法；
> 2. 熟悉滴丸基质熔融的常用设备均质搅拌罐；
> 3. 掌握滴丸机的组成以及关键部件滴头的安装。

一、滴丸认知

滴丸系指原料药物与适宜的基质加热熔融混匀，滴入不相混溶、互不作用的冷凝介质中制成的球形或类球形制剂。水溶性基质滴丸具有速效的作用，可用于急症的治疗。非水溶性基质可产生缓释作用，可降低药物毒副作用。滴丸设备工艺简单、产量高、生产车间无粉尘、有利于大规模生产，是中药现代化的典型剂型，常见滴丸品种有复方丹参滴丸、速效救心丸等。

在药物制剂工（五级）中已经介绍了滴丸的定义、特点、分类、滴丸基质与冷凝液等基础知识、滴丸冷却剂的脱出方法和脱油设备等相关操作。依据药物制剂工（四级）国家职业技能标准，本项目重点介绍滴丸工艺流程中基质熔融化料以及滴丸生产设备中滴头的选用与安装。

二、滴丸制备工艺流程

滴丸采用滴制法制备，工艺流程如图7-4所示。

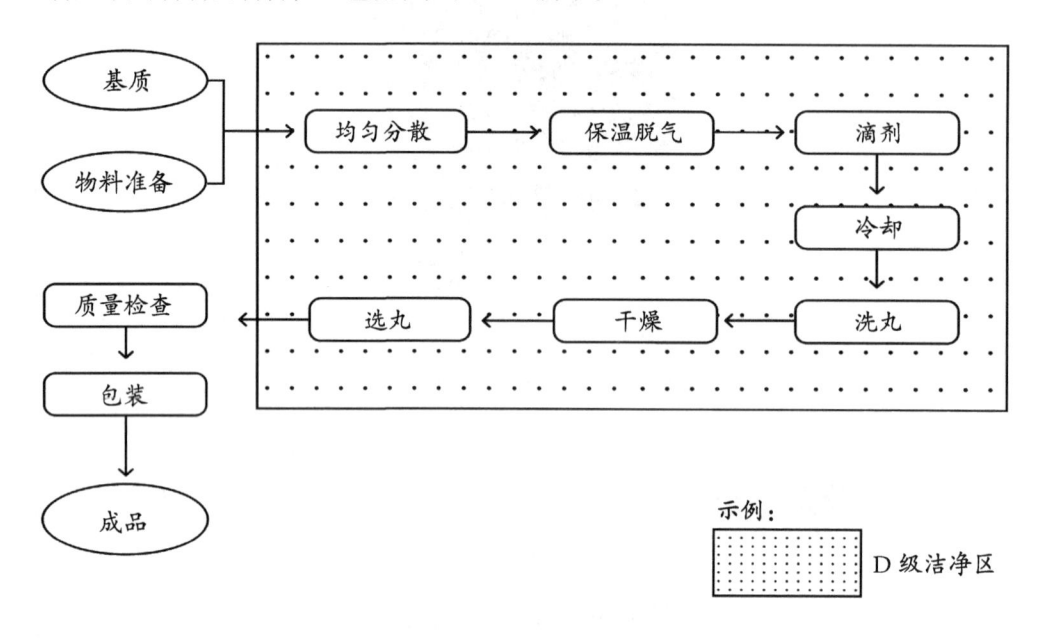

图7-4 滴丸制备工艺流程图

（一）物料准备

依据处方要求称取药物和基质，并对药物进行必要处理，如中药饮片的炮制，选择适宜方法进行提取、精制，得到的提取物和药物粉碎成细粉，不溶性药物粉碎成最细粉或极细粉。

（二）均匀分散

加热基质至完全熔融，将药物投入已熔融的基质中，使药物溶解、混悬或乳化均匀分散在基质中，制成药液。生产上常采用均质搅拌罐完成此操作。

（三）保温脱气

在融化基质以及分散药物的过程中，通过搅拌会使药液中带入空气产生气泡，在滴制前需除去气泡并保持药液恒定温度为80～90℃，生产上采用在线过滤或者抽真空的方式除去药液中气泡，便于滴制。

（四）滴制

滴制前依据生产工艺选择适当的冷凝液，依据工艺参数设定冷凝液温度、滴制高度、药液滴制温度、滴制速度，依据生产指令选择合适的滴头。待各参数达到预设要求后，可进行试滴制，药液密度大于冷凝液时，从冷凝柱上方滴制，液滴在冷凝液中缓缓下沉，凝固成丸；当药液密度小于冷凝液时，从冷凝柱下方滴制，液滴在冷凝液中徐徐上浮，凝固成丸。收集滴丸观察形态，检测重量，待检测合格后方可正式滴制生产。

（五）洗丸

从冷凝液中过滤收集滴丸，剔除废丸，因丸粒表面附着有冷凝液，因此需进行洗丸操作，可采用适宜溶剂冲洗去除丸粒表面冷凝液，除去表面溶剂，亦可直接采用离心方式进行脱油处理。

（六）干燥

将除油后滴丸放置于干燥器中进行除湿干燥，干燥温度应当低于滴丸基质熔点。生产中干燥工序常与选丸工序同时进行，利用筛选干燥机连续进行冷风干燥、选丸操作。

（七）选丸

用适宜的药筛除去过小或过大的滴丸以及畸形丸，保持丸粒大小均一，形态圆整。生产上常采用由均质搅拌罐、滴丸机、集丸离心机、筛选干燥机等组成的连续生产线完成滴丸的生产操作，如图7-5所示。

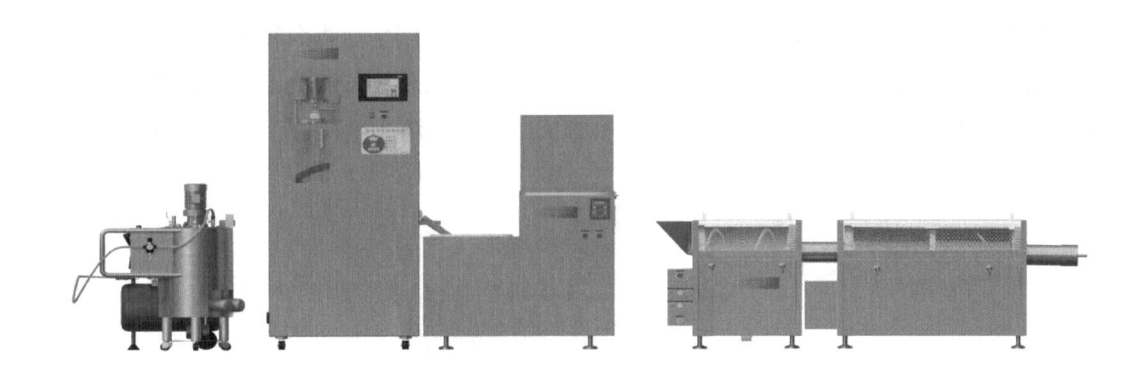

图 7-5 滴丸生产线

三、滴丸生产设备

（一）均质搅拌罐

是全封闭、立式结构容器设备，依据生产需求可用于溶液配制、软膏基质配制以及滴丸基质熔融与药液配制。均质罐多采用卫生级不锈钢制备，依据结构不同分为单层罐、双层罐、三层罐，双层罐带夹套层，三层罐带夹套层和保温层。滴丸基质熔融及药液均匀分散操作多采用双层罐。

双层均质搅拌罐由搅拌罐体、搅拌罐盖、搅拌器、减速装置、轴封装置等组成。工作时，滴丸基质、药物可由入料口加入罐体，罐体夹层可通入蒸汽起到加热作用，电动机经减速装置带动搅拌桨转动起到帮助基质熔融、药物分散的作用。

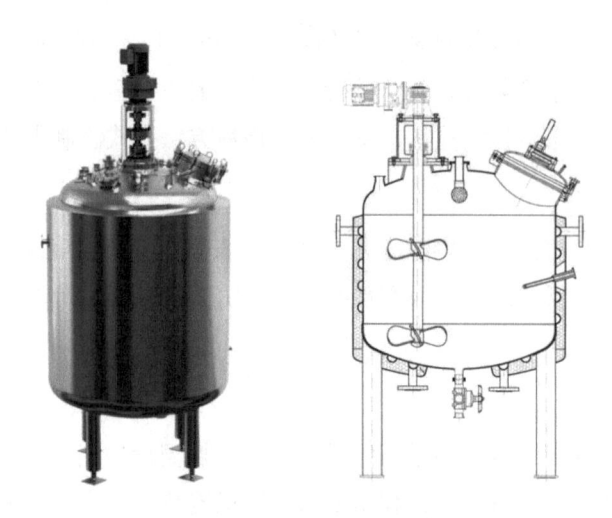

图 7-6 双层均质搅拌罐

（二）滴丸机

滴丸机由滴罐、滴丸控制旋钮、滴头、冷却柱、制冷系统、放料阀等组成（图 7-7）。其中滴头是滴丸设备的核心部件，滴头的孔径、壁厚（内外径比例）与滴丸的大小尺寸以及滴丸的圆整度形态有直接关系。

滴头是与药品直接接触的生产模块，生产人员应当依据生产指令领取符合生产规格要求的滴头，每次生产前和生产结束后都应当检查滴头的完整性。滴头上端与滴罐相连，安装滴头时应当按照操作规程紧固安装，并检查安装紧固性防止生产过程中漏液。

7-7 滴丸机

任务三　中药丸剂与滴丸剂质量要求

> **药物制剂工（中级）的要求**
>
> **鉴定点：**
> 1. 丸剂、滴丸剂的质量要求；
> 2. 丸剂、滴丸剂的装量差异检查法；
> 3. 丸剂、滴丸剂的最低装量检查法。
>
> **鉴定点解析：**
> 1. 了解丸剂、滴丸剂的质量检查项目涵盖内容；
> 2. 能够进行丸剂、滴丸剂的装量差异计算；
> 3. 了解丸剂、滴丸剂最低装量检查法的分类及计算。

一、丸剂及滴丸剂的质量要求

中药丸剂外观应圆整，大小、色泽应均匀，无粘连现象。蜡丸表面应光滑，无裂纹，丸内不得有蜡点和颗粒。丸剂应密封贮存，防止受潮、发霉、虫蛀、变质。

滴丸剂外观应圆整，大小、色泽应均匀，无粘连现象。化学药滴丸含量均匀度应符合要求。

二、水分

照《中国药典》（现行版）水分测定法测定。除另有规定外，蜜丸和浓缩蜜丸中所含水分不得过 15.0%；水蜜丸和浓缩水蜜丸不得过 12.0%；水丸、糊丸、浓缩水丸不得过 9.0%。蜡丸不检查水分。

三、重量差异

（一）除另有规定外，滴丸照下述方法检查，应符合规定。

检查法：取供试品 20 丸，精密称定总重量，求得平均丸重后，再分别精密称定每丸的重量。每丸重量与标示丸重相比较（无标示丸重的，与平均丸重比较），超出重量差异限度的不得多于 2 丸，并不得有 1 丸超出限度 1 倍（表 7-2）。

表 7-2　滴丸剂的重量差异限度

标示丸重或平均丸重	重量差异限度
0.03 g 及 0.03 g 以下	±15%
0.03 g 以上至 0.1 g	±12%
0.1 g 以上至 0.3 g	±10%
0.3 g 以上	±7.5%

（二）除滴丸、糖丸或另有规定外，其他丸剂照下述方法检查，应符合规定。

检查法：以 10 丸为 1 份（丸重 1.5 g 及 1.5 g 以上的以 1 丸为 1 份），取供试品 10 份，分别称定重量，再与每份标示重量（每丸标示量 × 称取丸数）相比较（无标示重量的丸剂，与平均重量比较），超出重量差异限度的不得多于 2 份，并不得有 1 份超出限度 1 倍（表 7-3）。

表 7-3　其他丸剂的重量差异限度

标示丸重或平均丸重	重量差异限度
0.05 g 及 0.05 g 以下	±12%
0.05 g 以上至 0.1 g	±11%
0.1 g 以上至 0.3 g	±10%
0.3 g 以上至 1.5 g	±9%
1.5 g 以上至 3 g	±8%
3 g 以上至 6 g	±7%
6 g 以上至 9 g	±6%
9 g 以上	±5%

四、装量差异

单剂量包装的丸剂（糖丸除外）照下述方法检查，应符合规定。检查法：取供试品 10 袋（瓶），分别称定每袋（瓶）内容物的重量，每袋（瓶）装量与标示装量相比较，超出装量差异限度的不得多于 2 袋（瓶），并不得有 1 袋（瓶）超出限度一倍（表 7-4）。

表 7-4　丸剂的装量差异限度

标示丸重或平均丸重	重量差异限度
0.5 g 及 0.5 g 以下	±12%
0.5 g 以上至 1 g	±11%
1 g 以上至 2 g	±10%
2 g 以上至 3 g	±8%
3 g 以上至 6 g	±6%
6 g 以上至 9 g	±5%
9 g 以上	±4%

五、装量

以重量标示的多剂量包装丸剂，照最低装量检查法检查，应符合规定。以丸数标示的多剂量包装丸剂，不检查装量。依据《中国药典》（现行版）最低装量检查法规定，固体制剂最低装量检查法有重量法和容量法两类。

重量法（适用于标示装量以重量计的制剂）：除另有规定外，取供试品 5 个（50 g 以上者 3 个），除去外盖和标签，容器外壁用适宜的方法清洁并干燥，分别精密称定重量，除去内容物，容器用适宜的溶剂洗净并干燥，再分别精密称定空容器的重量，求出每个容器内容物的装量与平均装量，均应符合下表 7-5 的有关规定。如有 1 个容器装量不符合规定，则另取 5 个（50 g 以上者 3 个）复试，应全部符合规定。

容量法（适用于标示装量以容量计的制剂）：除另有规定外，取供试品 5 个（50 mL 以上者 3 个），开启时注意避免损失，将内容物转移至预经标化的干燥量入式量筒中（量具的大小应使待测体积至少占其额定体积的 40%），黏稠液体倾出后，除另有规定外，将容器倒置 15 分钟，尽量倾净。2 mL 及以下者用预经标化的干燥量入式注射器抽尽。读出每个容器内容物的装量，并求其平均装量，均应符合下表 7-5 的有关规定。如有 1 个容器装量不符合规定，则另取 5 个（50 mL 以上者 3 个）复试，应全部符合规定。

对于以容量计的小规格标示装量制剂，可改用重量法或按品种项下的规定方法检查。平均装量与每个容器装量（按标示装量计算百分率），取三位有效数字进行结果判断。

表 7-5　固体制剂容量法最低装量检查要求

标示装量	平均装量	每个容器装量
20 g 以下	不少于标示装量	不少于标示装量的 93%
20 g 至 50 g	不少于标示装量	不少于标示装量的 95%
50 g 以上	不少于标示装量	不少于标示装量的 97%

六、溶散时限

除另有规定外，取供试品 6 丸，选择适当孔径筛网的吊篮（丸剂直径在 2.5 mm 以下的用孔径约 0.42 mm 的筛网；在 2.5～3.5 mm 之间的用孔径约 1.0 mm 的筛网；在 3.5 mm 以上的用孔径约 2.0 mm 的筛网），照《中国药典》（现行版）崩解时限检查法片剂项下的方法加挡板进行检查。除另有规定外，小蜜丸、水蜜丸和水丸应在 1 小时内全部溶散；浓缩水丸、浓缩蜜丸、浓缩水蜜丸和糊丸应在 2 小时内全部溶散。滴丸不加挡板检查，应在 30 分钟内全部溶散，包衣滴丸应在 1 小时内全部溶散。操作过程中如供试品黏附挡板妨碍检查时，应另取供试品 6 丸，以不加挡板进行检查。上述检查，应在规定时间内全部通过筛网。如有细小颗粒状物未通过筛网，但已软化且无硬心者可按符合规定论。

除另有规定外，大蜜丸及研碎、嚼碎后或用开水、黄酒等分散后服用的丸剂不检查溶散时限。

七、微生物限度

以动物、植物、矿物质来源的非单体成分制成的丸剂，生物制品丸剂，照《中国药典》（现行版）非无菌产品微生物限度检查：微生物计数法和控制菌检查法及非无菌药品微生物限度标准检查，应符合规定。生物制品规定检查杂菌的，可不进行微生物限度检查。

项目八　其他制剂

任务一　软膏剂制备

> **药物制剂工（中级）的要求**
>
> 鉴定点：
> 1. 研和法的操作方法与设备；
> 2. 软膏剂的质量要求；
> 3. 锥入度测定方法。
>
> 鉴定点解析：
> 1. 了解软膏剂和乳膏剂的制备工序和生产工艺流程；
> 2. 熟悉研和法制备软膏的过程及设备；
> 3. 熟悉软膏剂的质量要求及贮存条件，了解锥入度测定法的步骤和作用。

一、软膏剂与乳膏剂认知

软膏剂系指原料药物与油脂性或水溶性基质混合制成的均匀的半固体外用制剂。软膏剂主要由药物、基质及附加剂三部分组成，根据软膏剂的原料药物在基质中分散状态不同，软膏剂分为溶液型软膏剂和混悬型软膏剂。溶液型软膏剂为原料药物溶解（或共熔）于基质或基质组分中制成的软膏剂。混悬型软膏剂为原料药物细粉均匀分散于基质中制成的软膏剂。软膏具有保护、润滑和局部治疗作用，患者可自主用药，也可随时停止用药，使用较安全，便于携带，使用方便。

乳膏剂系指原料药物溶解或分散于乳状液型基质中形成的均匀半固体制剂。

与软膏剂一样同为半固体制剂，但二者所用基质不同，乳膏剂是局部用药最常用剂型之一。乳膏剂由于基质不同，可分为水包油型（O/W 型）乳膏剂和油包水型（W/O 型）乳膏剂。乳膏具有稠度适宜，容易涂布，容易洗除，不妨碍皮肤分泌与水分蒸发，对皮肤正常功能影响较小等特点。

在药物制剂工（五级）中详细介绍了软膏剂与乳膏剂的含义、特点、分类、基质及熔合法制备软膏等内容。在此基础上，本项目依据药物制剂工（四级）国家职业标准，介绍研和法的操作方法、软膏剂质量要求和锥入度测定方法。

二、软膏剂和乳膏剂的制备

(一) 软膏剂和乳膏剂制备工艺流程

一般来说,溶液型或混悬型软膏剂多采用研和法和熔和法。研和法是指常温下将药物与少量基质或适宜液体采用等量递加法混合,通过搅拌或研磨成细腻糊状,再加入其余基质混合均匀的方法,适用于油脂性半固体基质。药物的加入需遵循以下几个原则:①药物不溶于基质时,必须将药物粉碎至细粉(全部通过五号筛,并含能通过六号筛不少于95%)。若用研和法,配制时取药粉先与适量液体组分(如液状石蜡、植物油、甘油等)研匀成糊状,再与其余基质混匀。若用熔和法,加入药粉后需一直搅拌至冷却,以免药物沉积而分布不均;②药物能溶于基质时,可在加热时熔入;挥发性药物应于基质冷却至40℃左右再加入;③某些在处方中含量较少的可溶性药物或防腐剂等,可先用少量适宜的溶剂溶解,再与基质混匀。如生物碱盐类,选用适量纯化水溶解,再用羊毛脂或其他吸水性基质吸收水溶液后与基质混匀。对水不稳定的药物如抗生素,可用少量液状石蜡油研匀后再与油脂性基质混匀;④具有特殊性质的药物,如半固体黏稠性药物(如鱼石脂、煤焦油),可直接与基质混合,必要时先与少量羊毛脂或聚山梨酯类混合,再与其他油脂性基质混合。若药物有共熔性组分(如樟脑、薄荷脑)时,可先共熔再与基质混合;⑤药物为中药浸出物(如煎膏、流浸膏)时,可先浓缩至稠膏状再加入基质中。固体浸膏可加少量水或稀醇等研成糊状,再与基质混合。

软膏剂生产环境应符合 D 级洁净度要求,根据药物与基质的性质、制备量及设备条件选择不同的制备方法。普通外用软膏灌装操作区域的空气洁净度要求是 C 级,用于烧伤或严重创伤的软膏灌装操作区域的洁净度是 A 级。软膏剂一般制备工艺流程:基质的预处理、称量、配制、灌装、包装、质检。软膏剂的生产流程如图 8-1 所示。

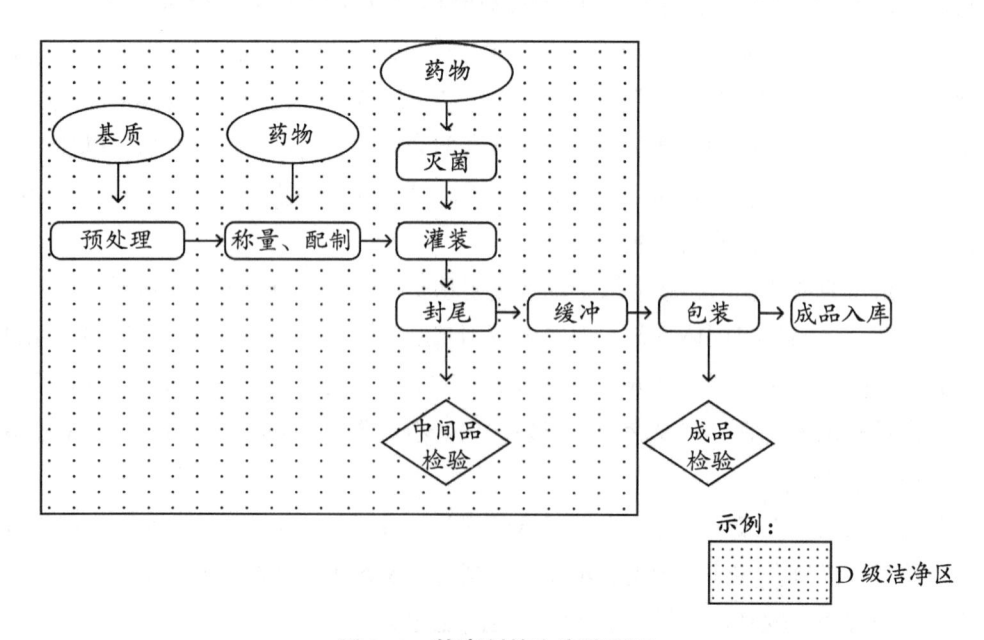

图 8-1 软膏剂的生产流程图

乳膏剂生产环境应符合 D 级洁净度要求，采用乳化法制备。将处方中的油脂性和油溶性组分（如羊毛脂、凡士林、硬脂酸、高级脂肪醇等）一起加热至 80℃ 左右使熔化，过滤后得到油相；另将水溶性组分溶于水后一起加热至 80℃ 左右（略高于油相温度，防止两相混合时油相遇冷析出或凝结，影响混合效果及制剂外观）得到水相，油水两相结合生产实际选择适宜混合方法，边加边搅拌至完全乳化，水相、油相均不溶解的组分最后加入，搅匀并冷凝至膏状，即得。乳化法中油、水两相的混合方法有三种：①两相同时加入混合，适用于连续的或大量生产的机械操作；②分散相逐渐加到连续相中，适用于含小体积分散相的乳剂系统；③连续相逐渐加到分散相中，适用于多数乳剂系统，在混合过程中乳剂发生转型，使分散相的粒子更细。乳膏剂制备工艺流程如图 8-2 所示。

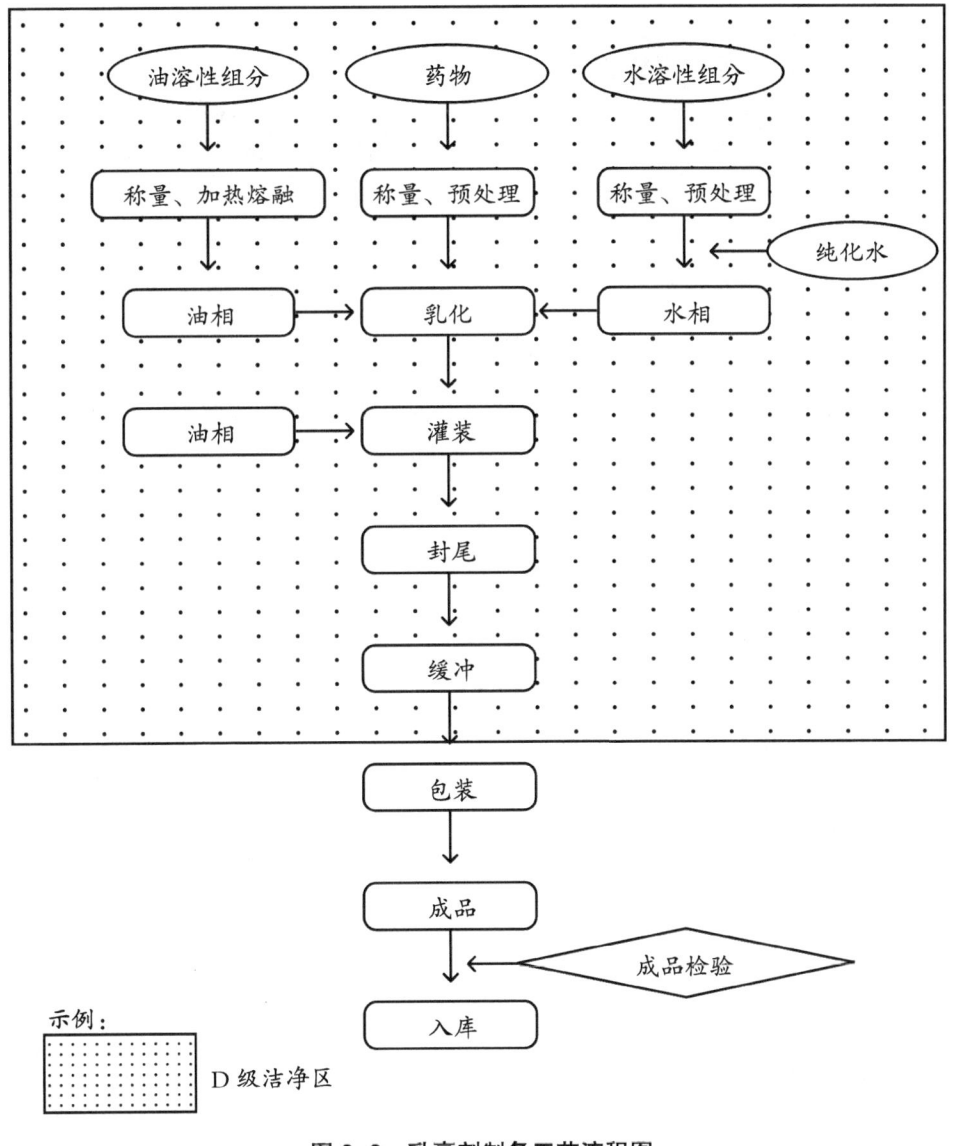

图 8-2　乳膏剂制备工艺流程图

三、软膏剂和乳膏剂制备设备

（一）研和法相关设备

以研和法制备少量的软膏可用乳钵、陶瓷或玻璃的软膏板及软膏刀，制备大量的软膏常用三辊研磨机、胶体磨。

三辊研磨机主要由三个平行的辊筒和转动装置组成。辊筒可以中空，通水冷却。物料在中辊和后辗间加入。由于三个辊筒的旋转方向不同（转速从后向前顺次增大），高黏度物料被三根辊筒的表面相互挤压、剪切及不同速度的摩擦而达到最有效的研磨、分散效果，如图8-3所示。物料经研磨后被装在前辗前面的刮刀刮下，转入接收器。

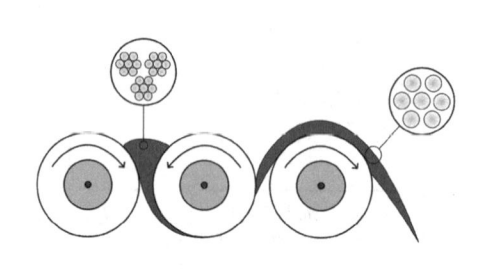

（a）三辊研磨机　　　　（b）三辊研磨机原理示意图

图8-3　三辊研磨机及其运行原理

胶体磨是软膏剂常用的粉碎、混合、均质设备（图8-4）。胶体磨主要由转齿（或称为转子）和相配的定齿（或称为定子）组成。由电动机通过皮带传动带动转子与定子做相对的高速旋转，被加工物料通过本身的重量或外部压力（可由泵产生）加压产生向下的螺旋冲击力，膏体通过胶体磨的定齿、转齿之间的间隙（间隙可调）时受到强大的剪切力、摩擦力、高频振动等物理作用，从而粉碎膏体，使物料被有效地乳化、分散和粉碎，同时起到很好的混合、均质和乳化作用。胶体磨的细化作用一般来说要弱于均质机，但它对物料的适应能力较强（如高黏度、大颗粒），多用于均质机的前道工序或用于高黏度的场合。在固态物质较多时也常使用胶体磨进行细化。

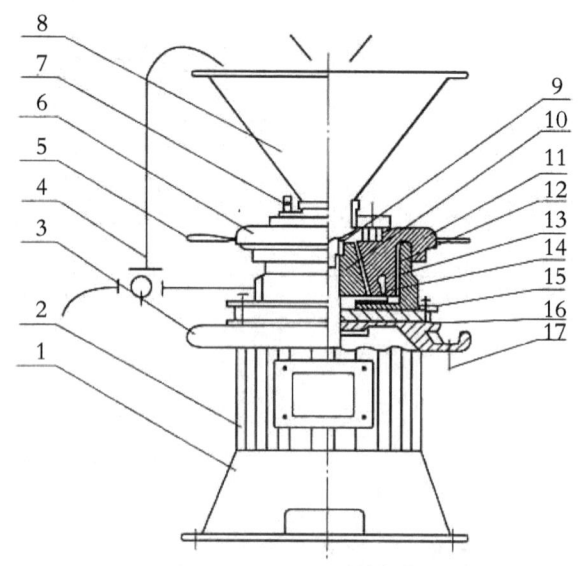

1.底座；2.电机；3.端盖；4.循环管；5.手柄；
6.调节环；7.接头；8.料斗；9.旋刀；10.动磨片；
11.静磨片；12.静磨片座；13.形圈；14.机械密封；
15.壳体；16.组合密封；17.排漏管接头

图8-4　胶体磨结构图

（二）乳化设备

少量均质、乳化采用乳钵，大量生产采用均质真空制膏机/乳化机。均质真空制膏机/乳化机（图8-5）集混合、分散、均质、乳化及吸粉等多功能于一体，带有电控系统，也可配合外围油、水相罐，真空，加热/冷却系统等部件。性能优良的制膏机应操作方便，搅拌与控温功能出色，所制得的乳膏细腻、光亮。若乳膏不够细腻，还需通过胶体磨或三辊研磨机进一步研匀，使乳膏细腻均匀。采用均质真空乳化机膏体细度在 2~15 μm，且大部分粒子接近 2 μm，优于原始的制膏罐（20~30 μm），因而膏体更细腻，外观光泽度更高。

图 8-5 均质真空制膏机/乳化机

（三）灌装设备

目前常用软膏管（锡管、铝管、塑料管）、玻璃瓶、塑料瓶灌装软膏。内壁涂膜铝管和复合材料管的软膏灌装，一般采用全自动铝管灌装折尾机进行自动灌装、轧尾封口、装盒联动机进行灌封与包装（图8-6）。根据所用管材不同，灌装机封尾部分为折叠和热封式，管子尾部轧上批号。

灌装机有单管灌装机和多管灌装机。膏体灌装机是利用压缩空气作为动力，由精密气动元件构成一个自动灌装系统，结构简单、动作灵敏可靠、调节方便，适应各种液体、黏稠流体、膏体灌装。

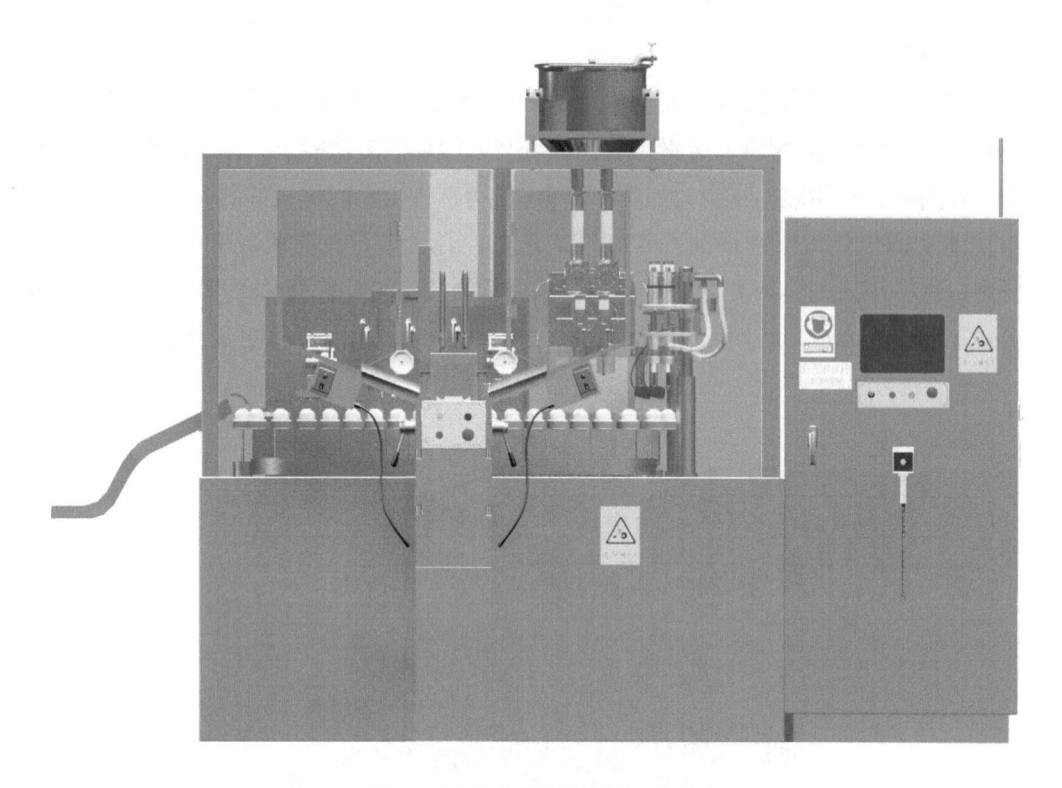

图 8-6　全自动铝管灌装折尾机

四、软膏剂质量要求

(一) 锥入度测定法

锥入度系指利用自由落体运动,在 25℃条件下,将一定质量的锥体由锥入度仪向下释放,测定锥体释放后 5 秒内刺入供试品的深度。锥入度测定法适用于软膏剂、眼膏剂及其常用基质材料(如凡士林、羊毛脂、蜂蜡)等半固体物质,以控制其软硬度和黏稠度等性质,避免影响药物的涂布延展性。

(二) 质量要求

根据《中国药典》(现行版)四部规定,软膏剂在生产与贮藏期间应符合下列有关规定。

1. 除另有规定外,加入抑菌剂的软膏剂在制剂确定处方时,该处方的抑菌效力应符合抑菌效力检查法的规定。

2. 软膏剂基质应均匀、细腻,涂于皮肤或黏膜上应无刺激性。软膏剂中不溶性原料药物,应预先用适宜的方法制成细粉,确保粒度符合规定。

3. 软膏剂应具有适当的黏稠度,应易涂布于皮肤或黏膜上,不融化,黏稠度随季节变化应很小。

4. 软膏剂应无酸败、异臭、变色、变硬等变质现象。

《中国药典》（现行版）规定，除另有规定外，软膏剂应进行以下相应检查。

1. 粒度

除另有规定外，混悬型软膏剂、含饮片细粉的软膏剂照下述方法检查，应符合规定。

检查法 取供试品适量，置于载玻片上涂成薄层，薄层面积相当于盖玻片面积，共涂3片，照《中国药典》粒度和粒度分布测定法测定，均不得检出大于180 μm的粒子。

2. 装量

照《中国药典》最低装量检查法检查，应符合规定。

3. 无菌

用于烧伤［除程度较轻的烧伤（Ⅰ°或浅Ⅱ°外）］、严重创伤或临床必须无菌的软膏剂，照《中国药典》无菌检查法检查，应符合规定。

4. 微生物限度

除另有规定外，照《中国药典》非无菌产品微生物限度检查，微生物计数法和控制菌检查法及非无菌药品微生物限度标准检查，应符合规定。

五、乳膏剂质量要求

根据《中国药典》（现行版）四部规定，乳膏剂在生产与贮藏期间应符合下列有关规定。

（一）除另有规定外，加入抑菌剂的乳膏剂在制剂确定处方时，该处方的抑菌效力应符合抑菌效力检查法的规定。

（二）乳膏剂基质应均匀、细腻，涂于皮肤或黏膜上应无刺激性。乳膏剂中不溶性原料药物，应预先用适宜的方法制成细粉，确保粒度符合规定。

（三）乳膏剂应具有适当的黏稠度，应易涂布于皮肤或黏膜上，不融化，黏稠度随季节变化应很小。

（四）乳膏剂应无酸败、异臭、变色、变硬等变质现象。乳膏剂不得有油水分离及胀气现象。

《中国药典》（现行版）规定，除另有规定外，乳膏剂与软膏剂一样，也应进行粒度、装量、无菌、微生物限度的检查，应符合规定。

六、软膏剂和乳膏剂的贮藏

除另有规定外，软膏剂应避光密封贮存。贮存中应无酸败、异臭、变色、变硬等变质现象。乳膏剂应避光密封置25℃以下贮存，不得冷冻。贮存中应无酸败、异臭、变色、变硬等变质现象，不得有油水分离及胀气现象。

任务二　栓剂与膜剂制备

> **药物制剂工（中级）的要求**
>
> **鉴定点：**
> 1. 栓剂的含义、特点与分类，基质与润滑剂的选择，栓剂的包装；
> 2. 膜剂的质量要求与包装。
>
> **鉴定点解析：**
> 1. 熟悉栓剂和膜剂的含义特点与分类；
> 2. 熟悉栓剂的基质与润滑剂的分类，了解常用的基质，会选择适合的基质与润滑剂；
> 3. 熟悉膜剂的质量要求与包装，知道质量控制项目和具体要求。

本部分依据药物制剂工（四级）国家职业标准，介绍栓剂的含义、特点与分类及膜剂的质量要求。

一、栓剂

（一）含义

栓剂系指原料药物与适宜基质等制成供腔道给药的固体制剂。栓剂在常温下为固体，纳入人体腔道后，在体温作用下能够迅速融化、软化或溶化于腔道分泌液中释放药物，在局部发挥润滑、收敛、抗菌、止痛等治疗作用，栓剂中的药物也可通过黏膜吸收发挥全身治疗作用。

（二）特点

①在腔道可起润滑、抗菌、消炎、杀虫、收敛、止痛、止痒等局部治疗作用，亦可通过吸收入血发挥镇痛、镇静、兴奋、扩张支气管和血管等全身治疗作用；②药物经直肠吸收比口服吸收干扰因素少，药物不受胃肠道pH值或酶的破坏而失去活性；③在一定条件下可减少药物受肝脏首过作用的破坏，减少药物对肝脏的毒副作用；④适宜于不能或不愿吞服药物的患者（如儿童、呕吐症状的患者）。

（三）分类

栓剂因施用腔道的不同，分为直肠栓、阴道栓和尿道栓。其中直肠栓和阴道栓较为常见，其他类型栓剂目前极少应用。直肠栓常见形状为鱼雷形、圆锥形或圆柱形等；阴道栓常见形状为鸭嘴形、球形或卵形等，如图8-7所示。栓剂按制备工艺与释药特点又可分为双层栓、中空栓、液体栓、泡腾栓和缓控释栓等新型栓剂，此类新型栓剂具有提高药物生物利用度、改善药物释放特性以及吸收分布等特点，具有研究价值。

肛门栓形状　　　　　阴道栓形状　　　　　中空栓形状

图 8-7　栓剂的外观形状

栓剂的给药途径不同，药物的吸收途径也不同。直肠栓是目前应用于全身作用最主要的栓剂。在直肠内的吸收途径有门肝系统吸收、非门肝系统吸收、淋巴系统吸收几种方式。在直肠内的吸收途径与栓剂塞入肛门的深度有关。栓剂愈靠近直肠下部，栓剂中药物吸收时不经过肝脏的量就越多。当栓剂距肛门 2 cm 时，给药总量的 50%～70% 不经过肝脏；当栓剂距肛门 6 cm 时，在此部位吸收的药物，大部分要经过直肠上静脉进入门肝系统，药物可能会受肝脏的首过效应影响。

（四）基质与润滑剂

栓剂基质具有赋予药物成型，影响药物吸收、起效的作用，优良的基质应具备以下特性：

1. 熔点适宜，在室温下有一定的硬度与韧性，在体温时易迅速融化、软化或溶化。
2. 性质稳定，不与药物反应，不影响药物的作用与含量测定，在贮存过程中不发生理化性质改变，不易霉变等。
3. 温和无毒，对黏膜无刺激性、无毒性、无过敏性。
4. 性质稳定，在贮存过程中不发生理化性质改变，不易霉变等。
5. 价效适宜，油脂性基质要求酸价应在 0.2 以下，皂化价应在 200～245，碘价低于 7。
6. 易于制备，适合冷压法和热熔法制备栓剂，易于脱模。

栓剂的基质主要分为脂溶性基质和水溶性基质。常用基质为半合成脂肪酸甘油酯、可可豆脂、聚氧乙烯硬脂酸酯、聚氧乙烯山梨聚糖脂肪酸酯、氢化植物油、甘油明胶、泊洛沙姆、聚乙二醇类或其他适宜物质。具体分类见表 8-1。

表 8-1　栓剂基质的分类

分类	举例	特点
脂溶性基质	可可豆脂	是一种固体脂肪，有 4 种晶型，其中以 β 型最稳定，熔点为 34℃。具有气味佳、熔化迅速、温和无刺激等优点，但该类基质与药物的水溶液不能混合，国内产量少，价格昂贵，使用成本较高，因此应用不广泛
	半合成或合成脂肪酸甘油酯	为 C_8～C_{18} 饱和脂肪酸的甘油酯的混合物，常用的有半合成椰油酯、半合成山苍油酯、半合成棕榈油酯以及全合成脂肪酸甘油酯等。此类基质化学性质稳定，成型性能良好，具有保湿性和适宜的熔点，不易酸败，目前应用广泛
	氢化植物油	是一种固体或半固体油脂。具有性质稳定、无毒性、无刺激性、不易酸败、价廉等优点，但其释药能力较差，需加入一定量的表面活性剂加以改善，目前应用不广泛

（续表）

分类	举例	特点
水溶性基质	甘油明胶	由甘油、明胶与水混合制成，配比为甘油：明胶：水＝7：2：1或6：2：2。本品具有一定韧性和弹性，不易折断，在体温下不熔融，但塞入腔道后可缓慢溶于分泌液中，故一般用作阴道栓基质，不适于肛门栓。此类基质易长霉，制备时须加入防腐剂。因明胶为蛋白质，本品不适于鞣酸、重金属盐等药物
	聚乙二醇类（PEG）	又称碳蜡，分子量＜700时为液体，分子量在700~900为半固体，分子量＞1 000时为固体。在体温下不熔化，但能缓慢溶解于体液释放药物。因吸湿性较强，对黏膜有一定的刺激性，加入20%以上的水可降低其刺激性，常用于水溶性中药栓剂
	聚氧乙烯（40）单硬脂酸酯类	商品代号为S-40，含有游离乙二醇。本品兼具水溶性基质和脂溶性基质的优点，溶解性能好、毒性小、无刺激性，易于合成及大规模生产，是目前应用广泛的亲水性基质
	泊洛沙姆	是由聚氧乙烯、聚氧丙烯组成的非离子型共聚物，常用型号为Poloxamer-188。本品为非离子型表面活性剂，水溶性强，还具备缓释和延效作用，可用于制备长效缓释类栓剂

栓剂的润滑剂可方便脱模，润滑剂通常有两类，即水溶性润滑剂、油溶性润滑剂。具体分类见表8-2。

表8-2 栓剂润滑剂分类

分类	特点
水溶性润滑剂	常用软肥皂、甘油与95%乙醇（1：1：5）混合所得，适用于脂肪性基质的栓剂
油溶性润滑剂	常用液状石蜡或植物油等，适用于水溶性或亲水性基质的栓剂

（五）包装

栓剂所用包装材料或容器应无毒性，并不得与药物或基质发生理化作用。应用栓剂自动化机械包装设备（如铝塑泡罩包装设备），可直接将栓剂密封于玻璃纸或塑料泡眼中。

铝塑泡罩包装机是利用真空或正压，将透明塑料薄膜吸（吹）塑成与待装药物外形相近的形状及尺寸的泡罩，将药品用铝箔覆盖在泡罩中并热压封合的机器，又称泡罩包装机。其包含了加热装置、成型装置、加料装置、热封合装置、打字装置、冲裁装置，如图8-8所示。其工作流程为卷筒上的PVC片穿过导向辊，利用滚筒式成型模具的转动将PVC片匀速放卷，半圆弧形加热器对紧贴于成型模具上的PVC片加热到软化程度，成型模具的泡窝孔型转动到适当的位置与机器的真空系统相通，将已软化的PVC片瞬时吸塑成型。已成型的PVC片通过料斗或上料机时，药品填充入泡窝。连续转动到热封合装置中的主动辊表面上制有与成型模具相似的孔型，主动辊拖动充有药片的PVC泡窝片向前移动，外表面带有网纹的热压辊压在主动辊上面，利用温度和压力将盖材（铝箔）与PVC片封合，封合后的PVC泡窝片利用一系列的导向辊，间歇运动通过打字装置时在设定的位置打出批号，通过冲裁装置时冲裁出成品板块，由输送机传送到下道工序，完成泡罩包装作业，如图8-9所示。

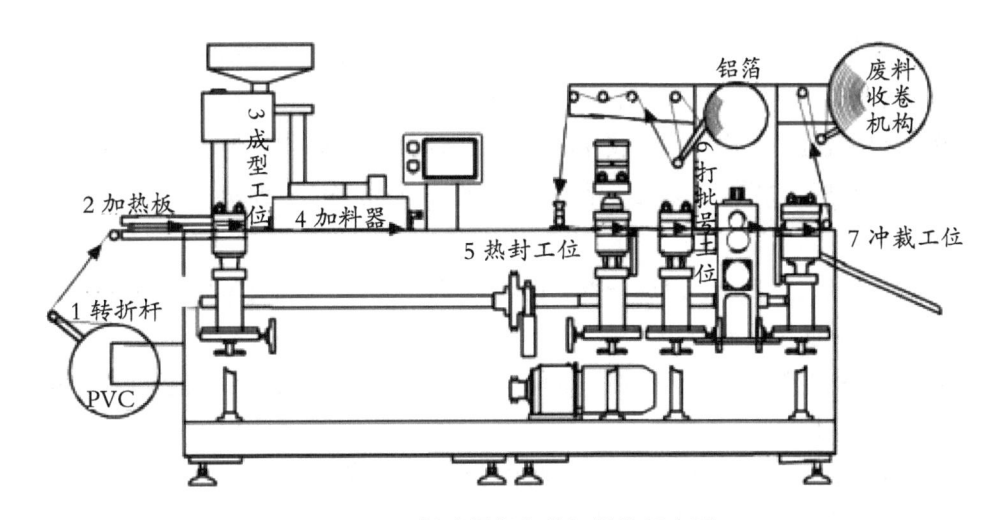

图 8-8　平板式铝塑包装机结构示意图

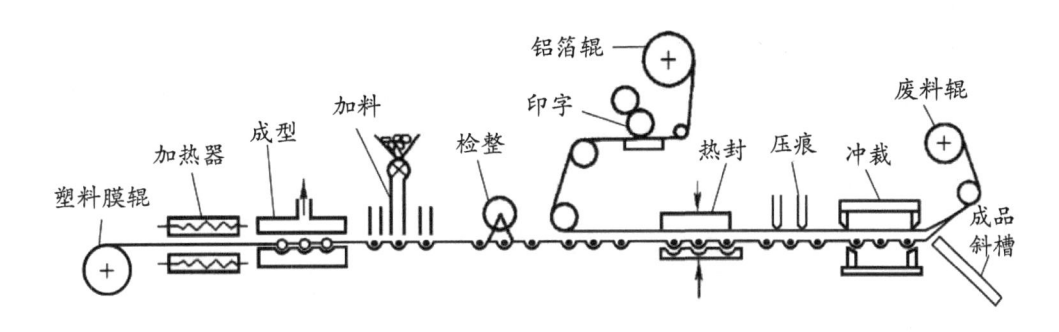

图 8-9　铝塑泡罩包装机工艺流程示意图

二、膜剂

（一）膜剂认知

膜剂系指原料药物与适宜的成膜材料经加工制成的薄膜状制剂。供口服或黏膜用。膜剂可发挥局部治疗作用，也可发挥全身治疗作用。按照剂型特点分为单层膜、多层膜、夹心膜；按照给药途径分为口服膜剂、口腔及舌下膜剂、鼻腔用膜剂、眼用膜剂、阴道用膜剂、宫颈用膜剂、植入型膜剂、经皮给药型膜剂。

膜剂有药物含量准确、稳定性较高、使用灵活方便、方便携带和储存、制备工艺简单等优点，但其缺点是载药量小、容易吸潮、对包装材料的要求较高。

膜剂一般由药物、成膜材料及附加剂三部分组成。膜剂的制备方法有匀浆制膜法、热塑制膜法和复合制膜法，其中以匀浆制膜法最为常用。匀浆制膜法也叫涂膜法、流延法，系指将成膜材料溶解于适当溶剂中，再将药物及附加剂分散在成膜溶液中制成均匀的药浆，除去气泡，经涂膜、干燥、脱膜等工序制成膜剂。

（二）膜剂质量要求

膜剂在生产与贮藏期间应符合下列规定。

1. 原辅料的选择应考虑到可能引起的毒性和局部刺激性。常用的成膜材料有聚乙烯醇、丙烯酸树脂类、纤维素类及其他天然高分子材料。

2. 膜剂常用流延法、涂布法、胶注法等方法制备。原料药物如为水溶性，应与成膜材料制成具有一定黏度的溶液；如为不溶性原料药物，应粉碎成极细粉，并与成膜材料等混合均匀。

3. 膜剂外观应完整光洁、厚度一致、色泽均匀、无明显气泡。多剂量的膜剂，分格压痕应均匀清晰，并能按压痕撕开。

4. 膜剂所用的包装材料应无毒性、能够防止污染、方便使用，并不能与原料药物或成膜材料发生理化作用。

5. 除另有规定外，膜剂应密封贮存，防止受潮、发霉和变质。

除另有规定外，膜剂应进行以下相应检查。

（1）重量差异

照下述方法检查，应符合规定。

检查法　除另有规定外，取供试品 20 片，精密称定总重量，求得平均重量，再分别精密称定各片的重量。每片重量与平均重量相比较，按表中的规定，超出重量差异限度的不得多于 2 片，并不得有 1 片超出限度的 1 倍（表 8-3）。

表 8-3　膜剂的重量差异限度

平均重量	重量差异限度
0.02 g 及 0.02 g 以下	±15%
0.02 g 以上至 0.20 g	±10%
0.20 g 以上	±7.5%

凡进行含量均匀度检查的膜剂，一般不再进行重量差异检查。

（2）微生物限度

除另有规定外，照《中国药典》非无菌产品微生物限度检查：微生物计数法和控制菌检查法及非无菌药品微生物限度标准检查，应符合规定。

任务三　气雾剂与喷雾剂制备

药物制剂工（中级）的要求

鉴定点：
1. 气雾剂的质量要求；
2. 喷雾剂的质量要求。

鉴定点解析：
1. 了解气雾剂和喷雾剂的制备工艺；
2. 熟悉气雾剂和喷雾剂的质量控制项目及具体要求。

一、气雾剂与喷雾剂认知

（一）气雾剂概述

气雾剂系指原料药物或原料药物和附加剂与适宜的抛射剂共同装封于具有特制阀门系统的耐压容器中，使用时借助抛射剂的压力将内容物呈雾状物喷至腔道黏膜或皮肤的制剂。

按用药途径可分为吸入气雾剂、非吸入气雾剂。按处方组成可分为二相气雾剂（气相与液相）和三相气雾剂（气相、液相、固相或液相）。按给药定量与否，可分为定量气雾剂和非定量气雾剂。

气雾剂是由抛射剂、药物与附加剂、耐压容器和阀门系统四部分组成。抛射剂与药物（必要时加附加剂）一同装封在耐压容器内，由抛射剂气化产生压力和驱动力，一打开阀门，药物、抛射剂一起喷出形成气雾，定量阀门的容积是决定气雾剂每次用药量的主要因素。气雾剂雾滴的大小决定于抛射剂的类型、用量，阀门和揿钮的类型，以及药液的黏度等。

（二）喷雾剂概述

喷雾剂系指原料药物或与适宜辅料填充于特制的装置中，使用时借助手动泵的压力、高压气体、超声振动或其他方法将内容物呈雾状物释出，直接喷至腔道黏膜或皮肤等的制剂。

喷雾剂以外用和腔道应用为主。由于不是密闭加压包装，故喷雾剂比气雾剂制备方便、成本低。

喷雾剂按内容物组成分为溶液型、乳状液型或混悬型。按用药途径可分为吸入喷雾剂、鼻用喷雾剂及用于皮肤、黏膜的喷雾剂。按给药定量与否，喷雾剂还可分为定量喷雾剂和非定量喷雾剂。

喷雾给药装置通常由容器和雾化器两部分构成。常用的容器有塑料、玻璃和不锈钢。

喷雾剂的雾化器使用压缩气体、超声振动或其他方法将药物分散为小液滴喷出。

在药物制剂工（五级）中详细介绍了气雾剂和喷雾剂的含义、特点、分类和装置等知识内容。在此基础上，本部分依据药物制剂工（四级）国家职业标准，介绍气雾剂和喷雾剂的制备及质量要求。

二、气雾剂与喷雾剂的制备

（一）气雾剂制备

气雾剂的生产环境、各种用具、容器和整个操作过程，都应避免微生物的污染。气雾剂的制备过程主要分为药物的配制与分装、容器和阀门系统的处理与装配、抛射剂的填充三部分，最后经质量检查合格后为气雾剂成品。制备工艺流程如图 8-10 所示。

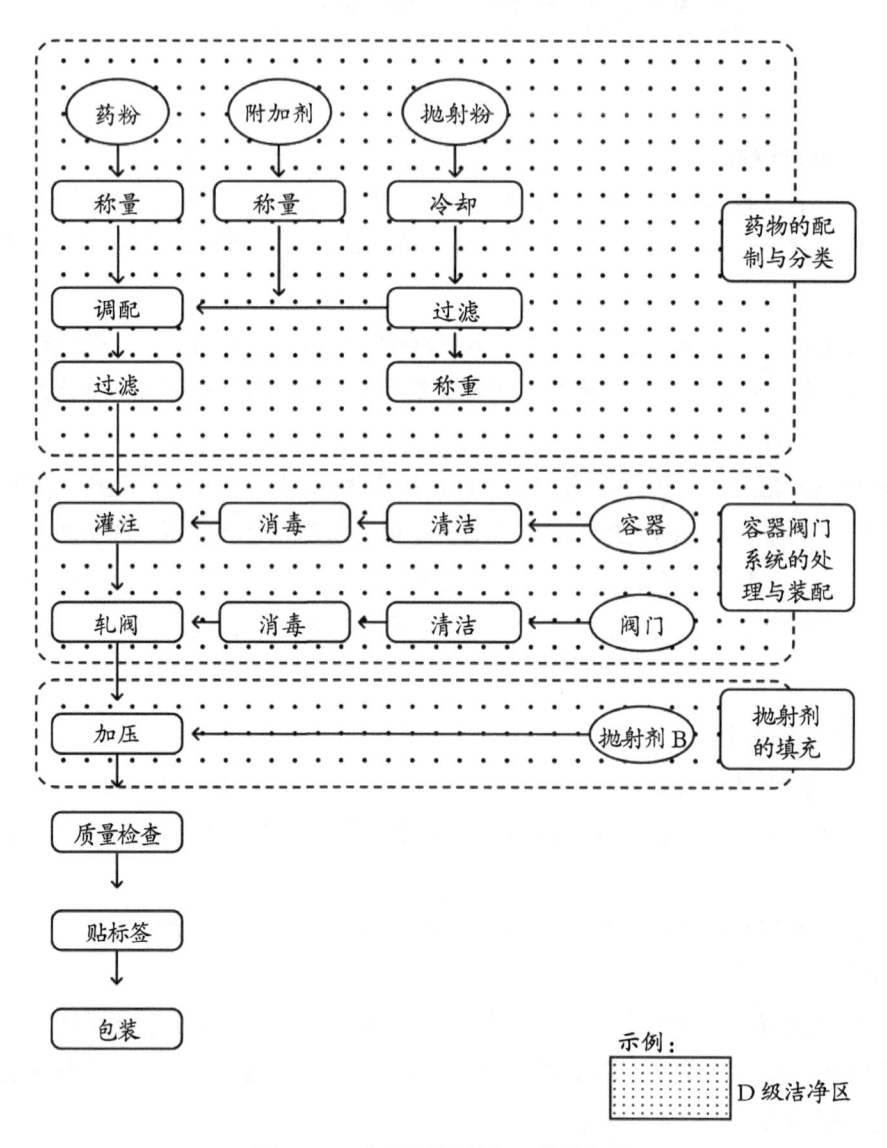

图 8-10 气雾剂的制备工艺流程图

（二）喷雾剂制备

喷雾剂应在相关品种要求的环境配制，配制比较简单，其方法与溶液剂基本相同，然后灌装到适宜的容器中，最后装上手动泵即可。其制备过程包括：药物的配制→灌装→安装手动泵→质量检查→喷雾剂成品。一般在洁净区下配制，烧伤等创面用喷雾剂应无菌环境下配制。

三、气雾剂与喷雾剂的质量要求

（一）气雾剂质量要求

《中国药典》（现行版）规定气雾剂在生产与贮藏期间应符合下列有关规定。

1. 根据需要可加入溶剂、助溶剂、抗氧剂、抑菌剂、表面活性剂等附加剂，除另有规定外，在制剂确定处方时，该处方的抑菌效力应符合抑菌效力检查法的规定。气雾剂中所有附加剂均应对皮肤或黏膜无刺激性。

2. 二相气雾剂应按处方制得澄清的溶液后，按规定量分装。三相气雾剂应将微粉化（或乳化）原料药物和附加剂充分混合制得混悬液或乳状液，如有必要，抽样检查，符合要求后分装。在制备过程中，必要时应严格控制水分，防止水分混入。吸入气雾剂的有关规定见吸入制剂。

3. 气雾剂常用的抛射剂为适宜的低沸点液体。根据气雾剂所需压力，可将两种或几种抛射剂以适宜比例混合使用。

4. 气雾剂的容器，应能耐受气雾剂所需的压力，各组成部件均不得与原料药物或附加剂发生理化作用，其尺寸精度与溶胀性必须符合要求。

5. 定量气雾剂释出的主药含量应准确、均一，喷出的雾滴（粒）应均匀。

6. 制成的气雾剂应进行泄漏检查，确保使用安全。

7. 气雾剂应置凉暗处贮存，并避免曝晒、受热、敲打、撞击。

8. 定量气雾剂应标明：①每罐总揿次；②每揿主药含量或递送剂量。

9. 气雾剂用于烧伤治疗如为非无菌制剂的，应在标签上标明"非无菌制剂"；产品说明书中应注明"本品为非无菌制剂"，同时在适应证下应明确"用于程度较轻的烧伤（Ⅰ°或浅Ⅱ°）"；注意事项下规定"应遵医嘱使用"。

除另有规定外，气雾剂应按制剂通则进行以下相应检查。鼻用气雾剂除符合气雾剂项下要求外，还应符合鼻用制剂相关项下要求。

（1）每罐总揿次

定量气雾剂照吸入制剂相关项下方法检查，每罐总揿次应符合规定。

（2）递送剂量均一性

除另有规定外，定量气雾剂照吸入制剂相关项下方法检查，递送剂量均一性应符合规定。

（3）每揿主药含量

定量气雾剂照下述方法检查，每揿主药含量应符合规定。

检查法：取供试品 1 罐，充分振摇，除去帽盖，按产品说明书规定，弃去若干揿次，用溶剂洗净套口，充分干燥后，倒置于已加入一定量吸收液的适宜烧杯中，将套口浸入吸收液液面下（至少 25 mm），喷射 10 次或 20 次（注意每次喷射间隔 5 秒并缓缓振摇），取出供试品，用吸收液洗净套口内外，合并吸收液，转移至适宜量瓶中并稀释至刻度后，按各品种含量测定项下的方法测定，所得结果除以取样喷射次数，即为平均每揿主药含量。每揿主药含量应为每揿主药含量标示量的 80%～120%。

凡规定测定递送剂量均一性的气雾剂，一般不再进行每揿主药含量的测定。

（4）喷射速率

非定量气雾剂照下述方法检查，喷射速率应符合规定。

检查法：取供试品 4 罐，除去帽盖，分别喷射数秒后，擦净，精密称定，将其浸入恒温水浴（25℃±1℃）中 30 分钟，取出，擦干，除另有规定外，连续喷射 5 秒钟，擦净，分别精密称重，然后放入恒温水浴（25℃±1℃）中，按上法重复操作 3 次，计算每罐的平均喷射速率（g/s），均应符合各品种项下的规定。

（5）喷出总量

非定量气雾剂照下述方法检查，喷出总量应符合规定。

检查法：取供试品 4 罐，除去帽盖，精密称定，在通风橱内，分别连续喷射于已加入适量吸收液的容器中，直至喷尽为止，擦净，分别精密称定，每罐喷出量均不得少于标示装量的 85%。

（6）每揿喷量

定量气雾剂照下述方法检查，应符合规定。

检查法：取供试品 1 罐，振摇 5 秒，按产品说明书规定，弃去若干揿次，擦净，精密称定，揿压阀门喷射 1 次，擦净，再精密称定。前后两次重量之差为 1 个喷量。按上法连续测定 3 个喷量；揿压阀门连续喷射，每次间隔 5 秒，弃去，至 n/2 次；再按上法连续测定 4 个喷量；继续揿压阀门连续喷射，弃去，再按上法测定最后 3 个喷量。计算每罐 10 个喷量的平均值。再重复测定 3 罐。除另有规定外，均应为标示喷量的 80%～120%。

凡进行每揿递送剂量均一性检查的气雾剂，不再进行每揿喷量检查。

（7）粒度

除另有规定外，混悬型气雾剂应做粒度检查。

检查法：取供试品 1 罐，充分振摇，除去帽盖，试喷数次，擦干，取清洁干燥的载玻片一块，置距喷嘴垂直方向 5 cm 处喷射 1 次，用约 2 mL 四氯化碳或其他适宜溶剂小心冲洗载玻片上的喷射物，吸干多余的四氯化碳，待干燥，盖上盖玻片，移置具有测微尺的 400 倍或以上倍数显微镜下检视，上下左右移动，检查 25 个视野，计数，应符合各品种项下规定。

（8）装量

非定量气雾剂照《中国药典》最低装量检查法检查，应符合规定。

（9）无菌

除另有规定外，用于烧伤［除程度较轻的烧伤（Ⅰ°或浅Ⅱ°外）］、严重创伤或临床必需无菌的气雾剂，照无菌检查法检查，应符合规定。

（10）微生物限度

除另有规定外，照非无菌产品微生物限度检查：微生物计数法和控制菌检查法及非无菌药品微生物限度标准检查，应符合规定。

（二）喷雾剂质量要求

《中国药典》（现行版）规定喷雾剂在生产与贮藏期间应符合下列有关规定。

1. 喷雾剂应在相关品种要求的环境配制，如一定的洁净度、灭菌条件和低温环境等。

2. 根据需要可加入溶剂、助溶剂、抗氧剂、抑菌剂、表面活性剂等附加剂，除另有规定外，在制剂确定处方时，该处方的抑菌效力应符合抑菌效力检查法的规定。所加附加剂对皮肤或黏膜应无刺激性。

3. 喷雾剂装置中各组成部件均应采用无毒、无刺激性、性质稳定、与原料药物不起作用的材料制备。

4. 溶液型喷雾剂的药液应澄清；乳状液型喷雾剂的液滴在液体介质中应分散均匀；混悬型喷雾剂应将原料药物细粉和附加剂充分混匀、研细，制成稳定的混悬液。吸入喷雾剂的有关规定见吸入制剂项下。

5. 除另有规定外，喷雾剂应避光密封贮存。

喷雾剂用于烧伤治疗如为非无菌制剂的，应在标签上标明"非无菌制剂"；产品说明书中应注明"本品为非无菌制剂"，同时在适应证下应明确"用于程度较轻的烧伤（Ⅰ°或浅Ⅱ°）"；注意事项下规定"应遵医嘱使用"。

除另有规定外，喷雾剂在生产与贮藏期间应符合《中国药典》四部制剂通则喷雾剂中的有关规定。吸入喷雾剂除符合喷雾剂项下要求外，还应符合吸入制剂相关项下要求；鼻用喷雾剂除符合喷雾剂项下要求外，还应符合鼻用制剂相关项下要求。

（1）每瓶总喷次

多剂量定量喷雾剂照下述方法检查，应符合规定。

检查法：取供试品4瓶，除去帽盖，充分振摇，照使用说明书操作，释放内容物至收集容器内，按压喷雾泵（注意每次喷射间隔5秒并缓缓振摇），直至喷尽为止，分别计算喷射次数，每瓶总喷次均不得少于其标示总喷次。

（2）每喷喷量

除另有规定外，定量喷雾剂照下述方法检查，应符合规定。

检查法：取供试品1瓶，按产品说明书规定，弃去若干喷次，擦净，精密称定，喷射1次，擦净，再精密称定。前后两次重量之差为1个喷量。分别测定标示喷次前（初始

3个喷量)、中(n/2喷起4个喷量,n为标示总喷次)、后(最后3个喷量),共10个喷量。计算上述10个喷量的平均值。再重复测试3瓶。除另有规定外,均应为标示喷量的80%~120%。

凡规定测定每喷主药含量或递送剂量均一性的喷雾剂,不再进行每喷喷量的测定。

(3)每喷主药含量

除另有规定外,定量喷雾剂照下述方法检查,每喷主药含量应符合规定。

检查法:取供试品1瓶,按产品说明书规定,弃去若干喷次,用溶剂洗净喷口,充分干燥后,喷射10次或20次(注意喷射每次间隔5秒并缓缓振摇),收集于一定量的吸收溶剂中,转移至适宜量瓶中并稀释至刻度,摇匀,测定。所得结果除以10或20,即为平均每喷主药含量,每喷主药含量应为标示含量的80%~120%。

凡规定测定递送剂量均一性的喷雾剂,一般不再进行每喷主药含量的测定。

(4)递送剂量均一性

除另有规定外,混悬型和乳状液型定量鼻用喷雾剂应检查递送剂量均一性,照《中国药典》吸入制剂或鼻用制剂相关项下方法检查,应符合规定。

(5)装量差异

除另有规定外,单剂量喷雾剂照下述方法检查,应符合规定。

检查法:除另有规定外,取供试品20个,照各品种项下规定的方法,求出每个内容物的装量与平均装量。每个的装量与平均装量相比较,超出装量差异限度的不得多于2个,并不得有1个超出限度1倍(表8-4)。

表8-4 喷雾剂的装量差异限度

平均装量或标示装量	平均装量或标示装量
0.30 g 以下	±10%
0.30 g 及 0.30 g 以上	±7.5%

凡规定检查递送剂量均一性的单剂量喷雾剂,一般不再进行装量差异检查。

(6)装量

非定量喷雾剂《中国药典》最低装量检查法检查,应符合规定。

(7)无菌

除另有规定外,用于烧伤[除程度较轻的烧伤(Ⅰ°或浅Ⅱ°)]、严重创伤或临床必需无菌的喷雾剂,照《中国药典》无菌检查法检查,应符合规定。

(8)微生物限度

除另有规定外,照《中国药典》非无菌产品微生物限度检查:微生物计数法和控制菌检查法及非无菌药品微生物限度标准检查,应符合规定。

任务四 贴膏剂制备

> **药物制剂工（中级）的要求**
>
> **鉴定点：**
> 1. 浸胶、膏料制备的方法与设备；
> 2. 打膏设备、装袋设备；
> 3. 橡胶贴膏、凝胶贴膏的质量要求。
>
> **鉴定点解析：**
> 1. 了解贴膏剂的含义、分类和特点；
> 2. 熟悉贴膏剂的制备方法，熟悉浸胶、膏料制备、打膏、装袋的流程及设备；
> 3. 熟悉贴膏剂的质量检查要求，会对橡胶贴膏和凝胶贴膏进行质检。

一、贴膏剂认知

贴膏剂系指将原料药物与适宜的基质制成膏状物、涂布于背衬材料上供皮肤贴敷、可产生全身性或局部作用的一种薄片状柔性制剂。如红药贴膏、消痛贴膏、舒康贴膏等。

贴膏剂包括橡胶贴膏和凝胶贴膏。橡胶贴膏系指原料药物与橡胶等基质混匀后涂布于背衬材料上制成的贴膏剂；凝胶贴膏系指原料药物与适宜的亲水性基质混匀后涂布于背衬材料上制成的贴膏剂。

橡皮贴膏黏着力强，可直接贴用于皮肤，基质化学惰性，不易产生配伍禁忌，对机体无损害，可保护伤口，使用方便，但载药量较小，易致皮肤过敏，揭扯时容易损伤毛发；凝胶贴膏载药量大，特别适于中药浸膏且含水量较多，释药性能好，刺激性、过敏性小，使用方便，随时终止给药，用药安全，但黏着性较差。

贴膏剂通常由含有活性物质的支撑层和背衬层以及覆盖在药物释放表面上的盖衬层组成，盖衬层起防黏和保护制剂的作用。常用背衬材料有棉布、无纺布、纸等；常用的盖衬材料有防粘纸、塑料薄膜、铝箔－聚乙烯复合膜、硬质纱布等。

本任务依据药物制剂工（四级）国家职业标准，介绍贴膏剂的制备流程，浸胶、膏料制备的方法与设备、打膏设备、装袋设备、橡胶贴膏、凝胶贴膏的质量要求。

二、贴膏剂的制备与装袋

（一）溶剂法制备橡胶贴膏

1. 浸胶的方法与设备

橡胶完成塑炼并消除静电之后，需对橡胶进行浸泡，使其充分溶胀，有利于搅拌均匀。在溶剂法橡胶贴膏的生产中，浸胶和搅拌是在同一个制浆设备中进行，先将橡胶投入制浆机内，关闭投料口，加入橡胶溶剂油，浸泡一定时间，常用设备为浸胶搅拌釜（图

8-11），该设备一般有立式和卧式两种，其工作原理：制浆机内部装有两组相对运动的旋转桨叶，桨叶呈一定角度将物料沿轴向、径向循环翻搅，并产生一定剪切作用，最终实现混合均匀的目的。

2. 打膏

待橡胶溶胀一定时间后，点动搅拌釜5～10次，确认无异常声响后，开动搅拌釜，搅拌制浆。

依据相应的产品工艺规程进行操作，加入物料或药物继续制浆。制浆结束后，胶浆用过滤机经80目滤网滤出，待用。

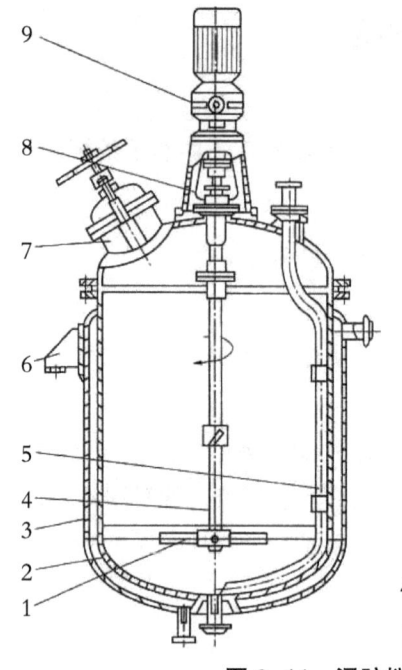

1. 搅拌器；2. 罐体；3. 夹套；
4. 搅拌轴；5. 压出管；6. 支座；
7. 入孔；8. 轴封；9. 传动装置

图8-11 浸胶搅拌釜示意图

（二）凝胶贴膏制备

凝胶贴膏的膏料制备关键在于如何使高分子材料在最短时间充分溶胀、如何在混合交联反应过程中将基质和药物混合均匀。

1. 基质的制备

凝胶贴膏胶体在制备过程中，将水溶性高分子材料等按照一定顺序投入搅拌斧中搅拌一定时间，通过交联反应形成胶体。在制备过程中，影响因素较多，除原料、配比之外，制备工艺的影响也较大。一般不同的基质物料，需要不同的制备方法。

2. 药物与基质的混合

常采用等量递增的方法混合药物和基质，或根据药物的理化性质，首先与一种基质混匀后，再加入其他基质。药物与基质一般在常温下即可混匀，但依据需要，也可以在一定加热条件下进行，混合均匀后再降低至室温进行涂布。

凝胶贴膏制浆设备通常采用行星式叶轮搅拌釜。搅拌釜在反应过程中将基质和药物混合均匀。搅拌釜主要由釜体、搅拌器、盖子、传动装置、液压装置、动力装置等部件组成，如图8-12所示。搅拌器由两根或三根多层桨叶式搅拌器和1～2个变位聚四氟乙烯刮刀组成。釜体上盖与搅拌器一起通过液压装置可以实现升降。釜体可设计夹套进行加热或冷却，可增配抽真空装置。出料方式可以采用翻缸形式或阀门放料以及整体转移形式。该搅拌设备可以确保物料在短时间内混合均匀，搅拌釜的传动装置主要由电机、减速机、联轴器等组成，动力系统主要由电机、变频器、电控柜组成。

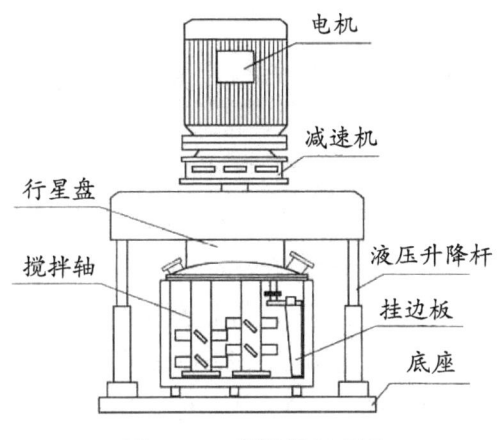

图 8-12 搅拌釜示意图

(三) 贴膏剂装袋

装袋设备运行前首先需要将袋材按要求安装到位，设备运行时，通过计数装置完成膏片的计数，机械手推送膏片至袋材中间位置，再实施四边热封、转移、打印信息、裁切、输送等操作，最后还需要进行装量的检查，剔除装量不够，不规范的产品，完成装袋工序，装袋设备如图8-13所示。

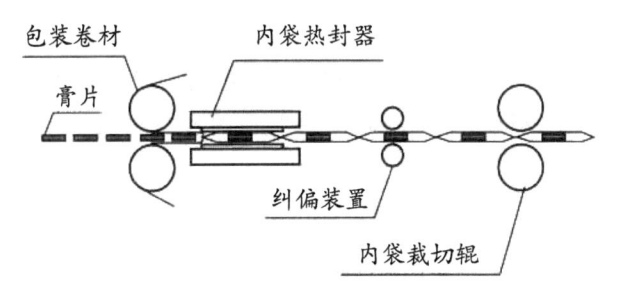

图 8-13 装袋设备示意图

五、贴膏剂质量要求

(一) 质量要求

根据《中国药典》（现行版）四部规定，贴膏剂在生产与贮藏期间应符合下列有关要求。

1. 贴膏剂所用的材料及辅料应符合国家标准有关规定，并应考虑到对贴膏剂局部刺激性和药物性质的影响。

2. 贴膏剂的膏料应涂布均匀，膏面应光洁、色泽一致，贴膏剂应无脱膏、失黏现象；背衬面应平整、洁净、无漏膏现象。

3. 涂布中若使用有机溶剂的，必要时应检查残留溶剂。

4. 根据原料药物和制剂的特性，除来源于动、植物多组分且难以建立测定方法的贴膏剂外，贴膏剂的含量均匀度、释放度、黏附力等应符合要求。

（二）质量检查

《中国药典》（现行版）规定，除另有规定外，贴膏剂应进行以下相应检查。

1. 含膏量

橡胶贴膏照第一法检查，凝胶贴膏照第二法检查。

第一法　取供试品 2 片（每片面积大于 35 cm² 的应切取 35 cm²），除去盖衬，精密称定，置于同一个有盖玻璃容器中，加适量有机溶剂（如三氯甲烷、乙醚等）浸渍，并时时振摇，待背衬与膏料分离后，将背衬取出，用上述溶剂洗涤至背衬无残附膏料，挥去溶剂，在 105℃ 干燥 30 分钟，移至干燥器中，冷却 30 分钟，精密称定，减失重量即为膏重，按标示面积换算成 100 cm² 的含膏量，应符合各品种项下的规定。

第二法　取供试品 1 片，除去盖衬，精密称定，置烧杯中，加适量水，加热煮沸至背衬与膏体分离后，将背衬取出，用水洗涤至背衬无残留膏体，晾干，在 105℃ 干燥 30 分钟，移至干燥器中，冷却 30 分钟，精密称定，减失重量即为膏重，按标示面积换算成 100 cm² 的含膏量，应符合各品种项下的规定。

2. 耐热性

除另有规定外，橡胶贴膏取供试品 2 片，除去盖衬，在 60℃ 加热 2 小时，放冷后，背衬应无渗油现象；膏面应有光泽，用手指触试应仍有黏性。

3. 赋形性

取凝胶贴膏供试品 1 片，置 37℃、相对湿度 64% 的恒温恒湿箱中 30 分钟，取出，用夹子将供试品固定在一平整钢板上，钢板与水平面的倾斜角为 60°，放置 24 小时，膏面应无流淌现象。

4. 黏附力

除另有规定外，凝胶贴膏照《中国药典》黏附力测定法测定、橡胶贴膏照黏附力测定法测定，均应符合各品种项下的规定。

5. 含量均匀度

凝胶贴膏，除另有规定或来源于动、植物多组分且难以建立测定方法的，照《中国药典》含量均匀度检查法测定，应符合规定。

6. 微生物限度

除另有规定外，照《中国药典》非无菌产品微生物限度检查：微生物计数法和控制菌检查法及非无菌药品微生物限度标准检查，凝胶贴膏应符合规定，橡胶贴膏每 10 cm² 不得检出金黄色葡萄球菌和铜绿假单胞菌。

模块三

技能篇

项目一　散剂生产操作

> **药物制剂工（中级）的要求**
>
> 鉴定点：
> 1. 能使用粉碎设备粉碎物料；
> 2. 能维护保养粉碎设备、筛分设备、混合设备、烘干设备；
> 3. 能填写设备维护的保养记录。
>
> 鉴定点解析：
> 1. 掌握锤击式粉碎机的操作规程；
> 2. 掌握锤击式粉碎机的维护保养要求；
> 3. 熟悉设备维护保养记录的填写。

散剂的制备工艺主要包括粉碎、筛分、混合和分剂量。在药物制剂工（五级）的散剂制备中重点介绍了使用筛分设备筛分物料，使用混合设备混合物料，使用烘干设备干燥物料。依据药物制剂工（四级）国家职业技能标准结合散剂生产实际，本项目涉及制剂准备、配料、制备、设备、维护、清标场等内容，重点介绍锤击式粉碎机在散剂粉碎工序中的应用。散剂的分剂量工序在药物制剂工（三级）中介绍。

一、制剂准备

（一）人员准备

散剂的生产环境应当符合 D 级洁净区要求，生产操作人员应按照 D 级洁净区人净流程完成人员净化操作，正确穿着 D 级洁净区洁净服。依据《药品生产质量管理规范（2010 年修订）》（以下简称 GMP）要求，进入洁净生产区的人员不得化妆和涂抹粉质护肤品和佩戴饰物、手表，不得涂抹指甲油、喷发胶等。人员进入 D 级洁净区的流程如图 1-1 所示。

项目一 散剂生产操作

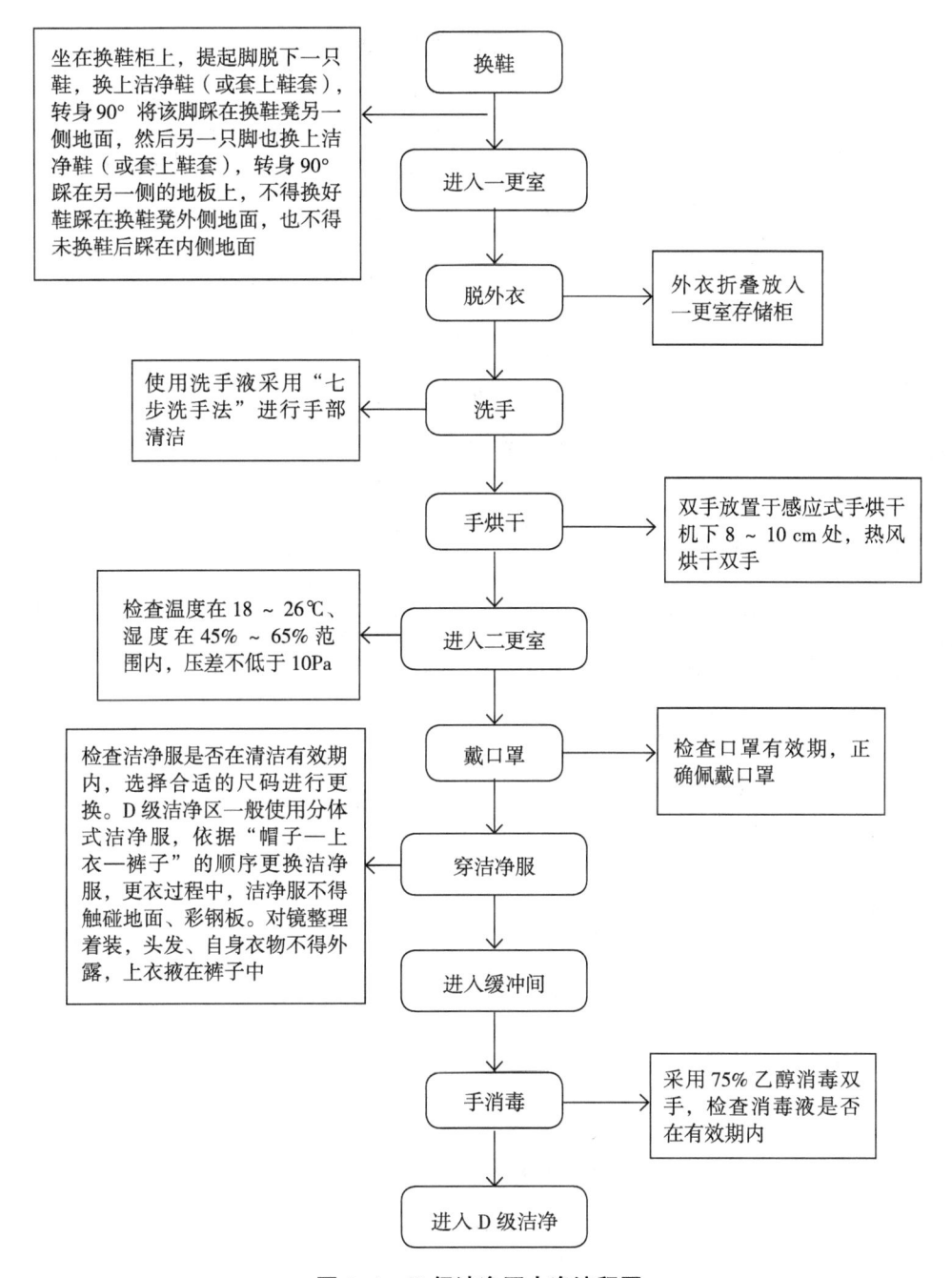

```
换鞋 → 坐在换鞋柜上，提起脚脱下一只鞋，换上洁净鞋（或套上鞋套），转身90°将该脚踩在换鞋凳另一侧地面，然后另一只脚也换上洁净鞋（或套上鞋套），转身90°踩在另一侧的地板上，不得换好鞋踩在换鞋凳外侧地面，也不得未换鞋后踩在内侧地面
 ↓
进入一更室
 ↓
脱外衣 → 外衣折叠放入一更室存储柜
 ↓
洗手 ← 使用洗手液采用"七步洗手法"进行手部清洁
 ↓
手烘干 → 双手放置于感应式手烘干机下8~10 cm处，热风烘干双手
 ↓
进入二更室 ← 检查温度在18~26℃、湿度在45%~65%范围内，压差不低于10Pa
 ↓
戴口罩 → 检查口罩有效期，正确佩戴口罩
 ↓
穿洁净服 ← 检查洁净服是否在清洁有效期内，选择合适的尺码进行更换。D级洁净区一般使用分体式洁净服，依据"帽子—上衣—裤子"的顺序更换洁净服，更衣过程中，洁净服不得触碰地面、彩钢板。对镜整理着装，头发、自身衣物不得外露，上衣掖在裤子中
 ↓
进入缓冲间
 ↓
手消毒 → 采用75%乙醇消毒双手，检查消毒液是否在有效期内
 ↓
进入D级洁净
```

图1-1 D级洁净区人净流程图

（二）生产文件

进入生产区后，人员从物品传递窗口领取批生产指令、生产记录等生产文件。批生产指令是指根据生产需要下达的，有效组织生产的指令性文件。其目的是规范批生产指令的管理，使生产处于规范化的、受控的状态。各生产厂家的批生产指令不尽相同，但都应涵盖本批生产产品的基本信息，如品名、批号、规格等，如表1-1所示。

表 1-1 生产指令示例

产品名称	×××散		产品批号		S1008
规格	0.1 g		批量		1 000袋
指令起草人	张三	指令签发人	李四	实施负责人	王五
日期	2024年01月17日	日期	2024年01月18日	日期	2024年01月20日
执行部门	××生产部				
编制依据	药品生产质量管理规范（2010年修订）				
执行工艺	×××散工艺规程			文件编码	JS-GY-08-10
执行岗位操作法	称量、配料岗位操作法	☑执行	□不执行	文件编码	CZ-SC-03100
	粉碎岗位操作法	☑执行	□不执行		CZ-SC-03200
	筛分岗位操作法	☑执行	□不执行		CZ-SC-03300
	混合岗位操作法	☑执行	□不执行		CZ-SC-03400
	散剂包装岗位操作法	☑执行	□不执行		CZ-SC-03500
批处方					
序号	原辅料名称	物料编码	批号	数量（kg）	备注
1	氯化钠	YL001001	20240803	0.70	
2	氯化钾	YL001002	20240805	0.30	
3	枸橼酸钠	RJ001002	20240701	0.58	
4	无水葡萄糖	TL002006	20240902	4.00	
考核使用设备					
序号	设备名称	规格		设备编号	
1	锤击式粉碎机	SF-200		#01	
使用模具					
序号	模具名称	规格		数量	
1	筛板	Φ1 mm		1块	

在进行生产操作前需仔细阅读生产文件，依据GMP要求检查生产环境温度、湿度、压差是否符合生产要求。D级洁净区一般保持温度18～26℃，湿度45%～65%。洁净区与非洁净区之间、不同级别洁净区之间的压差应当不低于10 Pa。必要时，相同洁净度级别的不同功能区域（操作间）之间也应当保持适当的压差梯度。检查生产现场悬挂有上一批次"清场合格证（副本）"，并在清场有效期范围内。生产现场无与本批次生产无关的物品、文件等。

二、配料

（一）物料核对

生产用原辅料外包装明显位置应当张贴物料标签或标注，如品名、规格（如有）、批号、物料编码、有效期等基本信息。为保障物料准确无误复核生产要求，生产人员应当核对物料标签信息是否与本批生产指令（或领料单）要求一致。检查物料是否已检验并附有检验合格证（图1-2），同时检查物料外观，包装须完好无破损、污渍、无虫鼠侵害迹象，物料性状良好，无变色、结块等异常情况。如物料信息与生产要求不符，或检查有异常则物料不得用于生产，生产人员应当及时上报异常，按异常情况处理。

文件编号：JL—ZL—04801

物料检验合格证

品　　名：氯化钠
物料代码：YL001001
批　　号：20240803
检验单号：F202408-007
复 验 期：2024.08.14
有效期至：2026.02.19
发证人/日期：李四　2024.08.15

图1-2　物料检验合格证示例

（二）物料称量

在生产中如领取的物料包装量与生产批量一致，须对物料重量进行复核，如包装量与批量不一致，须进行称量操作。由于物料称量是产尘量较高的操作，因此一般需到相对负压控制的称量间或层流台中操作，避免产生污染、交叉污染。

对于配料而言，称量的准确度和精确度，对制剂的投料质量会带来重要影响。GMP规定称量需双人操作，一人称量一人复核，以保证称量的准确性。对物料称量所用的衡器也有明确的计量要求，衡器必须通过有资质的法定计量单位检定合格、贴有计量合格证并在检定有效期内才能用于生产。衡器在使用过程中必须摆放水平，为防止计量器具在长时间使用过程中传感部件老化或者移动导致计量偏差，生产人员应当定期采用标准砝码进行常规的计量校准和维护以及进行衡器的水平校准，以确保电子秤的准确性和可靠性。

药品生产过程中，对称量的精度要求，多为千分之一，即为 0.1% 的称量精度。制剂质量检查过程中，单剂量重量差异至少允许在 ±5% 以内，采用光谱或色谱分析，测定结果也允许标准偏差（RSD）在 2% 以内，因此，药品生产过程中的称量精度控制在千分之一（0.1%），对制剂单剂量有效成分的含量影响极微，不影响药品的内在质量。在称量物料时以称量物料重量 ±0.1% 精度范围选择合适的衡器，例如：批处方中药粉末 50 kg，则称量精度允许范围为 50 ± 0.05 kg，应当选择量程 100 kg 的衡器，并且衡器的称量准确到 0.01 kg。

（三）物料交接

称量完成后，将称好的原辅料采用"回头扎"的方式系好扎带，放在相应的备料垫板或备料小车上，称量人填写物料标识卡、称量记录，复核人复核无误后签名确认。同一批生产用的物料集中存放于指定地点或区域，等待后续岗位或工序的人员领取，同时做好物料交接记录。

若有剩余原辅料应当妥善封口、称量剩余量，填写并粘贴退料单，放于原包装中退回原辅料存放间或仓库。物料管理员复核品名、批号、数量，填写物料台账。

三、散剂制备

（一）粉碎

1. 生产前准备阶段

（1）检查上批清场合格证，准备生产的场地是否清洁，是否在清洁有效期内。

（2）设备是否有"完好"和"已清洁"标识，并在清洁有效期内。

（3）洁净区温度、相对湿度、压差是否符合生产要求。

（4）核对本批生产用的文件、记录、物料。

（5）确认生产现场无与本批生产无关的物品。

（6）依据锤击式粉碎机操作规程打开设备电源开关，检查设备能否正常运行。

（7）转换状态标识：取下生产车间门口"清场合格证（副本）"纳入本批次生产记录中留存，换上"生产状态标识"（图 1-3）并依据生产指令填写相关内容。取下锤击式粉碎机上"已清洁"状态标识，换上"正在运行"状态标识。

```
文件编号：JL—SC—1010
         生产状态标识

工　　序：粉碎
产品名称：×××散
规　　格：每包 5.58 g（氯化钠 0.7 g，氯
         化钾 0.3 g，枸橼酸钠 0.58 g，
         无水葡萄糖 4 g）
产品批号：S1008
批　　量：1 000 包
生产日期：2024 年 10 月 21 日
生产班组：生产 1 组
班 组 长：王小明
```

图 1-3　生产状态标识示例

2. 操作

序号	工序	操作方法及说明	质量标准
1	开机前准备	（1）根据工艺要求选择适宜孔径的筛网。  （2）安装筛板，并检查严实性。  	（1）筛板孔径越小，粉料越细，否则反之。 （2）筛板必须安装到位，严实。

183

(续表)

序号	工序	操作方法及说明	质量标准
1	开机前准备	（3）用手拨动转子，检查转子是否转动灵活。 （4）用合适的绳子绑紧布袋。 （5）关闭粉碎机门，拧紧螺栓，检查粉碎机门是否密封完好。	（3）转子转动灵活，不得有卡碰摩擦等现象。 （4）以一定力度拉扯布袋，不得松动。 （5）粉碎机门必须密封，若密封性不好则须更换密封圈。
2	试运行	合上开关电源（外围的空气开关），按粉碎机上的绿色启动键启动设备，使设备先空机运转 2 min。	注意听声音，应无异响。检查粉碎室门，应不漏风。

(续表)

序号	工序	操作方法及说明	质量标准
3	运行过程中投料	（1）设备运转正常后，方可开始从加料口加料，加料时需考虑粉碎机的负荷，根据情况适当调整喂料量以免堵机。 （2）保持喂料均匀，不得忽大忽小。 （3）随时检查粉碎后的物料情况，如有异常情况，立即停机检查筛板是否破裂或堵塞。 （4）操作过程中注意听设备的运转声音，如发现异常声响或剧烈震动，应立即停机并排除故障。	（1）粉碎过程严禁打开防护罩或操作门，以免发生意外。 （2）专心操作，避免金属、矿石、泥沙混入物料。 （3）大的物料、质地坚硬的物料应先适当破碎。 （4）含油脂类药材及大量含黏液质、糖类药材宜采用"串油""串料"粉碎。
4	停机	停机时必须先停止加料，待不再出料后按红色停机键停机，关闭电源。	可通过听声音判断粉碎室已无料。
5	出料	待机器完全静止后，拆下布袋，将粉碎好的粉料取出。	出料时注意粉尘。

3. 生产结束阶段

（1）粉碎好的粉料填写物料交接单，及时转交到下一工序，过程中注意密封、防潮。

（2）取下门口"生产状态标识"换上"待清场"标识，将粉碎机上"正在运行"状态标识换为"待清洁"。

（3）按照《SF-200锤击式粉碎机清洁消毒标准操作规程》进行清洁，填写"设备使用维护记录"的填写。

（4）把生产中收集到的废弃物集中装入废弃物塑料袋中，扎紧袋口，由物流通道传出洁净区，交清洁工处理。

（5）生产场地按《D级洁净区清洁消毒标准操作规程》进行清洁，按《地漏清洁标准操作规程》清洁地漏，填写"清场记录"。

（6）将门口"待清场"状态标识换成"已清场"状态标识并填写相应内容，将粉碎机上"待清场"状态标识换成"已清场"状态标识并填写相应内容。

（7）核算物料平衡，完成"批生产记录"，检查是否有漏记，生产过程中是否有偏差，如有偏差，应当按《偏差处理标准操作规程》处理。

（8）申请QA检查清场情况，如清场合格颁发"清场合格证"（图1-4），"清场合格证"一式两份，正本存放于本批批生产记录中，副本放于生产现场用于下一批产品生产前检查，留存于下一批生产记录中。

文件编号：JL—SC—1017	文件编号：JL—SC—1017
清场合格证 （正本）	清场合格证 （副本）
工　　　序：粉碎	工　　　序：粉碎
清场前产品：×××散	清场前产品：×××散
清场前批号：S1008	清场前批号：S1008
清 场 日 期：2024年10月21日16时	清 场 日 期：2024年10月21日16时
有 效 期 至：2024年10月24日15时59分	有 效 期 至：2024年10月24日15时59分
清 场 人：王小明	清 场 人：王小明
签 发 人：李四	签 发 人：李四
签 发 日 期：2024年10月21日	签 发 日 期：2024年10月21日

图1-4　清场合格证正副本示例

（二）筛分工序【详见"药物制剂工（五级）的散剂"项】

（三）混合工序【详见"药物制剂工（五级）的散剂"项】

（四）分剂量包装工序【详见"药物制剂工（三级）的散剂"项】

四、设备维护

1. 检查设备各传动件，保证其连接可靠。

2. 检查电源连接（接地线）。

3. 注意电机温度，不要超负荷运行。

4. 用防护罩做好防护安全，注意防尘、干燥与清洁。

5. 检查润滑性。

6. 使用后检查传动件，进行添加润滑油等维护。

项目二　颗粒剂生产操作

> **药物制剂工（中级）的要求**
>
> **鉴定点：**
> 1. 能使用混合设备制软材；
> 2. 能使用挤压制粒设备制颗粒；
> 3. 能使用颗粒包装设备分装颗粒；
> 4. 能在包装过程中监控装量差异；
> 5. 能维护保养混合设备、挤压制粒设备、高速搅拌制粒设备、烘干设备、整粒设备，并能填写设备的维护保养记录。
>
> **鉴定点解析：**
> 1. 掌握槽型混合机的操作规程；
> 2. 掌握摇摆式颗粒机的筛网装拆和制粒操作规程；
> 3. 掌握自动颗粒包装机的操作过程；
> 4. 熟悉包装过程的装量差异监控方法；
> 5. 掌握槽型混合机、摇摆式颗粒机、快速搅拌制粒机、整粒机的维护保养，熟悉保养记录的填写。

在药物制剂工（五级）的颗粒剂制备中重点介绍了使用混合设备混合物料的操作，以及烘干设备干燥物料、整粒设备整粒的操作。依据药物制剂工（四级）国家职业技能标准，结合颗粒剂生产实际，本项目涉及制剂准备、配料、制备、清场等内容，重点介绍槽型混合机、摇摆式颗粒机、颗粒包装机等生产设备在颗粒剂制软材、制湿颗粒、包装等工序中的应用。

一、制剂准备

（一）人员准备

颗粒剂的生产环境应当符合 D 级洁净区要求，生产操作人员应按照 D 级洁净区人净流程完成人员净化操作，正确穿着 D 级洁净区洁净服。具体内容详见项目一。

（二）生产文件

进入生产区后，人员从物品传递窗口领取批生产指令、生产记录等生产文件。批生产指令是指根据生产需要下达的，有效组织生产的指令性文件。其目的是规范批生产指令的管理，使生产处于规范化的、受控的状态。各生产厂家的批生产指令不尽相同，但都应涵盖本批生产产品的基本信息，如品名、批号、规格等，如表 2-1 所示。

表 2-1 生产指令示例

产品名称	××× 颗粒		产品批号		K20241001
规格	每袋装 10 g		批量		1 000 袋
指令起草人	张三	指令签发人	李四	实施负责人	王五
日期	2024 年 10 月 14 日	日期	2024 年 10 月 15 日	日期	2024 年 10 月 17 日
执行部门	×× 生产部				
编制依据	药品生产质量管理规范（2010 版）				
执行工艺	××× 颗粒工艺规程			文件编码	JS-GY-08-10
执行岗位操作法	称量、配料岗位操作法	☑执行	□不执行	文件编码	CZ-SC-03100
	颗粒剂制软材岗位操作法	☑执行	□不执行		CZ-SC-03300
	制粒岗位操作法	☑执行	□不执行		CZ-SC-03400
	颗粒包装岗位操作法	☑执行	□不执行		CZ-SC-03500
批处方					
序号	原辅料名称	物料编码	批号	数量	备注
1	淀粉	DF0001	20240801	600 g	
2	磷酸氢钙	LS0033	20240701	700 g	
3	糖粉	TF0103	20240503	130 g	
4	糊精	HJ0002	20240601	80 g	
5	25%HPMC（E30）浆	QB0089	20240505	约 380 g	
考核使用设备					
序号	设备名称	规格		设备编号	
1	槽型混合机	CH-50		No.02010	
2	摇摆式颗粒机	YK-160		No.06010	
3	颗粒包装机	DXDK60II		No.06020	
使用模具					
序号	模具名称	规格		数量	
1	筛网	12 目		2 个	

（三）现场准备

在生产操作前需仔细阅读生产文件，依据 GMP 要求检查生产环境温度、湿度、压差是否符合生产要求。D 级洁净区一般保持温度 18～26℃，湿度 45%～65%。洁净区与非洁净区之间、不同级别洁净区之间的压差应当不低于 10 Pa。必要时，相同洁净度级别的不同功能区域（操作间）之间也应当保持适当的压差梯度。检查生产现场悬挂有上一批次"清场合格证（副本）"，并在清场有效期范围内。生产现场无与本批次生产无关的物品、文件等。

二、配料

配料环节包括物料核对、物料称量和物料交接等内容，详见项目一。

三、颗粒制备

（一）软材制备

1. 生产前准备阶段

（1）检查上批清场合格证，准备生产的场地是否清洁，是否在清洁有效期内。

（2）检查洁净区温度、相对湿度、压差是否符合生产要求。

（3）检查设备是否"完好"和"已清洁"并在清洁有效期内。

（4）核对本批生产用的文件、记录、物料。

（5）确认生产现场无与本批生产无关的物品。

（6）转换状态标识：取下生产车间门口"清场合格证（副本）"纳入本批次生产记录中留存，换上"生产状态标识"（图 2-1）并依据生产指令填写相关内容。取下槽型混合机上"已清洁"状态标识，换上"正在运行"状态标识。

```
文件编号：JL—SC—1010
         生产状态标识
工    序：制软材
产品名称：×××颗粒
规    格：每袋装 10 g
产品批号：K20241001
批    量：1 000 袋
生产日期：2024 年 10 月 17 日
生产班组：生产 1 组
班 组 长：王小明
```

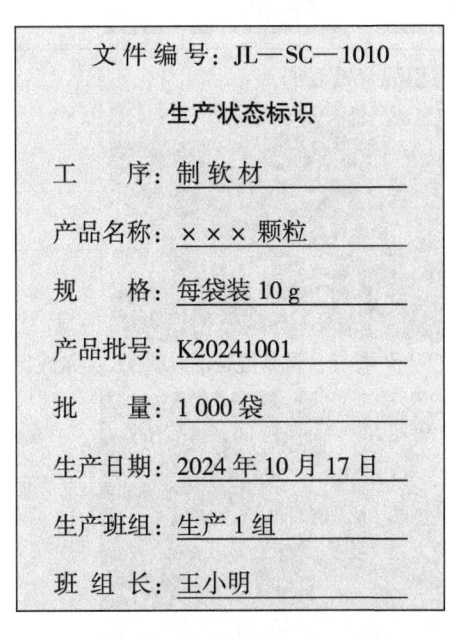

图 2-1 生产状态标识示例

2. 操作

序号	工序	操作方法及说明	质量标准
1	设备检查	（1）检查设备完整性和润滑油。 （2）接通电源，点动"上行"按钮或点动"下行"按钮，使料槽水平，按下"正转"或"反转"按钮，空转约2分钟，应无异常。	试车前应先检查机器全部连接件的紧固程度，减速器内的润滑油油量和电器设备的完整性。
2	投料	（1）打开槽型混合机盖子。 （2）点击"下行"按钮，调整混合槽倾斜30°～45°。	（1）调整混合槽角度前必须将混合槽盖子移开放置妥当，防止盖子掉落。 （2）搅拌槽调整倾斜到合适位置方便加料。

（续表）

序号	工序	操作方法及说明	质量标准
		（3）将原辅料投入混合槽内。 （4）点击"上行"按钮，使混合槽回正。 （5）将混合槽盖子盖上。	（3）加粉时防止撒落。 （4）混合槽回正水平。 （5）开机前需将混合槽盖子盖好。
3	干混	（1）依据工艺规程要求设定搅拌时间。 （2）点击"正转"按钮开启搅拌。 （3）到达搅拌时间后，机器自动停止。	（1）须先设定好搅拌时间再开启搅拌； （2）在搅拌过程中，操作人员不得打开盖板，不得用手接触机器运行部位。

（续表）

序号	工序	操作方法及说明	质量标准
4	制软材	（1）打开盖子，将黏合剂加至混合槽内，盖上盖子。 （2）设定搅拌时间，点击"正转"按钮开启搅拌。 （3）混合均匀后，取样检查软材制备程度。	（1）注意首锅软材的黏合剂不要一次性全部加入，应当观察物料状态。 （2）在运转中不得用手或工具拨动槽内的物料。 （3）随时检查软材制备程度，以"手握成团，轻按即散"为度。
5	出料	（1）使用干净容器或托盘放置于搅拌槽下方地面。 （2）打开盖子，点击"下行"按钮，使混合槽倾斜105°。 （3）点击"正转"出料，再点击"反转"完成所有物料出料操作。 （4）点击"上行"按钮，使机器回正，关闭机器电源。	需检查装料容器的清洁性和完整性，保证符合生产要求。 出料操作需注意混合槽倾斜角度，不得超过105°，注意不要散落物料。 操作人员不可裸手接触物料。

3. 生产结束阶段

（1）将制备好的软材及时转移到制湿颗粒工序，过程中注意保持颗粒的清洁与湿润。

（2）将槽型混合机上"正在运行"状态标识换为"待清洁"。

（3）槽型混合机按照《CH-50槽型混合机清洁消毒标准操作规程》进行清洁，填写"设备使用维护记录"。

（4）把生产中收集到的废弃物集中装入废弃物塑料袋中，扎紧袋口，由物流通道传出洁净区外,交清洁工处理。

(5)将槽型混合机上"待清场"状态标识换成"已清场"状态标识并填写相应内容。

备注:(3)至(5)步在制粒结束后,和工序(二)的摇摆式颗粒机一起清洁。

(二)制粒工序

1. 生产前准备阶段【操作同"(一)软材制备"工序】

2. 操作

序号	工序	操作方法及说明	质量标准
1	领取筛网	(1)依据生产指令领取合适的筛网。 (2)检查筛网是否符合生产要求。	(1)筛网孔径及尺寸应当符合生产要求。 (2)确认筛网"完好""已清洁",并在清洁有效期内。
2	设备检查	(1)检查七角滚轮与各部件是否安装到位。 (2)检查机身内润滑油是否达到油线上。	润滑油液位应在油线上,如润滑油不足,需补充润滑油。

（续表）

序号	工序	操作方法及说明	质量标准
3	生产模块的安装	（1）安装筛网与夹管，通过棘轮与爪等零件将筛网锁紧管夹上。 （2）旋转夹管手柄，调节筛网松紧度。	（1）注意筛网夹管上的棘轮应和棘爪匹配，左右不能装反。筛网要紧贴两端端盖、紧固适宜并有一定弹性。 （2）开机空转后，经检查各处应无异常。

（续表）

序号	工序	操作方法及说明	质量标准
		（3）接通电源，按下绿色启动键，让机器空转，检查运转情况是否灵敏。 （4）运转正常后再按红色停止键停机，备用。	
4	制粒	（1）在出料口下方放置套有双层胶袋的塑料桶，用于收集颗粒。 （2）从料斗加入混合好的软材，开机制粒。 （3）操作时软材要逐步加入，不宜太多，以免压力过大，筛网破损。 （4）制粒过程中应当对颗粒进行过程监控。	（1）严禁在开机情况下，用手拨料斗中的物料、清理条状物料、探摸筛网破损情况等。 （2）运行过程中随时检查筛网的完整性，并根据制粒情况调节筛网的松紧度。 （3）运转中发现震动和不正常噪音时应立即停车检查。
5	停机	料斗里的软材已完成制粒，按红色键停车，关闭电源。	若有软材下不来，必须停机后再处理。

3. 生产结束阶段

（1）将制备好的湿颗粒及时转移到干燥工序，过程中注意不要挤压颗粒。

（2）将摇摆式颗粒机机上"正在运行"状态标识换为"待清洁"状态标识。取下门口"生产状态标识"，换上"待清场"标识。

（3）依次拆卸筛网、夹管、七角滚轮等，按照《摇摆式颗粒机清洁消毒标准操作规程》进行清洁，填写"设备使用维护记录"。

（3）把生产中收集到的废弃物集中装入废弃物塑料袋中，扎紧袋口，由物流通道传出洁净区，交清洁工处理。

（4）生产场地按《D级洁净区清洁消毒标准操作规程》进行清洁，按《地漏清洁标准操作规程》清洁地漏，填写"清场记录"。

（5）将门口"待清场"状态标识换成"已清场"状态标识并填写相应内容，将摇摆式颗粒机上"待清场"状态标识换成"已清场"状态标识并填写相应内容。

（6）完成"批生产记录"，检查是否有漏记。

（7）申请QA检查清场情况，如清场合格颁发"清场合格证"，"清场合格证"一式两份，正本存放于本批批生产记录中，副本放于生产现场，用于下一批产品生产前检查，留存于下一批生产记录中。

（三）干燥工序【详见"药物制剂工（五级）的颗粒剂"项】

（四）整粒工序【详见"药物制剂工（五级）的颗粒剂"项】

（五）包装工序

1. 生产前准备阶段【操作同"（一）软材制备"工序】

2. 操作

序号	工序	操作方法及说明	质量标准
1	设备检查	检查各部件安装是否完整，机身内加注润滑油。	对以下部位注油润滑：横封辊的支承部分、纵封辊支承部分、转盘离合器及滑动部分、铜及铜合金的转动部位及具有相对运动的部分。
2	接通电源	接通电源开关。	电源指示灯亮，纵封与横封辊加热器通电。

（续表）

序号	工序	操作方法及说明	质量标准
3	包材安装	（1）把复合膜卷安装在架纸轴上。 （2）下拉复合膜，让其穿过滚筒和连轴套间的间隙后，从控制杆的下方绕过控制杆，向上穿过导向轴，再向下依次经过导纸板、光电头后进入制袋器。	（1）复合膜的印刷面朝设备前方，注意复合膜卷位置居中。

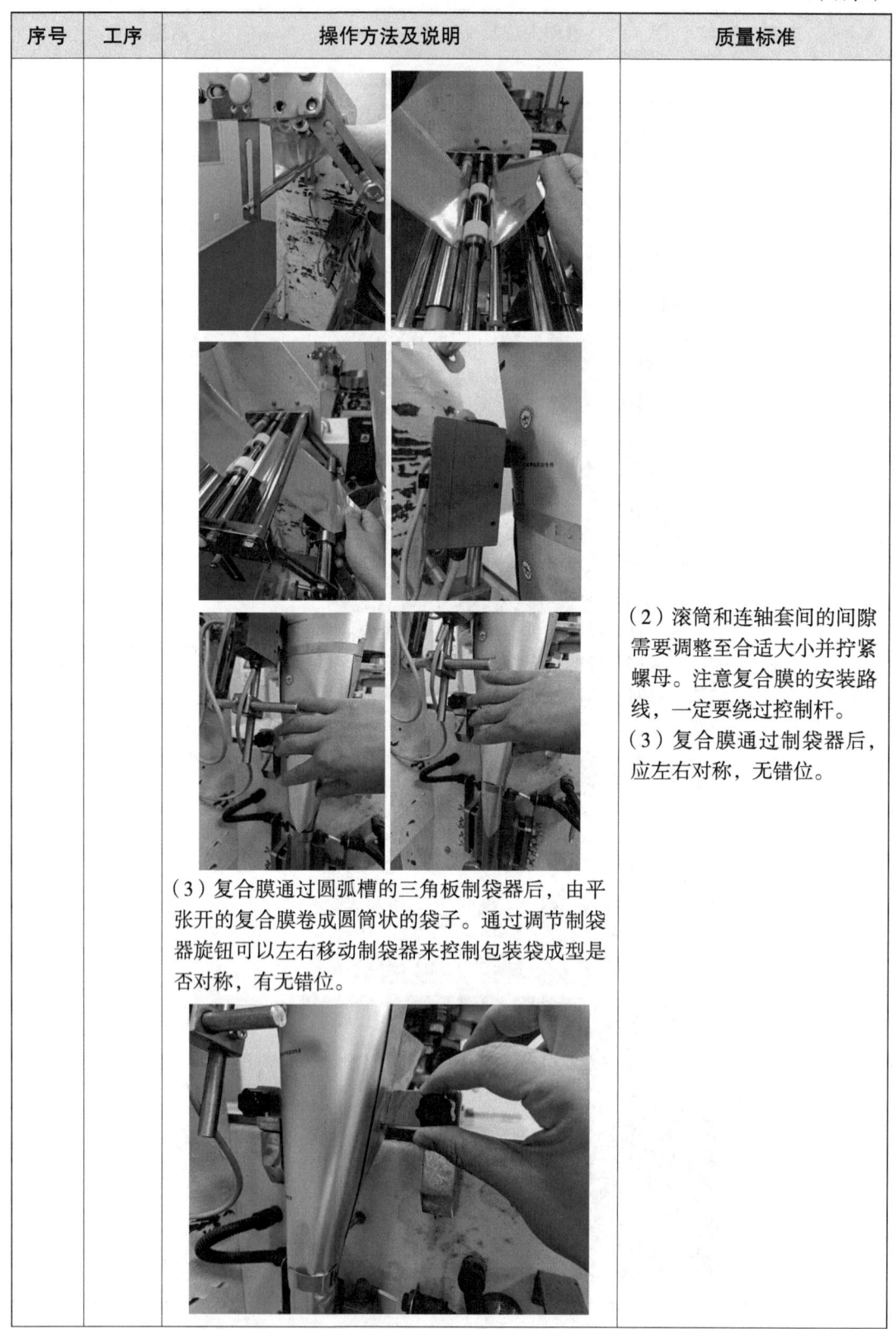

（续表）

序号	工序	操作方法及说明	质量标准
		（3）复合膜通过圆弧槽的三角板制袋器后，由平张开的复合膜卷成圆筒状的袋子。通过调节制袋器旋钮可以左右移动制袋器来控制包装袋成型是否对称，有无错位。	（2）滚筒和连轴套间的间隙需要调整至合适大小并拧紧螺母。注意复合膜的安装路线，一定要绕过控制杆。 （3）复合膜通过制袋器后，应左右对称，无错位。

（续表）

序号	工序	操作方法及说明	质量标准
		（4）复合膜通过左右热封板，再通过左右拉纸轮。按"输纸"按钮，左右两个拉纸轮相向转动，带动包装向下拉动。	
4	参数设置	（1）设置纵封温度、横封温度。纵封温度应比横封温度低一些（低10℃左右）。 （2）设定袋长（若用数控方式，可由控制面板的加、减键直接设定，液晶显示屏有袋长数值设定显示；若用光控方式，则根据光标选择"亮动"/"暗动"、包装速度等参数。	（1）不同的包装材料的封合温度不同，需经过试验来确定合适的封合温度。 （2）在机器停机或运行的工作状态中都能设置袋长。

(续表)

序号	工序	操作方法及说明	质量标准
5	空袋运行调整参数	（1）脱开转盘离合器，待实际温度达到设置温度后，启动开关制备若干个空袋，检查： ①密封性； ②纵封边缘是否错边； ③切刀位置。 （2）调整参数，连续切出数个合格空袋后，取完好空袋精密称重，以称出空袋重。	（1）若密封性不严，则调节纵封温度和横封温度，调整封合压力。 （2）若包装袋在封合后出现错边，应横向移动制袋器，使其往错边多的一侧移动，调整到两边对齐为止。 （3）若发现切刀切在色标上方，可向上调整光电开关（电眼）位置。反之向下调整光电开关（电眼）位置，直至切刀切在色标中间。
6	装量调节	将颗粒加置料斗中，接通转盘离合器。调整供料时间，使横封封合完毕时被包装物料填入袋中。转动装量调节手柄，试包装数袋，称重（减去同样数量的空袋重量，即为内容物重量），将充填量调整至工艺要求。	开机试装少量袋，检查外观，装量合格后方可正式开机分装。

(续表)

序号	工序	操作方法及说明	质量标准
7	包装	（1）将颗粒装入料斗，开车进行包装，及时向料斗补充颗粒。 （2）定时随机抽取包装好的颗粒，进行装量差异检查、密封性能检查并及时记录。 （3）在运转过程中，注意设备运行声音是否协调	（1）随时观察设备运行状态和包装情况。 （2）控制取样时间点，规范称取操作，装量差异限度应符合要求。 （3）发现问题及时调整。
8	停机	切断转盘离合器、切断裁刀离合器、切断电机开关、切断电源开关。	注意停机顺序。

3. 生产结束阶段

（1）填写填充好的袋包颗粒、可回收颗粒、不可回收颗粒的物料交接单，移交中间站（包装间特定位置），生产过程中产生的废弃物及时移出洁净区进行处理。

（2）取下门口"生产状态标识"换上"待清场"标识，将颗粒包装机上"正在运行"状态标识换为"待清洁"。

（3）拆卸复合膜卷、料斗、计量装置，按照《DXDK80C颗粒包装机清洁消毒标准操作规程》进行清洁，填写"设备使用维护记录"。

（4）生产场地按《D级洁净区清洁消毒标准操作规程》进行清洁，按《地漏清洁标准操作规程》清洁地漏，填写"清场记录"。

（5）将门口"待清场"状态标识换成"已清场"状态标识并填写相应内容，将颗粒包装机上"待清场"状态标识换成"已清场"状态标识并填写相应内容。

（6）核算物料平衡，完成"批生产记录"，检查是否有漏记，生产过程中是否有偏差，如有偏差，应当按《偏差处理标准操作规程》处理。

（7）申请QA检查清场情况，如清场合格颁发"清场合格证"，"清场合格证"一式两份，正本存放于本批批生产记录中，副本放于生产现场用于下一批产品生产前检查，留存于下一批生产记录中。

项目三 片剂生产操作

> **药物制剂工（中级）的要求**
>
> **鉴定点：**
> 1. 能使用制粒设备制颗粒；
> 2. 能调节压片设备的速度、压力、充填参数；
> 3. 能监控片剂的硬度、片重差异；
> 4. 能拆装冲模；
> 5. 能配制薄膜包衣液；
> 6. 能使用包衣设备包薄膜衣；
> 7. 能按质量控制点监控薄膜衣质量；
> 8. 能使用装瓶设备包装；
> 9. 能按质量控制点监控装量差异；
> 10. 能使用铝塑泡罩包装设备包装。
>
> **鉴定点解析：**
> 1. 掌握制粒方法和制粒设备操作规程；
> 2. 掌握压片机生产模块的安装、调试、拆卸、清洁以及设备的使用与养护；
> 3. 掌握片剂质量检查的方法；
> 4. 熟悉薄膜包衣液的配制方法；
> 5. 熟悉包衣设备的操作流程；
> 6. 熟悉装瓶设备的工作流程；
> 7. 熟悉铝塑泡罩包装设备的工作流程。

药物制剂工（四级）国家职业标准结合片剂生产实际，本项目涉及制剂准备、配料、制备、清场等内容，重点介绍快速湿法混合制粒机、压片机、硬度测定仪、高效包衣机、多功能装瓶机等生产设备在片剂制粒、压片、包衣、装瓶等工序中的应用。

一、制剂准备

（一）人员准备

片剂制备的生产环境应当符合 D 级洁净区要求，生产操作人员应按照 D 级洁净区人净流程完成人员净化操作，正确穿着 D 级洁净区洁净服。具体内容详见项目一。

（二）生产文件

进入生产区后，人员从物品传递窗口领取批生产指令、生产记录等生产文件。生产指令如表 3-1 所示。

表 3-1 生产指令示例

产品名称	××××片	规格	100 mg	产品批号	20240418
指令起草人	张三	指令签发人	李四	实施负责人	王五
日期	2024年01月17日	日期	2024年04月18日	日期	2024年04月20日
执行部门	××生产部				
编制依据	药品生产质量管理规范				
执行工艺	××××片工艺规程			文件编码	JS-GY-01-04
执行岗位操作法	称量、配料岗位操作法	☑执行	□不执行	文件编码	CZ-SC-02100
	制粒岗位操作法	☑执行	□不执行		CZ-SC-02200
	干燥岗位操作法	☑执行	□不执行		CZ-SC-02300
	整粒、总混岗位操作法	☑执行	□不执行		CZ-SC-02400
	压片岗位操作法	☑执行	□不执行		CZ-SC-02500
	包薄膜衣岗位操作法	☑执行	□不执行		CZ-SC-02700
原辅料用料（量）					
序号	原辅料名称	物料编码	批号	检验单号	数量（g）	备注
1	玉米淀粉	FL-001	20240803	JY-202404-01	200	
2	糖粉	FL-005	20240805	JY-202404-07	180	
3	磷酸氢钙	FL-034	20240701	JY-202404-11	70	
4	维生素 C	YL-020	20240902	JY-202404-14	120	
考核使用设备					
序号	设备名称	规格		设备编号	
1	旋转式压片机	ZP-7A		01	
使用模具					
序号	模具名称	规格		数量	
1	压片机冲模	Φ6 mm 浅弧		1付	

（三）现场准备

依据 GMP 要求检查生产环境温度、湿度、压差是否符合生产要求。检查清场合格证（副本）标识，检查压片、质检等设备情况。

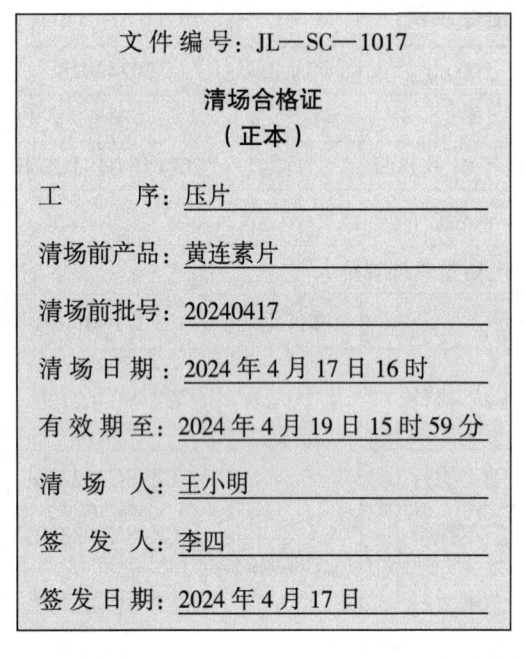

文件编号：JL—SC—1017	文件编号：JL—SC—1017
清场合格证（正本）	清场合格证（副本）
工　　序：压片	工　　序：压片
清场前产品：黄连素片	清场前产品：黄连素片
清场前批号：20240417	清场前批号：20240417
清场日期：2024 年 4 月 17 日 16 时	清场日期：2024 年 4 月 17 日 16 时
有效期至：2024 年 4 月 19 日 15 时 59 分	有效期至：2024 年 4 月 19 日 15 时 59 分
清　场　人：王小明	清　场　人：王小明
签　发　人：李四	签　发　人：李四
签 发 日 期：2024 年 4 月 17 日	签 发 日 期：2024 年 4 月 17 日

图 3-2　清场合格证正副本示例

二、配料

本环节涉及按生产指令核对及领取原辅料、选择合适的称量器具、按照生产工艺流程进行物料交接等内容，详见项目一。

三、片剂制备

（一）制粒

1. 生产前准备阶段

（1）检查上批清场合格证，准备生产的场地是否清洁，是否在清洁有效期内。

（2）检查设备是否"完好"和"已清洁"并在清洁有效期内。

（3）确认洁净区温度、相对湿度、压差是否符合生产要求。

（4）核对本批生产用的文件、记录、物料。

（5）确认生产现场无与本批生产无关的物品。

（6）依据设备操作规程打开设备电源开关，检查设备能否正常运行。

（7）转换状态标识：取下生产车间门口"清场合格证（副本）"纳入本批次生产记录中留存，换上"生产状态标识"（图 3-3）并依据生产指令填写相关内容。取下快速搅拌制粒机上"已清洁"状态标识，换上"正在运行"状态标识。

```
文件编号：JL—SC—1010
        生产状态标识
工　　序：制粒
产品名称：维生素 C 片
规　　格：100 mg
产品批号：20240418
批　　量：100 kg
生产日期：2024 年 4 月 18 日
生产班组：生产 1 组
班 组 长：王小明
```

图 3-3　生产状态标识示例

2. 操作

序号	工序	操作方法及说明	质量标准
1	投料	（1）接通电源，开启压缩空气控制阀。 （2）将物料缸取出，加入物料。 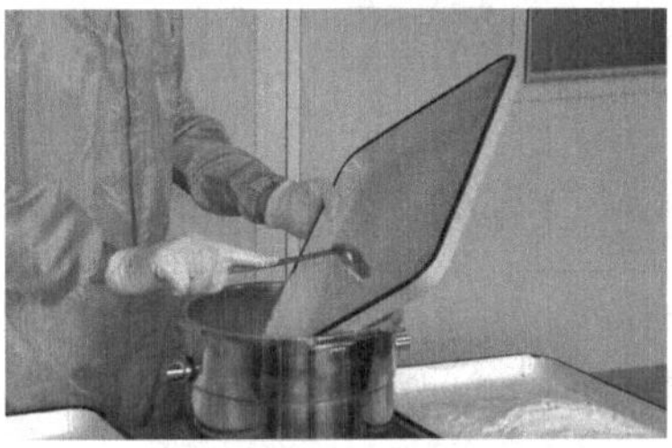 （3）装上并升起物料缸。  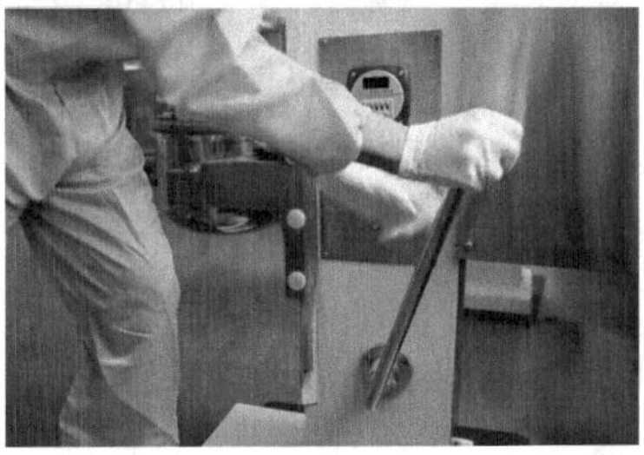	开机前需检查容器的密闭情况，减少物料的损耗。

205

(续表)

序号	工序	操作方法及说明	质量标准
2	混合	（1）设定混合时间。 （2）开启电源。 （3）开启搅拌低速挡。	干料混合不宜打开加液窗观察，以减少物料的损耗。
3	制粒	（1）重新设定混合时间。 （2）从加液窗中加入黏合剂，关闭加液窗。	（1）正确设置搅拌桨、制粒刀的速度及时间，以达到所制的粒度要求。 （2）根据颗粒情况，调整黏合剂的加入方式及用量。

（续表）

序号	工序	操作方法及说明	质量标准
		（3）开启电源，开启搅拌低速挡。开启切割低速挡。 （4）根据工艺要求，低速搅拌、切割一定时间后，切换为高速挡至规定时间。	
4	出料	（1）停止制粒，开启出料缸，出料。 （2）填写生产记录表。	出料后物料转入干燥整粒环节。

表3-2 快速搅拌制粒机制粒记录

（1）制粒											
开始时间：						结束时间：					
操作指令						工艺参数					
将物料均匀送入物料斗中，开机后进行制粒						转速： 时间：					
本批产品分　　锅投料，每锅投投料量在下表填写											
锅次 物料名称	1	2	3	4	5	6	7	8	9	10	
药物（kg）：											
辅料Ⅰ（kg）：											
辅料Ⅱ（kg）：											
备注：											
操作人：						复核人：					
备注：											
（2）现场质量控制情况											
工序		监控点		监控项目			频次			检查情况		
制粒		颗粒		外观、粒度			每批			□正常 □异常		
结论：中间过程控制检查结果（是 否）符合规定要求 说明：											
工序负责人：								技术主管：			

3. 生产结束阶段

（1）填写制备好的颗粒的物料交接单，及时转交到下一工序，过程中注意保持颗粒的含水量。

（2）取下门口"生产状态标识"换上"待清场"标识，将快速湿法混合制粒机上"正在运行"状态标识换为"待清洁"。

（3）快速湿法混合制粒机按照清洁消毒标准操作规程进行清洁，填写"设备使用维护记录"。

（4）把生产中收集到的废弃物集中装入废弃物塑料袋中，扎紧袋口，由物流通道传出洁净区，交清洁工处理。

（5）生产场地按《D级洁净区清洁消毒标准操作规程》进行清洁，按《地漏清洁标准操作规程》清洁地漏，填写"清场记录"。

（6）将门口"待清场"状态标识换成"已清场"状态标识并填写相应内容。

（7）核算物料平衡，完成"批生产记录"，检查是否有漏记，生产过程中是否有偏差，如有偏差，应当按《偏差处理标准操作规程》处理。

（8）申请 QA 检查清场情况，如清场合格颁发"清场合格证"（图3-3），"清场合格证"一式两份，正本存放于本批批生产记录中，副本放于生产现场用于下一批产品生产前检查，留存于下一批生产记录中。

（二）压片

1. 生产前准备阶段【操作同"（一）制粒"工序】

2. 操作

序号	工序	操作方法及说明	质量标准
1	领取冲模	（1）依据生产指令领取合适的冲模。 （2）检查模具是否符合生产要求。 （3）使用消毒酒精湿润过的专用抹布对冲模进行消毒。	（1）使用游标卡尺量度冲模直径，尺寸应当符合生产要求。 （2）领取的冲模不能有磨损、缺角、变形情况。

（续表）

序号	工序	操作方法及说明	质量标准
2	安装中模	（1）手动盘车，将需要安装的冲孔转至安装位置。 （2）拧开中模固定螺丝。 （3）将中模平放入模孔。 （4）使用工具敲击至与转台相平。 （5）固紧螺丝。	（1）拆装模具时要用手动盘车。按下急停按钮或关闭总电源，只限由一人操作，以免发生危险。 （2）安装中模必须检查中模不高出转盘，并固紧中模螺丝。

（续表）

序号	工序	操作方法及说明	质量标准
3	安装上冲	（1）先拆下鸭舌板（嵌舌板）。 （2）将上冲插入冲孔内，检验冲头进入中模，且上下滑动灵活。 （3）装完所有上冲后装上鸭舌板（嵌舌板），固紧螺丝。	（1）上冲装入上轨道，装毕后安装嵌舌，上下冲不能装反。 （2）安装上下冲必须检查冲模在冲孔中活动是否顺畅。 （3）冲模不得碰撞或掉落。 （4）安装上下冲时，手轮不得反转。
4	安装下冲	（1）取下下轨道的盖板。	（1）下冲装入下轨道，装毕后安装下冲轨盖板。

(续表)

序号	工序	操作方法及说明	质量标准
		（2）将下冲插入模孔。 （3）检验冲头进入中模，且上下滑动灵活。 （4）将冲模顶起，使其高于下轨道平台，转动手轮使下冲掉落在轨道上。 （5）装完所有下冲后装上盖板。	（2）安装上下冲必须检查冲模在冲孔中活动是否顺畅。 （3）冲模不得碰撞或掉落。 （4）安装上下冲时，手轮不得反转。 （5）全部冲模安装完毕，转动手轮使转台旋转2周，观察运行情况，无碰撞和卡阻为合格。
5	安装加料器	将加料器平放于转台上，拧紧固定螺丝。	加料器左边的挡板必须紧贴转盘。
6	安装加料斗	安装时将加料斗对准加料器右边第一格，调整加料斗的高度。	加料斗与转台面平，高低准确：过高易漏粉，过低则易磨损。

（续表）

序号	工序	操作方法及说明	质量标准
7	检查安装情况	全部安装完毕，转动手轮使转台旋转2周观察运行情况。	检查过程如有卡阻、异响等情况，应立即停止手轮，检查并排除问题。
8	机台润滑	给压片机加注润滑油脂。	润滑油脂适量即可，避免污染药品。

（续表）

序号	工序	操作方法及说明	质量标准
9	开机运行	插上电源，进行压片机空机开机、调速、关机操作，观察设备运行情况。	压片机开关机流程：将压片机的调速旋钮先调至0→启动→调速→归0→关机。检查过程如有卡阻、异响等情况，应立即关掉电源，检查并排除问题。
10	片剂充填量的调节	（1）充填调节旋钮向"+"调，增加装量。充填调节旋钮向"-"调，减少装量。 （2）根据生产指令中的"片重"和"装量差异限度"计算片重范围。 （3）将压片机的充填量调节至合格片重范围。	（1）调节时应注意加料器中有足够的颗粒，同时调节压力使片子有足够的硬度，以便称量。 （2）每次充填量调节后取样，要避开前面的药片，确保取样准确。 （3）取样使用小药铲或药筛。 （4）使用电子天平称量10片的片重，计算平均片重，并记录。 （5）电子天平读数时需关闭玻璃门。每次使用完毕要及时清洁天平。 （6）片重以接近片重范围的中点为最佳，不能正好为上、下限。
11	片剂厚度（压力）调节	（1）压力调节旋钮向"+"调，增加压力。压力调节旋钮向"-"调，减少压力。 （2）当充填量调定后，检查片剂的厚度及硬度，再做适当的微调，直至合格。	（1）每次调节压力后取样，要避开前面的药片，确保取样准确。 （2）取样使用小药铲或药筛。 （3）使用硬度测定仪测定3个药片的硬度值，读取平均硬度值，并记录。 （4）根据当前片剂硬度调节压力调节旋钮，使片剂符合内控标准的要求。

(续表)

序号	工序	操作方法及说明	质量标准
12	压制片剂	压制片重、硬度均符合内控标准的片剂，直至物料斗里没有物料为止。	片重、硬度均符合内控标准的片剂为合格品。
13	拆机	（1）拆卸加料斗。 （2）拆卸加料器。 （3）拆卸冲模。	（1）拆装模具时要用手动盘车。按下急停按钮或关闭总电源，只限由一人操作，以免发生危险。 （2）冲模的拆卸顺序必须先拆上冲、下冲，再拆中模。 （3）上冲拆完必须将嵌舌安装回原位。 （4）下冲拆完必须将垫块复原。
14	设备维护	（1）机台润滑。 （2）模具清洁保养。 （3）填写记录。	（1）在压片前按照设备操作要求对需要加注润滑油、脂的各润滑点进行润滑。 （2）清洁后的模具按要求进行乙醇擦拭加油保护。 （3）填写设备日常使用维护记录。

3. 生产结束阶段【操作同"（一）制粒"工序】

（三）片剂质检

序号	工序	操作方法及说明	质量标准
1	硬度	将药片立于两块压板之间，沿片剂直径方向徐徐加压，直至破碎，测定使其破碎所需之力。一般采用片剂硬度测定计。	硬度需符合内控标准的要求，否则硬度检查不合格。

（续表）

序号	工序	操作方法及说明	质量标准
2	重量差异	取药片20片，精密称定总重量，求得平均片重，再分别精密称定每片的重量	每片重量与平均片重相比较，超出重量差异限度的药片不得多于2片，并不得有1片超出限度的一倍，否则重量差异检查不合格。

（四）片剂包薄膜衣

1. **生产前准备阶段【操作同"（一）制粒"工序】**
2. **操作**

序号	工序	操作方法及说明	质量标准
1	包衣液配制	配液罐清洁消毒→根据生产指令中片总重计算包衣液需用量→加入需用溶剂→搅拌，缓缓加入包衣粉→继续搅拌30分钟→过80目筛→清场→填写记录。	（1）粉末的加入要保持匀速，随着溶液黏度的不断增加，可能需要提高速度，以保持原有漩涡。 （2）包衣加料过程一般在5分钟内完成，时间过长会影响粉末的溶散效果。 （3）加料完毕后应保持搅拌，配制水溶型包衣粉在搅拌中易产生气泡，因此搅拌速度不宜太快，否则包衣液中过量的空气会影响成膜效果。

(续表)

序号	工序	操作方法及说明	质量标准
2	包衣	开机前的准备工作→开电源→点手动→点温控,设定温度参数→加料→匀浆→排风→热风→喷枪→喷浆,调整喷液速度、雾化状态→包衣→出料。	将包衣液均匀喷到药片上,喷液量由小至大逐渐调节流量,调整时随时观察锅壁和药片,确保药片不粘片、不粘锅,当喷液速度和干燥速度稳定后进行正常包衣,并注意观察包衣过程温度、喷液情况、药片外观等的变化,适时进行调整。
3	质量控制	按标准挑选出包衣不合格的薄膜衣片,填写记录表。	外观:无粘连,无花斑,无色差,片面光滑,完整光洁,色泽均匀。

3. 生产结束阶段【操作同"(一)制粒"工序】

(五)片剂装瓶

1. 生产前准备阶段【操作同"(一)制粒"工序】

2. 操作

序号	工序	操作方法及说明	质量标准
1	装瓶机的使用	(1)加瓶、瓶塞:开启"自动续瓶"程序,向灌装机料仓内加入PE瓶。开启"加瓶"键进行预震,使包装瓶运行至翻板处;手工加入瓶塞,开启"加盖"键,使其充满滑道。 (2)续料:开启"小车自动续粒"程序。 (3)自动运行:进入数粒界面,观察各道数字是否正常显示为当批生产合格灌装量,进入自动运行模式,根据生产指令,开机生产。 (4)过程监控:生产过程中随时观察灌装机上的料位电眼、续瓶机构、数粒机构、滚筒机构、压盖机构、剔除机构等工作情况,以及机器上包材的使用情况。	开机前的准备工作→加瓶→续料→自动运行→过程监控→清场→填写记录。
2	装量差异检查	每间隔15分钟取样1次,每次取样1瓶(不同品种时间安排不同),放于电子天平上,分别精密称定重量;每隔30分钟取样一次,每次取样1瓶(不同品种时间安排不同),打开检查装片数量。	(1)每瓶装量与标示装量(标示装量为加盖空瓶重量、片重之和;装片数量)相比较,装量差异限度应符合要求。 (2)装量差异检查采用重量法和数片法,二者可同时采用,也可只采用一种方法(按工艺要求进行)。

3. 生产结束阶段【操作同"(一)制粒"工序】

(六)铝塑泡罩包装设备

见胶囊剂制备项目的铝塑泡罩包装设备内容。

项目四　丸剂生产操作

> **药物制剂工（中级）的要求**
>
> **鉴定点：**
> 1. 能使用混合设备制丸块；
> 2. 能使用塑丸设备制丸；
> 3. 能使用装瓶设备包装。
>
> **鉴定点解析：**
> 1. 掌握制丸块常用的混合设备槽型混合机的设备操作；
> 2. 掌握中药多功能制丸机的安装、拆卸、清洁以及设备的使用与养护；
> 3. 了解丸剂装瓶设备的工作流程。

在药物制剂工（五级）的丸剂制备中重点介绍了使用炼蜜设备进行炼蜜的操作，以及中药粉末的混合设备、烘干设备、选丸设备的操作，依据药物制剂工（四级）国家职业标准结合蜜丸生产实际，本项目涉及制剂准备、配料、制备、设备使用与维护、清场等内容，重点介绍槽型混合机、中药多功能制丸剂、多功能装瓶机等生产设备在丸剂制丸块、制丸粒、装瓶等工序中的应用。

一、制剂准备

（一）人员准备

中药蜜丸的生产环境应当符合 D 级洁净区要求，生产操作人员应按照 D 级洁净区人净流程完成人员净化操作，正确穿着 D 级洁净区洁净服。依据《药品生产质量管理规范（2010 年修订）》（以下简称 GMP）要求，进入洁净生产区的人员不得化妆和涂抹粉质护肤品和佩戴饰物、手表，不得涂抹指甲油、喷发胶等。

（二）生产文件

进入生产区后，人员从物品传递窗口领取批生产指令、生产记录等生产文件。批生产指令是指根据生产需要下达的，有效组织生产的指令性文件。其目的是规范批生产指令的管理，使生产处于规范化的、受控的状态。各生产厂家的批生产指令不尽相同，但都应涵盖本批生产产品的基本信息，如品名、批号、规格等，如表4-1所示。

表4-1 小蜜丸生产指令示例

产品名称	×××丸（小蜜丸）		产品批号		H1008
规格	每8丸相当于饮片3 g		批量		38万丸（115 kg）
指令起草人	张三	指令签发人	李四	实施负责人	王五
日期	2024年01月17日	日期	2024年01月18日	日期	2024年01月20日
执行部门	××生产部				
编制依据	药品生产质量管理规范（2010年修订）				
执行工艺	×××丸工艺规程			文件编码	JS-GY-08-10
执行岗位操作法	称量、配料岗位操作法	☑执行	□不执行	文件编码	CZ-SC-03100
	混合岗位操作法	☑执行	□不执行		CZ-SC-03200
	丸剂制软材岗位操作法	☑执行	□不执行		CZ-SC-03300
	制丸岗位操作法	☑执行	□不执行		CZ-SC-03400
	丸剂包装岗位操作法	☑执行	□不执行		CZ-SC-03500
批处方					
序号	原辅料名称	物料编码	批号	数量（kg）	备注
1	中药粉末（混合料）	YL001K	H1008	50	
2	蜂蜜	FY0089	N7306	—	
考核使用设备					
序号	设备名称		规格		设备编号
1	槽型混合机		CH-100		#01
2	中药多功能制丸机		4~8 mm制丸机		No.09010
使用模具					
序号	模具名称		规格		数量
1	丸条板		Φ5.4 mm		1块
	制丸刀轮		Φ5.5 mm		1付（两个）

在生产操作前需仔细阅读生产文件，依据 GMP 要求检查生产环境温度、湿度、压差是否符合生产要求。D 级洁净区一般保持温度 18～26℃，湿度 45%～65%。洁净区与非洁净区之间、不同级别洁净区之间的压差应当不低于 10 Pa。必要时，相同洁净度级别的不同功能区域（操作间）之间也应当保持适当的压差梯度。检查生产现场悬挂有上一批次"清场合格证（副本）"，并在清场有效期范围内。生产现场无与本批次生产无关的物品、文件等。

二、配料

（一）物料核对

生产用原辅料外包装明显位置应当张贴物料标签或标注如品名、规格（如有）、批号、物料编码、有效期等基本信息。为保障物料准确无误，复核生产要求，生产人员应当核对物料标签信息是否与本批生产指令（或领料单）要求一致。确认物料已检验并附有检验合格证（图 4-2），同时检查物料外观，包装完好无破损、污渍、无虫鼠侵害迹象，物料性状良好，无变色、结块等异常情况。如物料信息与生产要求不符，或检查有异常则物料不得用于生产，生产人员应当及时上报异常，按异常情况处理。

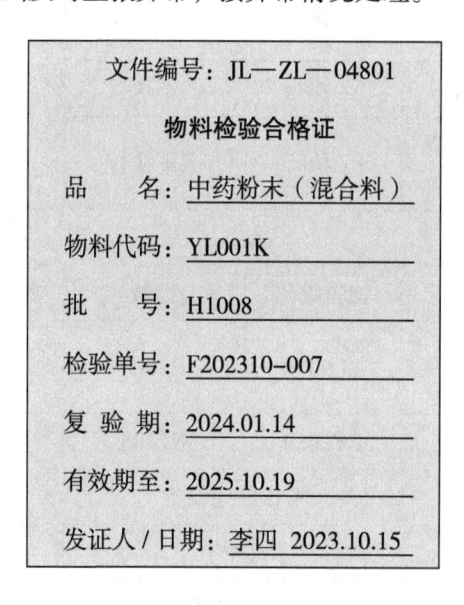

```
文件编号：JL—ZL—04801
物料检验合格证
品    名：中药粉末（混合料）
物料代码：YL001K
批    号：H1008
检验单号：F202310-007
复 验 期：2024.01.14
有效期至：2025.10.19
发证人／日期：李四 2023.10.15
```

图 4-1　物料检验合格证示例

（二）物料称量

在生产中如领取的物料包装量与生产批量一致，须对物料重量进行复核，如包装量与批量不一致，须进行称量操作。由于物料称量是产尘量较高的操作，因此一般需到相对负压控制的称量间或层流台中操作，避免产生污染、交叉污染。

对于配料而言，称量的准确度和精确度，对制剂的投料质量会带来重要影响。GMP 规定称量需双人操作，一人称量一人复核，以保证称量的准确性。对物料称量所用的衡器也有明确的计量要求，衡器必须通过有资质的法定计量单位检定合格、贴有计量合格证并在检定有效期内才能用于生产。衡器在使用过程中必须摆放水平，为防止计量器具在长时间使用过程中传感部件老化或者移动导致计量偏差，生产人员应当定期采用标准砝码进行常规的计量校准和维护以及进行衡器的水平校准，以确保电子秤的准确性和可靠性。

药品生产过程中，对称量的精度要求，多为千分之一，即为0.1%的称量精度。制剂质量检查过程中，单剂量重量差异至少允许在±5%以内，采用光谱或色谱分析，测定结果也允许标准偏差（RSD）在2%以内，因此，药品生产过程中的称量精度控制在千分之一（0.1%），对制剂单剂量有效成分的含量带来影响极微，不影响药品的内在质量。在称量物料时以称量物料重量±0.1%精度范围选择合适的衡器，例如：批处方中药粉末50 kg，则称量精度允许范围为50±0.05 kg，应当选择量程100 kg的衡器，并且衡器的称量准确性到0.01 kg。

（三）物料交接

称量完成后，将称好的原辅料采用"回头扎"的方式系好扎带，放在相应的备料垫板或备料小车上，称量人填写物料标识卡、称量记录，复核人复核无误后签名确认。同一批生产用的物料集中存放于指定地点或区域，等待后续岗位或工序的人员领取，同时做好物料交接记录。

若有剩余原辅料应当妥善封口、称量剩余量，填写并粘贴退料，放于原包装中退回原辅料存放间或仓库。物料管理员复核品名、批号、数量，填写物料台账。

三、蜜丸制备

（一）软材制备

1. 生产前准备阶段

（1）检查上批清场合格证，准备生产的场地是否清洁，是否在清洁有效期内。

（2）设备是否"完好"和"已清洁"并在清洁有效期内。

（3）洁净区温度、相对湿度、压差是否符合生产要求。

（4）核对本批生产用的文件、记录、物料。

（5）确认生产现场无与本批生产无关的物品。

（6）依据槽型混合仪操作规程打开设备电源开关，检查设备能否正常运行，时间继电器能否准确计时。

（7）转换状态标识：取下生产车间门口"清场合格证（副本）"纳入本批次生产记录中留存，换上"生产状态标识"（图4-3）并依据生产指令填写相关内容。取下槽型混合机上"已清洁"状态标识，换上"正在运行"状态标识。

```
文件编号：JL—SC—1010
          生产状态标识

工     序：制软材
产品名称：××丸（小蜜丸）
规     格：每 8 丸相当于饮片 3 g
产品批号：H1008
批     量：38 万丸（115 kg）
生产日期：2023 年 9 月 21 日
生产班组：生产 1 组
班 组 长：王小明
```

图 4-2　生产状态标识示例

2. 操作

序号	工序	操作方法及说明	质量标准
1	投料	（1）拿开槽型混合机盖子； （2）点击"下行"按钮，调整混合槽倾斜 30°～45°； （3）将中药粉末加至混合槽内； （4）点击"上行"按钮，使混合槽回正； （5）将混合槽盖子盖上。 	（1）调整混合槽角度前必须将混合槽盖子移开放置妥当，防止盖子掉落； （2）搅拌槽调整倾斜到合适位置方便加料； （3）加粉时防止撒落； （4）混合槽回正水平； （5）开机前需将混合槽盖子盖好。
2	干混	（1）依据工艺规程要求设定搅拌时间； （2）点击"正转"按钮开启搅拌； （3）到达搅拌时间后，机器自动停止。 	（1）须先设定好搅拌时间再开启搅拌； （2）在搅拌过程中，操作人员不得打开盖板，不得用手接触机器运行部位。

（续表）

序号	工序	操作方法及说明	质量标准
3	制丸块	（1）打开盖子加入炼蜜加至混合槽内，盖上盖子； （2）设定搅拌时间，点击"正转"按钮开启搅拌； （3）设定搅拌时间，点击"反转"使物料充分混合。	（1）注意炼蜜不得一次性全部加入，应当观察物料状态，分次加入至无干粉； （2）先"正转"再"反转"使物料充分混合，消除搅拌死角； （3）合格的丸块应当色泽一致、软硬适中、湿度适宜、光滑、可塑性强。
4	出料	（1）使用干净容器或托盘放置于搅拌槽下方地面； （2）打开盖子，点击"下行"按钮，使混合槽倾斜105°左右； （3）点击"正转"出料，再点击"反转"完成所有物料出料操作； （4）点击"上行"按钮，使机器回正，关闭机器电源。	（1）需检查装料容器的清洁性和完整性，保证符合生产要求； （2）出料操作需注意混合槽倾斜角度，注意不要散落物料； （3）操作人员不可裸手接触物料。

3. 生产结束阶段

（1）填写制备好的丸块的物料交接单，及时转交到下一工序，过程中注意保持丸块的清洁与湿润。

（2）取下门口"生产状态标识"换上"待清场"标识，将槽型混合机上"正在运行"状态标识换为"待清洁"。

（3）槽型混合机按照《CH-100槽型混合机清洁消毒标准操作规程》进行清洁，填写"设备使用维护记录"。

3.4 把生产中收集到的废弃物集中装入废弃物塑料袋中，扎紧袋口，由物流通道传出洁净区，交清洁工处理。

3.5 生产场地按《D级洁净区清洁消毒标准操作规程》进行清洁，按《地漏清洁标准操作规程》清洁地漏，填写"清场记录"。

3.6 将门口"待清场"状态标识换成"已清场"状态标识并填写相应内容，将槽型混合机上"待清场"状态标识换成"已清场"状态标识并填写相应内容。

3.7 核算物料平衡，完成"批生产记录"，检查是否有漏记，生产过程中是否有偏差，如有偏差，应当按《偏差处理标准操作规程》处理。

3.8 申请QA检查清场情况，如清场合格颁发"清场合格证"（图4-4），"清场合格证"一式两份，正本存放于本批批生产记录中，副本放于生产现场用于下一批产品生产前检查，留存于下一批生产记录中。

文件编号：JL—SC—1017	文件编号：JL—SC—1017
清场合格证 （正本）	清场合格证 （副本）
工　　序：制丸	工　　序：制丸
清场前产品：逍×丸	清场前产品：逍×丸
清场前批号：K1008	清场前批号：K1008
清场日期：2023年10月20日16时	清场日期：2023年10月20日16时
有效期至：2023年9月22日15时59分	有效期至：2023年9月22日15时59分
清　场　人：王小明	清　场　人：王小明
签　发　人：李四	签　发　人：李四
签发日期：2023年10月20日	签发日期：2023年10月20日

图4-3　清场合格证正副本示例

（二）制丸工序

1. 生产前准备阶段【操作同"（一）软材制备"工序】

2. 操作

序号	工序	操作方法及说明	质量标准
1	领取模具	（1）依据生产指令领取合适的"丸条板""制丸刀轮"。 （2）检查生产模具是否符合生产要求。	（1）模具规格尺寸应符合生产要求。 （2）确认模具"完好""已清洁"，并在清洁有效期内。

（续表）

序号	工序	操作方法及说明	质量标准
2	设备检查	（1）检查机器电源、显示屏、急停按钮可正常工作。 （2）打开设备右侧门，检查全自动中药制丸机油箱液位。	（1）打开电源，电源灯亮，机器可正常启动，显示屏触控灵敏、可正常设定参数，机器可平稳启动，急停按钮正常； （2）观察润滑油液位应在视镜范围内，如润滑油不足，需补充润滑油。
3	生产模块的安装	（1）正确安装两块翻料板。 （2）正确安装螺旋送料杆。 （3）正确安装丸条板及紧固螺母。	（1）翻料板有大小之分，点击屏幕"制条启"按钮调整轴部旋转位置，大翻料板安装在内侧，小翻料板安装在外侧，使用T型套筒外六角扳手紧固螺丝。 （2）螺旋送料器限位器方向安装在料仓内，安装方向正确，限位卡位精准。

（续表）

序号	工序	操作方法及说明	质量标准
		（4）正确安装两个制丸刀轮。 （5）正确安装两个毛刷。 （6）酒精桶内装上食用级 95% 乙醇，放置到顺条器上方。 （7）安装完成后检查各零件的紧固性。 （8）检查各生产部件紧固性。	（3）丸条板三个出条孔须呈倒三角，如为多孔式丸条板，须注意出条孔要错开排列，上下孔不得平行，防止丸条交叠。 （4）丸条板紧固螺母采用勾型扳手紧固。 （5）两个制丸刀的刀轮牙尖需对齐，才可保障制得的丸剂光滑圆整。 （6）毛刷的安装应当靠近刀轮，以起到毛刷对制丸刀轮的清洁作用。 （7）酒精桶的滴头应对齐两制丸刀轮中间位置，酒精滴落时能润滑每一粒丸粒，起到防止丸粒粘连的作用。 （8）所有生产模块安装完毕后，在机器开启之前需对各零部件进行安装紧固性检查，利用扳手等工具检查部件螺丝、螺母无松动。

（续表）

序号	工序	操作方法及说明	质量标准
4	制丸	（1）检查清理机器台面。 （2）接通机器电源，开机试运行。 （3）打开酒精桶阀门，调整酒精滴速。 （4）将上一工序制得的丸块加至搅拌仓内。 （5）将制出的药条轻轻搭在顺条器上方，再进入两制丸刀轮中间，制丸刀滚动、前后移动进行制丸。 （6）制丸过程中应当对丸粒进行过程监控。 （7）将所制丸粒平铺于洁净托盘中，填写中间产品标签与物料流转单，移交至下一工序。	（1）检查机器台面有无装机时遗落的零部件，如有遗漏需于开机前清理出台面并消毒。 （2）打开主机电源→控制面板开→制条启→输条启→搓丸启，依据工艺规程设定制丸速度，空机试运行3 min，机器运行顺畅、无异响。 （3）使桶内95%乙醇匀速滴落，润湿制丸刀。 （4）将丸块投入搅拌仓，通过翻料板的挤压与螺旋送料杆的输送，将丸条从丸条板中挤压成条，投料之初可反复炼药挤压多次，使丸条顺滑。 （5）工作开始一般是先将一根药条，通过速度适配器调节输条速度与搓丸速度相匹配，若输条速度太快，丸条容易垂落堆积；反之，若搓丸速度太快，则容易拉断丸条。 （6）制得蜜丸应细腻滋润、软硬适中、外观圆整、大小色泽均匀、不能有粘连现象。 （7）按要求收集生产的丸粒，以及正确填写物料标识卡。

3. 生产结束阶段

（1）停机，依据搓丸停→输条停→制条停→控制面板关→关闭主机电源的顺序关闭机器。

（2）取下门口"生产状态标识"换上"待清场"标识，将中药多功能制丸机上"正在运行"状态标识换为"待清洁"状态标识。

（3）拆卸直接接触药品的生产模块，依据酒精桶→毛刷→制丸刀→丸条板紧固螺母→丸条板→送料螺杆→送料板的顺序拆卸，中药多功能制丸机及生产模块按照《中药多功能制丸机清洁消毒标准操作规程》进行清洁，填写"设备使用维护记录"的填写。

（4）把生产中收集到的废弃物集中装入废弃物塑料袋中，扎紧袋口，由物流通道传出洁净区，交清洁工处理。

（5）生产场地按《D级洁净区清洁消毒标准操作规程》进行清洁，按《地漏清洁标准操作规程》清洁地漏，填写"清场记录"。

（6）将门口"待清场"状态标识换成"已清场"状态标识并填写相应内容，将中药多能制丸机上"待清场"状态标识换成"已清场"状态标识并填写相应内容。

（7）核算物料平衡，完成"批生产记录"，检查是否有漏记，生产过程中是否有偏差，如有偏差，应当按《偏差处理标准操作规程》处理。

（8）申请QA检查清场情况，如清场合格颁发"清场合格证"，"清场合格证"一式两份，正本存放于本批批生产记录中，副本放于生产现场用于下一批产品生产前检查，留存于下一批生产记录中。

（三）装瓶工序

1. 生产前准备阶段【操作同"（一）软材制备"工序】

2. 操作

（1）加瓶、瓶塞：开启"自动续瓶"程序，向装瓶机瓶身仓内加入药瓶。开启"加瓶"键进行预震，使药瓶运行至翻板处；向瓶塞仓内加入瓶塞，开启"加盖"键，使其充满滑道。

（2）续料：将袋包装产品用真空加料装置加至装瓶机料斗内，开启"自动续粒"程序，当斗内余料不足时可以自动加料。

（3）自动运行：进入"数粒"界面，依据本批瓶装量设定每瓶罐装量，进入"自动运行"模式，开始生产。

（4）过程监控：生产过程中，随时观察罐装机上的料位自动检测装置、续瓶机构、数粒机构、滚筒机构、压盖机构、剔除机构等工作情况，以及机器上瓶身、瓶盖包材的使用情况。

3. 生产结束阶段【操作同"（一）软材制备"工序】

项目五　提取物制备操作

药物制剂工（中级）的要求

鉴定点：

1. 能使用多功能提取设备回流浸提饮片；
2. 能使用渗漉设备浸提饮片；
3. 能配制不同浓度的乙醇；
4. 能按工艺要求控制加醇量、蒸汽压力、提取时间；
5. 能按工艺要求控制渗漉速度；
6. 能使用初滤设备滤过药液；
7. 能使用喷雾干燥设备干燥物料。

鉴定点解析：

1. 熟悉中药饮片回流提取方法、中药提取液真空浓缩方法；
2. 掌握多功能中药提取浓缩机组的操作规程，能使用多功能中药提取浓缩机组进行中药饮片的回流提取和提取液的真空浓缩，能按工艺要求控制加醇量、蒸汽压力、提取时间，以及能够进行该设备的日常养护；
3. 掌握不同浓度乙醇的配制方法，能根据需要配制不同浓度的乙醇；
4. 能使用板框过滤器进行中药提取液的初滤操作；
5. 熟悉中药饮片的渗漉提取方法，能使用渗漉器（筒）进行中药饮片的渗漉提取，同时能按工艺要求控制渗漉速度；
6. 熟悉喷雾干燥法，能使用喷雾干燥设备进行中药饮片提取浓缩液的干燥。

药物制剂工（四级）国家职业标准结合中药提取物制备生产实际，本项目涉及制剂准备、配料、制备、清场、设备维护等内容，重点介绍多功能中药提取浓缩机组、板框过滤器、喷雾干燥机、渗漉器等生产设备在中药回流提取、药液初滤、药液的真空浓缩、浓缩液喷雾干燥等工序的应用，同时学习渗漉器在中药提取工序中的应用。

一、制剂准备

（一）人员准备

提取物制备的生产环境应当符合 D 级洁净区要求，生产操作人员应按照 D 级洁净区人净流程完成人员净化操作，正确穿着 D 级洁净区洁净服。具体内容详见项目一。

(二) 生产文件

进入生产区后，人员从物品传递窗口领取批生产指令、生产记录等生产文件。生产指令如下表所示。

表 5-1 提取物生产指令示例

产品名称	××× 提取物	批量处方	2 kg	批号	H1008
指令起草人	张三	指令签发人	李四	实施负责人	王五
日期	×× 年 ×× 月 ×× 日	日期	×× 年 ×× 月 ×× 日	日期	×× 年 ×× 月 ×× 日
执行部门	×× 生产部				
编制依据	《中国药典》（最新版本）一部 ×× 页、药品生产质量管理规范				
执行工艺	××× 提取物生产工艺规程			文件编码	JS-GY-01-05
执行岗位操作法	称量、配料岗位操作法	☑执行	□不执行	文件编码	CZ-SC-05100
	水提岗位操作法	☑执行	□不执行		CZ-SC-05200
	粗滤岗位操作法	☑执行	□不执行		CZ-SC-05300
	真空浓缩岗位操作法	☑执行	□不执行		CZ-SC-05400
	液喷雾干燥岗位操作法	☑执行	□不执行		CZ-SC-05500
	渗漉岗位操作法	☑执行	□不执行		CZ-SC-05600
原辅料用料（量）					
序号	原辅料名称	物料代码	批号	检验单号	批量处方（kg）	备注
1	连翘	FL-001	20240216	JY-202405-01	2	
2						
使用设备						
序号	设备名称		规格		设备编号	
1	多功能中药提取浓缩机组		TN-50		1-P-P2-01	
2	喷雾干燥机		B/0G-8005		1-P-P2-02	

（三）现场准备

依据 GMP 要求检查生产环境温度、湿度、压差是否符合生产要求。检查清场合格证（副本），清场合格证正副本如图 5-1。检查电子秤（或磅秤）是否有校验合格证，并在有效期内。检查多功能中药提取浓缩机组、喷雾干燥机等设备情况和状态标识。

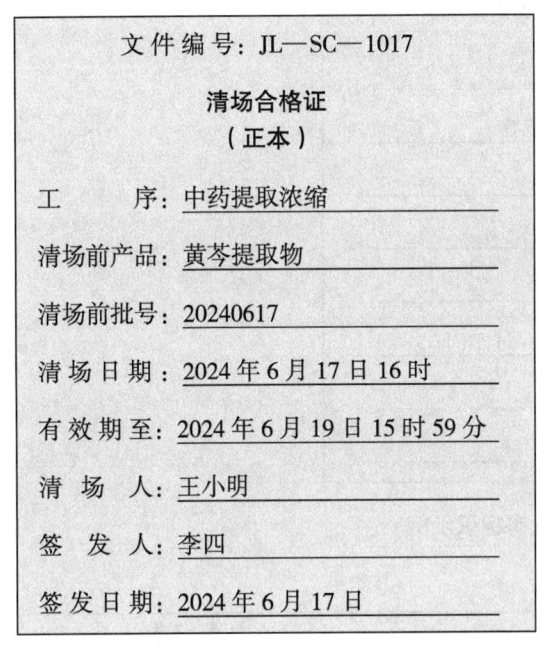

文件编号：JL—SC—1017 **清场合格证** （正本） 工　　　序：中药提取浓缩 清场前产品：黄芩提取物 清场前批号：20240617 清场日期：2024 年 6 月 17 日 16 时 有效期至：2024 年 6 月 19 日 15 时 59 分 清　场　人：王小明 签　发　人：李四 签发日期：2024 年 6 月 17 日	文件编号：JL—SC—1017 **清场合格证** （副本） 工　　　序：中药提取浓缩 清场前产品：黄芩提取物 清场前批号：20240617 清场日期：2024 年 6 月 17 日 16 时 有效期至：2024 年 6 月 19 日 15 时 59 分 清　场　人：王小明 签　发　人：李四 签发日期：2024 年 6 月 17 日

图 5-1　清场合格证正副本示例

二、配料

本环节涉及按生产指令核对及领取原辅料、选择合适的称量器具、按照生产工艺流程进行物料交接等内容，详见项目一。

三、提取物制备

（一）回流提取和真空浓缩

1. 生产前准备阶段

（1）检查上批清场合格证，准备生产的场地是否清洁，是否在清洁有效期内。

（2）确认设备是否"完好"和"已清洁"并在清洁有效期内。

（3）检查洁净区温度、相对湿度、压差是否符合生产要求。

（4）核对本批生产用的文件、记录、物料。

（5）确认生产现场无与本批生产无关的物品。

（6）检查电子秤（或磅秤）是否有校验合格证，并在效期内。

（7）依据设备操作规程打开设备电源开关，检查设备能否正常运行。

（8）转换状态标识：取下生产车间门口"清场合格证（副本）"纳入本批次生产记录

中留存,换上"生产状态标识"(图 5-2)并依据生产指令填写相关内容。取下快速搅拌制粒机上"已清洁"状态标识,换上"正在运行"状态标识。

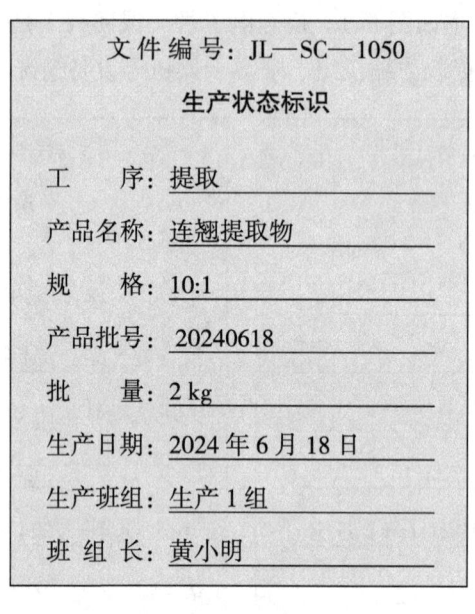

```
文 件 编 号:JL—SC—1050
          生产状态标识
工    序:提取
产 品 名 称:连翘提取物
规    格:10:1
产 品 批 号:20240618
批    量:2 kg
生 产 日 期:2024 年 6 月 18 日
生 产 班 组:生产 1 组
班 组 长:黄小明
```

图 5-2　生产状态标识示例

2. 操作

序号	工序	操作方法及说明	质量标准
1	开机前准备	(1)检查压力表指针,应指向零且设备无松动、泄露现象。 (2)检查并确认排渣阀门处于关闭状态。 (3)开启空气压缩机开关和冷却水开关,控制压缩空气压力在 0.4~0.6 MPa。	温度表、压力表在校验有效期内,有检定合格证,确保压力表指针指向零,设备完好,各阀门与管道连接紧固,无松动、泄漏现象。

（续表）

序号	工序	操作方法及说明	质量标准
2	投料	（1）投料前，对物料进行外观检查、称量复核。 （2）打开投料盖口，进行投料，加盖密闭。	（1）领料核对药材名称、重量、批号、合格证等。 （2）投料需双人操作，一人主操一人复核。
3	加水回流提取	（1）加水：打开饮用水阀加6倍药材量的溶媒（水）。 （2）加热：打开排空阀→关闭回流管道阀门→打开冷凝器的冷却水阀门通冷却水→打开冷凝水旁通阀、蒸汽阀门→待冷凝水排完，关冷凝水旁通阀→开疏水阀，开始加热。	（1）提取罐的投料量控制（药材和水的总体积不宜超过提取罐体积的三分之二）。 （2）控制提取罐夹套蒸汽压力为 0.02~0.10 MPa、罐内温度为 80~100℃、罐内压力 < 0.05 MPa。或按照工艺规程要求执行。

（续表）

序号	工序	操作方法及说明	质量标准
		（3）药液沸腾→开启循环泵→罐内药液由罐底经过滤器返回，流入提取罐上部。	（3）自沸腾起开始记录时间，每次提取时间、提取次数按照工艺规程要求执行。
4	药液初滤	（1）选择滤板：根据工艺规程要求，选择规定规格的滤板。 （2）安装滤板：在管道过滤器中安装规定规格的滤板。 （3）放液过滤：煎煮到规定时间→关闭蒸汽阀→打开出液阀，药液经过滤器过滤→启动抽液泵，将药液抽至储罐贮存。	根据工艺规程要求，选择规定规格的滤板，并按照安装规程进行滤板的安装。

（续表）

序号	工序	操作方法及说明	质量标准
5	多次提取和初滤	（1）重复"加水回流提取"和"药液初滤"的操作。	（1）提取次数应符合工艺要求。 （2）每次提取后进行药液初滤，并将过滤后的药液抽至贮罐贮存。
6	排渣	药液放完后关闭出液阀，打开底盖排渣门排渣。	操作合规。
7	真空浓缩	（1）将上述提取的药液吸入至贮罐后，关闭真空阀门，打开排空阀。 （2）将药液吸入真空浓缩器中进行真空浓缩。 （3）将真空浓缩器的相关阀门进行正确的开、合，把真空度调至所需真空度。 （4）打开浓缩冷凝器的冷却水阀门。 （5）将药液从贮灌放入浓缩器中，液位必须在下面第一个视镜范围内。 （6）缓慢打开蒸汽加热阀门进行浓缩。 （7）浓缩至达最高浓缩液面（下面视镜全部中上部）时，先关闭真空阀门，再关闭真空泵电源和真空泵水源。 （8）放料时，先把排空阀打开，让浓缩器内部达常压后，再把阀门打开放料，放完后，可继续进行第二批浓缩进料，先打开真空泵吸料，然后打开蒸汽，继续第二批的浓缩。 （9）当所有物料浓缩完后，放水进行清洗，先浸泡一小时，然后加热循环，最后排出清洗废液。清洗设备。 （10）关闭所有电源。悬挂标示牌。	（1）真空度通过真空压力表显示，一般真空度要求达到 –0.08 MPa，或按照工艺规程要求执行。 （2）根据工艺要求浓缩至要求的相对密度。

表5-2 提取生产记录（水提）

生产日期：　　年　　月　　日　　　　　　　　　　　　编号：

产品名称		代　码		规　格	
批　号		理论量		生产指令单号	

生产前检查	操作要求	执行情况	操作人	QA
	1. 个人卫生、工衣着装符合要求	1. 是□ 否□		
	2. 是否有生产指令、岗位SOP	2. 是□ 否□		
	3. 清场合格证是否在效期内	3. 是□ 否□		
	4. 设备、工具、用具、容器应完好洁净	4. 是□ 否□		
	5. 状态标识符合要求	5. 是□ 否□		
	6. 计量器具校验合格证是否在效期内	6. 是□ 否□		
	7. 核对物料名称、编码、规格、数量、有合格标识	7. 是□ 否□		

生产操作		1#多功能提取罐 设备编号：			2#多功能提取罐 设备编号：			3#多功能提取罐 设备编号：		
	投料	药材名称	编码	数量（kg）	药材名称	编码	数量（kg）	药材名称	编码	数量（kg）
		合计			合计			合计		
		投料人			复核人			QA监督人		
	提取	煎煮次数	加水量	浸泡时间	升温时间	煎煮温度	煎煮时间			
	1#罐	第一次	__倍量__				__日__时__分～__时__分			
		第二次	__倍量__				__日__时__分～__时__分			
		第三次	__倍量__				__日__时__分～__时__分			
	2#罐	第一次	__倍量__				__日__时__分～__时__分			
		第二次	__倍量__				__日__时__分～__时__分			
		第三次	__倍量__				__日__时__分～__时__分			
	3#罐	第一次	__倍量__				__日__时__分～__时__分			
		第二次	__倍量__				__日__时__分～__时__分			
		第三次	__倍量__				__日__时__分～__时__分			
	合并提取液＿＿＿＿L			静置时间			__日__时__分～__时__分			
	操作人：			复核人：			年　　月　　日			

表 5-3 浓缩生产记录

生产日期： 年 月 日　　　　　　　　　　　　　　　　编号：

产品名称			代　码			规　格	
批　号			理论量		`	生产指令单号	

生产操作	浓缩	设备名称		设备型号		设备编号	
		提取液量1	蒸汽压力（MPa）	温度（℃）		真空（MPa）	
		浓缩时间1	___日___时___分~___日___时___分				
		浓缩液量1	kg（L）	相对密度：	（℃）	工艺要求范围	
		设备名称		设备型号		设备编号	
		提取液量2	蒸汽压力（MPa）	温度（℃）		真空（MPa）	
		浓缩时间2	___日___时___分~___日___时___分				
		浓缩液量2	kg（L）	相对密度：	（℃）	工艺要求范围	
		浓缩液总量	kg（L）	相对密度：	（℃）	工艺要求范围	
		操作人				复核人	
物料传递		交接时间		移交人		交接量	接收人

3. 生产结束阶段

生产结束后，按照相应的清洁消毒标准操作规程进行生产场地、工具和容器、生产设备的清洁和消毒，转换设备和生产场地的状态标识，及时正确填写"设备使用维护记录"和清场记录。详见项目一。

（二）浓缩液的喷雾干燥

1. 生产前准备阶段【操作同"（一）回流提取和真空浓缩"工序】

2. 操作

序号	工序	操作方法及说明	质量标准
1	开机前的检查	（1）检查并确保管道连接处安装好密封材料，以免未经加热的空气进入干燥室。 （2）检查并确保静止设备、管道、静密封点、喷雾干燥机无跑、冒、滴、漏和堵塞情况。 （3）检查确保门和观察窗孔已经关上，并检查和确保不漏气。 （4）检查并确保喷雾干燥机锁、仪表、阀门等处于正常状态。同时，旋紧筒身底部和旋风分离器底部的授粉器，要求授粉器必须清洁和干燥。在安装前应检查密封圈是否脱落，未脱落方可再旋紧授粉器。 （5）点动启动离心风机的启动按钮，检查离心风机的运行旋转方向是否正确。 （6）向离心喷头电机加油口注油至观察孔的二分之一以上，之后打开油循环泵。 （7）检查并确认离心风机出口处的调节蝶阀打开。 （8）检查进料泵的连接管道是否接好，电机和泵的旋转方向是否正确。 （9）关闭进料泵的出口。 （10）检查进料泵是否正常。 （11）打开压缩空气。	不要把离心风机出口处的调节蝶阀关死，否则会损坏电加热器和进风管道。
2	开机喷雾干燥	（1）打开风机。 （2）开加热：先开蒸汽加热，再开启电加热器，进行筒身预热，预热温度在180～220℃。 （3）开雾化器：放置离心喷雾头，开启离心喷头，将雾化器的频率慢慢调至要求的频率。 （4）开进料泵：让喷头达到要求频率时，开启进料泵，打开进料泵的出口阀门。同时打开筒身底部和旋风分离器底部的授粉器，接受料物。 （5）开喷头喷雾干燥：慢慢打开离心喷头的阀门，使下料量由小到大，否则将产生粘壁现象，直到调节到适当的要求，以保持排风温度为一个常数。 （6）收集成品：干燥后的成品被收集在塔体下部和旋风分离器下部的授粉器内。	（1）雾化器的频率根据物料的性质或生产工艺规程的要求来设定。 （2）喷头阀门打开的大小，根据物料的性质或生产工艺规程的要求来设定。
3	关机	（1）关进料泵。 （2）关雾化器：喷料完毕后，将原料液切换至溶剂，并且将雾化器频率调至50 Hz，并喷雾10分钟左右，慢慢减速雾化器转速至20 Hz左右，关闭离心喷头的电源。雾化器温度在90℃以下时可关闭。 （3）关加热：先关蒸汽加热和电加热，进行降温。 （4）关风机：保持离心风机运转，使旋风喷雾干燥塔内的温度降至40～50℃，然后关风机电源。 （5）用进料泵打清水清洗离心喷雾干燥机。	使用之后，要及时用溶剂和清水清洗喷雾干燥机。

3. 生产结束阶段【操作同"(一)回流提取和真空浓缩"工序】

表 5-4 喷雾干燥记录

产品名称：		规格：	生产批号：		生产日期： 年 月 日	

生产前检查： 1. 计量器具有"周检合格证"，并在周检效期内。（　　） 2. 设备有"完好"证及"已清洁"状态标记。（　　） 3. 容器具有"已清洁"状态标记。（　　） 4. 该岗位门外有"清场合格证"。（　　） 5. 岗位有"准许生产证"。（　　） 6. 物料有"物料标示卡""流转证"。（　　） 7. 岗位现场无上批生产遗留物。（　　） 检查人：　　　复核人：　　　　　　　　　日期：　年　月　日　时　分

生产操作： 1. 执行喷雾岗位生产操作规程。 2. 依据该产品的工艺规程及主配方操作。 3. 设备执行喷雾干燥机操作规程操作。

浓缩液总量：	kg	容器号：		浓度/温度：

项目	设备号		合计
	1	2	
进风温度			
雾化器转速			
喷液开始时间			
塔内压力			
喷雾时间			
出料温度			
排风温度			
出药粉量			

干燥后总量：	kg	投入总量：	kg	收率：	%（限度：　　　）
检查人：　　　复核人：　　　　　　　　　日期：　年　月　日　时　分					

备注：收率 = 产出量 / 投料量 ×100%

（三）使用渗漉器浸提饮片

序号	工序	操作方法及说明	质量标准
1	渗漉浸提	（1）粉碎中药饮片：根据要求将中药饮片粉碎成中粉或粗粉。 （2）药粉润湿：一般加药粉一倍量的溶剂拌匀后，密闭放置15分钟至数小时（按品种的工艺要求确定），以药粉充分、均匀润湿和膨胀为度。 （3）药粉装入渗漉筒：选择合适的渗漉筒，药粉分次、分层加入，每层压平、压匀。 （4）排除气泡：药粉填装完毕，先打开渗漉液出口，再添加溶剂，当渗漉筒下端出口处有药液流出时，即完成气泡排除。 （5）药粉浸渍：当渗漉液自出口处流出时，关闭阀门，流出的渗漉液再倒入筒内，并继续添加溶剂至浸没药粉表面数厘米，加盖放置 24~48 小时，使溶剂充分渗透扩散。 （6）收集渗漉液：一般 1 000g 中药的渗漉速度保持每分钟在 1~3 mL。大生产的漉速，每小时相当于渗漉容器被利用容积的 1/48~1/24。	（1）渗漉溶剂一般为规定浓度的乙醇溶液。 （2）不同浓度乙醇溶液的配制： ①使用酒精计测量高浓度乙醇的浓度，根据渗滤所需的乙醇浓度（低浓度）及用量，通过计算公式：$C_浓 V_浓 = C_稀 V_稀$ 计算出所需要的高浓度乙醇量。 ②量取所需要的高浓度乙醇量，转移至配制罐或量筒中，加水至所需配制乙醇溶液的总量，搅拌均匀后，用酒精计复核浓度合格，即得。 （3）药粉装入渗漉筒时，应填充均匀。松紧程度视药粉及溶剂而定。 （4）一般膨胀性大的药粉宜选用圆锥形渗漉筒；而圆柱形渗漉筒适用于膨胀性不太大的药粉。 （5）药粉的浸渍时长一般为 24~48 小时，具体根据品种的工艺要求来确定。 （6）渗漉过程中加入的溶剂必须始终保持浸没药粉表面。 （7）根据工艺要求控制渗漉速度和渗漉终点。是否渗漉完全，可由渗漉液的色、味、嗅等进行辨别，最好采取已知成分的定性反应或定量检测加以判定。

项目六　液体制剂生产操作

> **药物制剂工（中级）的要求**
>
> **鉴定点：**
> 1. 能使用配液设备配制低分子溶液剂；
> 2. 能使用初滤设备滤过药液，按质量控制点监控滤液质量；
> 3. 能使用分散设备配制混悬剂，并按质量控制点监控混悬剂质量。
>
> **鉴定点解析：**
> 1. 掌握配液罐配制低分子溶液剂的操作方法；
> 2. 掌握板框过滤器的安装、拆卸、清洁以及设备的使用与养护；
> 3. 掌握胶体磨的操作规程。

在药物制剂工（五级）的液体制剂制备中重点介绍了使用洗瓶设备洗涤容器，使用干燥灭菌设备干燥容器，使用灌封设备灌封药液，使用灯检设备检查药液澄清度等的操作。依据药物制剂工（四级）国家标准结合低分子溶液剂生产实际，本项目涉及制剂准备、配料、制备（涵盖设备使用与维护）、清场等内容，重点介绍配液罐、板框式过滤器、胶体磨等生产设备在液体制剂中进行配液、初滤、分散等工序中的应用。

一、制剂准备

（一）人员准备

液体制剂的生产环境应当符合 D 级洁净区要求，生产操作人员应按照 D 级洁净区人净流程完成人员净化操作，正确穿着 D 级洁净区洁净服。具体内容详见项目一。

（二）生产文件

进入生产区后，人员从物品传递窗口领取批生产指令、生产记录等生产文件。批生产指令是指根据生产需要下达的，有效组织生产的指令性文件。其目的是规范批生产指令的管理，使生产处于规范化的、受控的状态。各生产厂家的批生产指令不尽相同，但都应涵盖本批生产产品的基本信息，如品名、批号、规格等。

在生产操作前需仔细阅读生产文件，依据 GMP 要求检查生产环境温度、湿度、压差是否符合生产要求。D 级洁净区一般保持温度为 18～26℃，湿度为 45%～65%。洁净区与非洁净区之间、不同级别洁净区之间的压差应当不低于 10 Pa。必要时，相同洁净度级别的不同功能区域（操作间）之间也应当保持适当的压差梯度。检查生产现场悬挂有上一批次"清场合格证（副本）"，并在清场有效期范围内。生产现场无与本批次生产无关的物品、文件等。

二、配料

本环节涉及按生产指令核对物料、称量物料和交接物料等内容。详见项目一。

三、液体制剂制备

（一）低分子溶液剂配制

1. 生产前准备阶段

（1）检查上批清场合格证，准备生产的场地是否清洁，是否在清洁有效期内。

（2）设备是否"完好"和"已清洁"并在清洁有效期内。

（3）洁净区温度、相对湿度、压差是否符合生产要求。

（4）核对本批生产用的文件、记录、物料。

（5）确认生产现场无与本批生产无关的物品。

（6）依据配液系统操作规程打开设备电源开关，检查设备能否正常运行，阀门、仪表是否完好。

（7）转换状态标识：取下生产车间门口"清场合格证（副本）"纳入本批次生产记录中留存，换上"生产状态标识"并依据生产指令填写相关内容。取下配液设备上"已清洁"状态标识，换上"正在运行"状态标识。

2. 操作

序号	工序	操作方法及说明	质量标准
1	生产前准备工作	（1）检查确认设备清洁消毒状态。 （2）检查确认各连接管密封完好。 （3）检查各仪表的安装状态。 （4）检查确认各阀门。 （5）检查确认各控制部分。 （6）检查呼吸器阀门	（1）确认设备已清洁消毒待用。 （2）确认各连接管密封完好，各管道无跑、冒、漏等现象。 （3）各仪表按照规范进行安装，量程符合生产要求，且各仪表均在校定有效期内使用。 （4）各阀门开启正常。 （5）各控制部分正常。 （6）呼吸器阀门已处于开启状态。

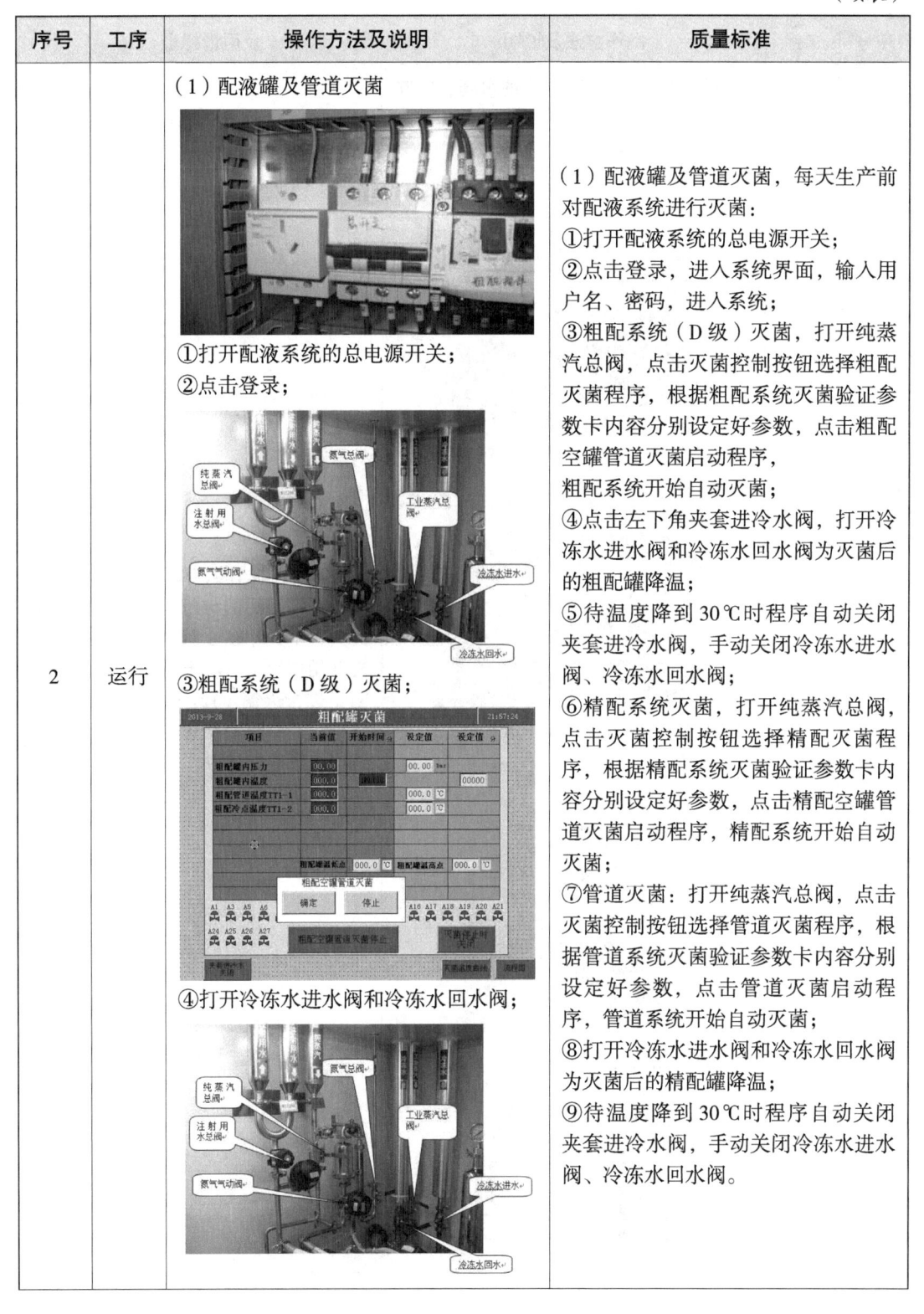

(续表)

序号	工序	操作方法及说明	质量标准
2	运行	（1）配液罐及管道灭菌 ①打开配液系统的总电源开关； ②点击登录； ③粗配系统（D级）灭菌； ④打开冷冻水进水阀和冷冻水回水阀；	（1）配液罐及管道灭菌，每天生产前对配液系统进行灭菌： ①打开配液系统的总电源开关； ②点击登录，进入系统界面，输入用户名、密码，进入系统； ③粗配系统（D级）灭菌，打开纯蒸汽总阀，点击灭菌控制按钮选择粗配灭菌程序，根据粗配系统灭菌验证参数卡内容分别设定好参数，点击粗配空罐管道灭菌启动程序，粗配系统开始自动灭菌； ④点击左下角夹套进冷水阀，打开冷冻水进水阀和冷冻水回水阀为灭菌后的粗配罐降温； ⑤待温度降到30℃时程序自动关闭夹套进冷水阀，手动关闭冷冻水进水阀、冷冻水回水阀； ⑥精配系统灭菌，打开纯蒸汽总阀，点击灭菌控制按钮选择精配灭菌程序，根据精配系统灭菌验证参数卡内容分别设定好参数，点击精配空罐管道灭菌启动程序，精配系统开始自动灭菌； ⑦管道灭菌：打开纯蒸汽总阀，点击灭菌控制按钮选择管道灭菌程序，根据管道系统灭菌验证参数卡内容分别设定好参数，点击管道灭菌启动程序，管道系统开始自动灭菌； ⑧打开冷冻水进水阀和冷冻水回水阀为灭菌后的精配罐降温； ⑨待温度降到30℃时程序自动关闭夹套进冷水阀，手动关闭冷冻水进水阀、冷冻水回水阀。

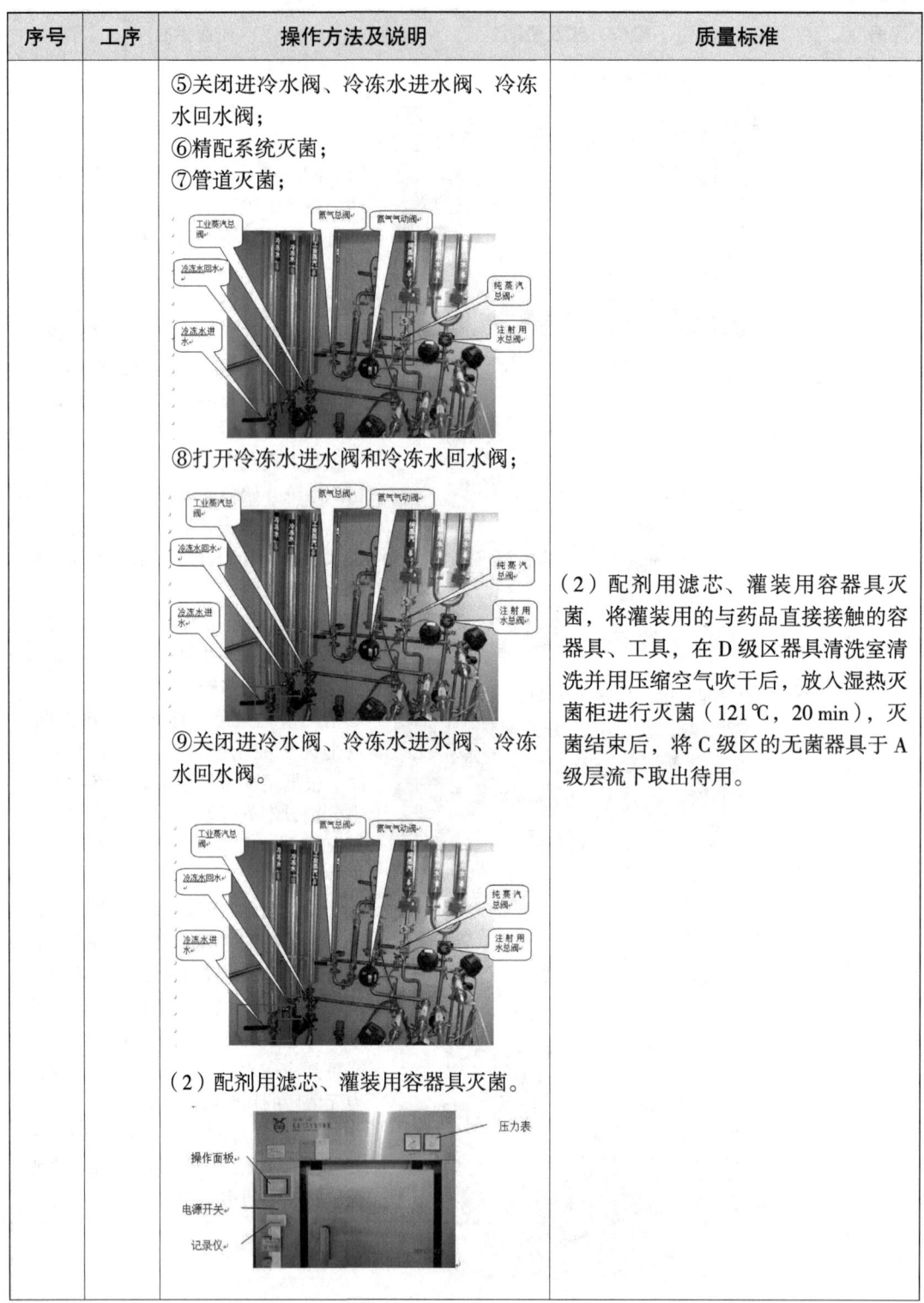

(续表)

序号	工序	操作方法及说明	质量标准
		⑤关闭进冷水阀、冷冻水进水阀、冷冻水回水阀； ⑥精配系统灭菌； ⑦管道灭菌； ⑧打开冷冻水进水阀和冷冻水回水阀； ⑨关闭进冷水阀、冷冻水进水阀、冷冻水回水阀。 （2）配剂用滤芯、灌装用容器具灭菌。	（2）配剂用滤芯、灌装用容器具灭菌，将灌装用的与药品直接接触的容器具、工具，在D级区器具清洗室清洗并用压缩空气吹干后，放入湿热灭菌柜进行灭菌（121℃，20 min），灭菌结束后，将C级区的无菌器具于A级层流下取出待用。

（续表）

序号	工序	操作方法及说明	质量标准
		（3）配制 ①原辅料称量：插上称量罩电源，打开层流风机、照明开关，风机运行稳定后检查风机运行频率、高效过滤器两端压差是否与验证参数卡的内容一致，检查初效、中效过滤器两端压差是否符合规定。打开负压称量罩电源开关，调节抽风调速旋钮。根据生产指令，将所需原辅料依次称量投料； ②活性炭称量：打开除尘器电源，打开风机开关观察除尘器运行是否正常；复核分包上的品名、批号、毛重，确认后在隔离操作柜内进行润炭，再加入粗配罐内； ③浓母液配制：点击粗配称重，根据生产指令中母液配制所需注射用水的重量设定重量值。点击"配料"，打开注射用水总阀，粗配罐开始自动加入注射用水； ④药液配制； ⑤pH值检测。	（3）配制 ①原辅料称量：插上称量罩电源，打开层流风机、照明开关，风机运行稳定后检查风机运行频率、高效过滤器两端压差，与验证参数卡的内容一致，初效、中效过滤器两端压差是否符合规定； ②活性炭称量：打开除尘器电源，除尘器运行正常；复核分包上的品名、批号、毛重正确； ③浓母液配制正常； ④药液配制正常； ⑤检测pH值在范围内； ⑥称量系统校准。
3	清场	（1）粗配罐清洗。	（1）先用注射用水把粗配罐盖子和观察镜清洗干净，手动排掉清洗水，打开注射用水总阀，在流程界面中点击清洗控制，选择粗配罐清洗控制，按工艺要求设定好清洗水量、清洗电导率、清洗时间等参数，点击"粗配清洗按钮"开始清洗，清洗时间到后，则手动点击打开粗配排污阀，手动排掉清洗水；

（续表）

序号	工序	操作方法及说明	质量标准
		（2）精配罐的清洗。 （3）精配罐和粗配罐之间管道清洗。	（2）先用注射用水把精配罐盖子和观察镜清洗干净，手动排掉清洗水，点击精配罐配液系统触摸屏"清洗控制"选择精配罐清洗控制； （3）由粗配到精配之间物料输送管道清洗，加注射用水，点击启动开关，启动粗配输送泵。打开精配罐排污阀，排尽罐内剩余注射用水。
4	设备维护	（1）设备清洁。 （2）开机检查。 （3）设备保养。	（1）每个生产周期结束后，应对设备进行彻底清洁。 （2）定期对搅拌器减速机运转情况进行检查，减速机润滑油不足时应立即补充，半年换油。 （3）定期检查搅拌器运转情况及机械密封情况，发现有异常噪音、磨损等情况应及时进行修理。 （4）长期不用应对设备进行清洁，并干燥保存，再次启用前，需对设备进行全面检查，方可投生产使用。

3. 生产结束阶段

（1）填写制备好的药液的中间产品标识卡，妥善储存于暂存罐中，注意液体制剂的时效性。

（2）取下门口"生产状态标识"换上"待清场"标识，将配液罐上"正在运行"状态标识换为"待清洁"。

（3）配液罐按照《配液罐清洁消毒标准操作规程》进行清洁，填写"设备使用维护记录"。

（4）把生产中收集到的废弃物集中装入废弃物塑料袋或废液罐中，扎紧袋口或盖紧瓶盖，由物流通道传出洁净区，交清洁工处理。

（5）生产场地按《D级洁净区清洁消毒标准操作规程》进行清洁，按《地漏清洁标准操作规程》清洁地漏，填写"清场记录"。

（6）将门口"待清场"状态标识换成"已清场"状态标识并填写相应内容。

（7）申请QA检查清场情况，如清场合格颁发"清场合格证"，"清场合格证"一式两份，正本存放于本批批生产记录中，副本放于生产现场用于下一批产品生产前检查，留存于下一批生产记录中。

（二）使用板框过滤器滤过药液

1. 生产前准备阶段【操作同"（一）低分子溶液剂制备"工序】

2. 操作

板框过滤器的使用操作详见项目五提取物制备操作，这里重点阐述监控板框过滤器滤过的滤液质量。

（1）操作程序

药液滤过→观察滤过速度、滤液澄清度→取样检查→清场→填写记录。

（2）注意事项

①药液过滤过程中，严格按照设备标准操作程序、维护保养程序、取样检测标准操作程序和企业药液中间体质量标准进行操作和判定。

②操作人员每间隔15分钟（不同企业时间安排不同）取样一次，对药液的可见异物、不溶性微粒、活性成分含量进行检查和测定。

③根据要求可以选择下列检测指标

可见异物：当药液经过滤后，再用洁净干燥的250 mL具塞玻璃瓶，取200 mL药液，观察可见异物。

含量测定：过滤前取样测定：当药液稀配好后，用预先洗净且干燥的具塞250 mL玻璃瓶，取200 mL药液，检测药液中活性成分的含量；过滤后取样测定：当药液经板框过滤器过滤后，再灌装取样，用预先洗净且干燥的具塞250 mL玻璃瓶，取200 mL药液，检测药液中活性成分的含量。

④针对不合格指标应展开调查分析，如为取样造成的，则应在不合格取样点重新取样检测；必要时采用前后分段取样和倍量取样的方法，进行对照检测，以确定不合格原因。

⑤滤过过程中随时观察过滤压力和滤液澄清情况。压力和澄清度发生变化时，通常会影响滤过质量。

3. 生产结束阶段

（1）填写制备好的药液的中间产品标识卡，妥善储存于暂存罐中，注意液体制剂的时效性。

（2）取下门口"生产状态标识"换上"待清场"标识，将板框过滤器上"正在运行"状态标识换为"待清洁"。

（3）板框过滤器按照《板框过滤器清洁消毒标准操作规程》进行清洁，填写"设备使用维护记录"。

（4）把生产中收集到的废弃物集中装入废弃物塑料袋中，扎紧袋口，由物流通道传出洁净区，交清洁工处理。

（5）生产场地按《D级洁净区清洁消毒标准操作规程》进行清洁，按《地漏清洁标准操作规程》清洁地漏，填写"清场记录"。

（6）将门口"待清场"状态标识换成"已清场"状态标识并填写相应内容。

（7）核算物料平衡，完成"批生产记录"，检查是否有漏记，生产过程中是否有偏差，如有偏差，应当按《偏差处理标准操作规程》处理。

（8）申请QA检查清场情况，如清场合格颁发"清场合格证"，"清场合格证"一式两份，正本存放于本批批生产记录中，副本放于生产现场用于下一批产品生产前检查，留存于下一批生产记录中。

（三）使用胶体磨配制混悬剂，并按质量控制点监控混悬剂质量

胶体磨的使用方法见"项目九软膏剂生产操作"。

按质量控制点监控混悬剂质量。

1. 技能考核点

（1）按质量控制点监控混悬剂质量。

（2）能判别制备的混悬剂质量。

2. 操作程序及注意事项

（1）操作程序

准备→抽样→检查→清场→填写记录。

（2）注意事项

①常用方法有显微镜法、库尔特法、光散射法等。

②混悬剂制备过程中，应严格按照设备标准操作程序、维护保养程序、取样检测标准操作程序和企业混悬剂中间体质量标准进行操作和判定。

③操作人员每间隔15分钟(不同品种时间安排不同)取样一次，检查和测定混悬剂的微粒大小、沉降体积比、质量特性、药物含量等指标。

④检测指标

微粒大小：显微镜法、库尔特计数法、浊度法、光散射法、漫反射法等很多方法都可测定混悬剂粒子大小。

沉降体积比：将混悬剂放于量筒中，混匀，测定混悬剂的总容积 V_0，静置一定时间后，观察沉降面不再改变时沉降物的容积 V_t 沉降体积比。

质量特性：是否出现沉降、絮凝、反絮凝、结块等现象。

药物含量：测定药物含量是否符合中间产品标准。

项目七　小容量注射剂生产操作

药物制剂工（中级）的要求

鉴定点：

1. 能使用配液设备配制药物溶液，能检查 pH 值、色级；
2. 能使用初滤设备滤过药液；
3. 能按质量控制点监控滤液质量；
4. 能使用分散设备配制混悬剂；
5. 能使用乳化设备配制乳剂；
6. 能使用灌封设备灌封药液；
7. 能按质量控制点监控装量差异；
8. 能使用贴标设备在容器上印字。

鉴定点解析：

1. 掌握配液罐的操作规程；
2. 掌握 pH 值酸度计的使用方法和溶液颜色检查法；
3. 掌握板框式过滤器的操作规程和按质量控制点监控滤液质量；
4. 掌握胶体磨的操作规程；
5. 掌握乳化机的操作规程；
6. 掌握安瓿拉丝灌封机的操作规程，并能按质量控制点监控装量差异；
7. 掌握油墨印字机的操作规程。

在药物制剂工（五级）的小容量注射剂制备中重点介绍了洗瓶设备、干燥灭菌设备、灯检设备在小容量注射剂制备过程中的操作，依据药物制剂工（四级）国家职业标准结合小容量注射剂生产实际，本项目涉及制剂准备、配料、制备（涵盖设备使用与维护）、清场等内容，重点学习包括配液罐、板框式过滤器、胶体磨、真空乳化机、安瓿拉丝灌封机等生产设备在小容量注射剂配液、滤过、灌封等工序中的应用。

一、制剂准备

（一）人员准备

按照 2010 年版 GMP 规范的规定最终灭菌小容量注射剂生产环境分为三个区域：一般生产区、C 级洁净区、D 级洁净区。一般生产区包括安瓿外清处理、半成品的灭菌检漏、异物检查、印包等；C 级洁净区包括稀配、灌封，且灌封机自带局部 A 级层流；D 级洁净区包括物料称量、浓配、质检、安瓿的洗烘、工作服的洗涤等。洁净级别高的区域相对于洁净级别低的区域要保持 5~10 Pa 的正压差。如工艺无特殊要求，一般洁净区温度为 18~26℃，相对湿度为 45%~65%。人员在进入各个级别的生产车间时，要先更衣，不同级别的生产区需有相应级别的更衣净化措施。

（二）生产文件

进入生产区后，人员从物品传递窗口领取批生产指令、生产记录等生产文件。批生产指令是指根据生产需要下达的、有效组织生产的指令性文件。其目的是规范批生产指令的管理，使生产处于规范化的、受控的状态。各生产厂家的批生产指令不尽相同，但都应涵盖本批生产产品的基本信息，如品名、批号、规格等。

（三）现场准备

在生产操作前需仔细阅读生产文件，依据 GMP 要求检查生产环境温度、湿度、压差是否符合生产要求。A、B、C 级洁净区一般保持温度为 20~24℃，湿度为 45%~60%。D 级洁净区一般保持温度为 18~26℃，湿度为 45%~65%。洁净区与非洁净区之间、不同级别洁净区之间的压差应当不低于 10 Pa。必要时，相同洁净度级别的不同功能区域（操作间）之间也应当保持适当的压差梯度。检查生产现场悬挂有上一批次"清场合格证（副本）"，并在清场有效期范围内。生产现场无与本批次生产无关的物品、文件等。

二、配料

本环节涉及按生产指令核对及领取原辅料、选择合适的称量器具、按照生产工艺流程进行物料交接等内容，详见项目一。

三、制备

（一）使用配液罐配制药物溶液，检查 pH 值、色级

1. 配液罐的使用操作规程（详见项目六）

（1）操作程序

准备→原辅料称量→浓配→过滤→稀配→除菌过滤→清场→填写记录。

（2）注意事项

①注射液的配制应遵守有关规定，配制之前，应该对工艺器皿和包材进行清洁、消毒和灭菌，以最大程度降低混合操作给后续工艺带来的微生物和热原污染。

②配制注射用油溶液时，先将精制油在 150℃干热灭菌 1~2 小时，并放冷至适宜的

温度。

③注射剂在配制过程中，严密防止微生物的污染及药物的变质。

④已调配的药液应在当日内完成灌封、灭菌，如不能在当日内完成，必须将药液在不变质与不易繁殖微生物的条件下保存，供静脉及椎管注射者，更应严格控制。

⑤执行空气洁净度的要求，以防空气交叉污染。

⑥启动配液罐打药泵时要确认罐内有注射用水或药液，禁止打药泵空转。

产品名称		批号		规格	
生产工序起止时间		___日___时___分 ~ ___日___时___分			
配制罐号		第（ ）号罐		第（ ）号罐	
设备状态确认		正常□ 异常□		正常□ 异常□	
温度（℃）					
压力（MPa）					
药物（kg/L）					
注射用水量（kg/L）					
增溶剂/抑菌剂种类、用量					
搅拌速度（r/min）					
配制时间	开始	月 日	时 分	月 日	时 分
	结束	月 日	时 分	月 日	时 分
成品情况					
配制总量（kg/L）					
外观性状					
操作人			复核人/日期		
备注					

2. 检查 pH 值的操作程序及注意事项

（1）操作程序

准备→抽样→检查→清场→填写记录。

（2）注意事项

①溶液的 pH 值使用酸度计测定。

②酸度计应定期进行计量检定，并符合国家有关规定。

③测定前，应采用标准缓冲液校准仪器，也可用国家标准物质管理部门发放的标示 pH 值准确至 0.01 pH 值单位的各种标准缓冲液校正仪器。

④测定前，按各品种项下的规定，选择两种约相差 3 个 pH 值单位的标准缓冲液，使供试液的 pH 值处于两者之间。

⑤每次更换标准缓冲液或供试品溶液前，应用纯化水充分洗涤电极，然后将水吸尽，

也可用所换的标准缓冲液或供试品溶液洗涤。

⑥在测定高 pH 值的供试品和标准缓冲液时，应注意碱误差的问题，必要时选用适当的玻璃电极测定。

⑦对弱缓冲液或无缓冲作用溶液的 pH 值测定，除另有规定外，先用苯二甲酸盐标准缓冲液校正仪器后测定供试品溶液，并重取供试品溶液再测，直至 pH 值的读数在 1 分钟内改变不超过 ±0.05 为止；然后再用硼砂标准缓冲液校正仪器，再如上法测定；两次 pH 值的读数相差应不超过 0.1，取两次读数的平均值为其 pH 值。

⑧配制标准缓冲液与溶解供试品的水，应是新沸过并放冷的纯化水，其 pH 值应为 5.5～7.0。标准缓冲液一般可保存 2~3 个月，但发现浑浊、发霉或沉淀等现象时，不能继续使用。

批号		班次/日期	
取样时间	pH 值	是否合格	
平均 pH 值		符合要求□	不符合要求□
操作人：		日期：	
检查人签名：	确认结果：	日期：	
备注：			

3. 检查色级的操作程序及注意事项

（1）操作程序

准备→检查→清场→填写记录。

（2）注意事项

①检查色级：一般将药物溶液的颜色与规定的标准比色液相比较，或在规定的波长处测定吸光度，常用方法为目视比色法、分光光度法、色差计法。

检测标准：药品项下规定的"无色"系指供试品溶液的颜色与水或所用溶剂相同，"几乎无色"系指供试品溶液的颜色不深于相应色调 0.5 号标准比色液。

③目视比色法的注意事项：所用比色管应洁净、干燥，洗涤时不能用硬物洗刷，应用铬酸洗液浸泡，然后冲洗，避免表面粗糙。

结果与判断：供试品溶液如显色，与规定的标准比色液比较，颜色相似或更浅，即判为符合规定；如更深，则判为不符合规定。

④分光光度法的判断标准：按规定溶剂与浓度配置的供试液检查测定，如吸光度小于或等于规定值，判为符合规定；大于规定值，则判为不符合规定。

⑤当目视比色法较难判定供试品与标准比色液之间的差异时，应考虑采用色差计法进行测定与判断。

（二）能使用板框过滤器滤过药液，能按质量控制点监控滤液质量（详见项目六）

（三）能使用胶体磨配制混悬剂（详见项目六）

（四）能使用乳化设备配制乳剂

1. 生产前准备阶段

（1）检查上批清场合格证，准备生产的场地是否清洁，是否在清洁有效期内。

（2）检查设备是否"完好"和"已清洁"并在清洁有效期内。

（3）确认洁净区温度、相对湿度、压差是否符合生产要求。

（4）核对本批生产用的文件、记录、物料。

（5）确认生产现场无与本批生产无关的物品。

（6）依据设备操作规程打开设备电源开关，检查设备能否正常运行。

（7）转换状态标识：取下生产车间门口"清场合格证（副本）"纳入本批次生产记录中留存，换上"生产状态标识"并依据生产指令填写相关内容。取下真空乳化锅上"已清洁"状态标识，换上"正在运行"状态标识。

2. 操作

序号	工序	操作方法及说明	质量标准
1	操作前准备	（1）打开旁通阀和排水阀，手动排出夹层冷凝水，排完冷凝水后关闭两个阀门。 （2）检查乳化锅内是否有杂物。 （3）锅内加入清水至锅体积的1/2～2/3，分别按低速至高速的原则开启搅拌桨、均质器，观察其旋向是否正常。	（1）夹层冷凝水需要排干净，排完后要及时关闭阀门。 （2）尽量不要高速启动均质器，亦不许无负载启动均质器。

(续表)

序号	工序	操作方法及说明	质量标准
2	启闭锅盖	（1）开盖前先检查锅内真空度，必须在真空度为零的情况下才能开盖。 （2）开启液压泵，锅盖上升至最高处时有限位开关限位。当锅盖上升完毕后，就能放心安全地操作了。 （3）当锅盖下降时，请先检查乳化锅是否回正，如果锅体倾斜，请通过翻转机构使锅体回正。 （4）抽真空及破真空：合上锅盖后，关闭乳化锅上所有阀门，启动真空泵，抽真空至工艺所需之真空度后关闭真空泵，此时真空管路中的单向阀会自动切断与真空泵的链接道路。	（1）如果真空度不为零，则先打开真空阀，使锅内真空状态破坏。 （2）真空泵启动时注意泵的供水情况，水压维护在 0.1～0.2 MPa。
3	温度调节	根据生产工艺，设定温控仪上的上下限温度，即可达到自动控制目的。	（1）加热：加热时必须打开进水阀门，待夹套内装满清水，然后开启加热开关，设定所需温度。输入物料，开动搅拌器。 （2）冷却：切断加热电源，打开主锅夹套出水阀门，再打开锅底冷水进阀门，使冷水从夹套通过，降低缸内物料的温度，待物料的温度达到生产工艺需求后关闭缸底冷水阀门。
3	进料	在预处理锅内加热水或油至所需要温度后，用所备软管连接主锅进料口与预处理锅出料口，锅内真空度至 -0.06 MPa 左右时，先后开启预处理锅出料阀和主锅进料阀，原料经过滤后进入锅内。	物料不宜进太多，不得超过锅体积的 2/3。

（续表）

序号	工序	操作方法及说明	质量标准
4	搅拌	原料进入乳化锅后，即可开启搅拌器、均质器。 （1）刮板搅拌器 按下刮板搅拌器开关，调整速度至工艺所需要的转速，一般在 20~30 r/min 内为好。 （2）均质器 把均质器调速旋钮旋至起始点，启动均质器，逐渐调高转速至工艺规定的要求，较多时间使用 2 000 ~ 3 000 r/min，用毕把速度调回起始点。	（1）均质器连续工作时间不得超过 30 分钟； （2）物料黏度较大时请选用高黏度用均质头。
5	出料	出料时关闭刮板搅拌器，打开破真空阀，破除锅内真空状态，使锅盖上升至极限，摇动翻转机构使乳化锅倾斜出料。	上升锅盖时必须先打开破真空阀。锅盖需升至最高点，避免与乳化锅碰撞。

3. 生产结束阶段

（1）填写制备好的乳剂的物料交接单，及时转交到下一工序，过程中注意保持乳剂的含水量。

（2）取下门口"生产状态标识"换上"待清场"标识，将真空乳化机上"正在运行"状态标识换为"待清洁"。

（3）真空乳化机按照清洁消毒标准操作规程进行清洁，填写"设备使用维护记录"。

（4）把生产中收集到的废弃物集中装入废弃物塑料袋中，扎紧袋口，由物流通道传出洁净区，交清洁工处理。

（5）生产场地按《D级洁净区清洁消毒标准操作规程》进行清洁，按《地漏清洁标准操作规程》清洁地漏，填写"清场记录"。

（6）将门口"待清场"状态标识换成"已清场"状态标识并填写相应内容。

（7）核算物料平衡，完成"批生产记录"，检查是否有漏记，生产过程中是否有偏差，如有偏差，应当按《偏差处理标准操作规程》处理。

（8）申请QA检查清场情况，如清场合格颁发"清场合格证"，"清场合格证"一式两份，正本存放于本批批生产记录中，副本放于生产现场用于下一批产品生产前检查，留存于下一批生产记录中。

（五）使用安瓿灌封机灌封药液

1. 生产前准备阶段

（1）检查上批清场合格证，准备生产的场地是否清洁，是否在清洁有效期内。

（2）检查设备是否"完好"和"已清洁"并在清洁有效期内。

（3）确认洁净区温度、相对湿度、压差是否符合生产要求。

（4）核对本批生产用的文件、记录、物料。

（5）确认生产现场无与本批生产无关的物品。

（6）依据设备操作规程打开设备电源开关，检查设备能否正常运行。

（7）转换状态标识：取下生产车间门口"清场合格证（副本）"纳入本批次生产记录中留存，换上"生产状态标识"并依据生产指令填写相关内容。取下快速搅拌制粒机上"已清洁"状态标识，换上"正在运行"状态标识。

2. 操作

序号	工序	操作方法及说明	质量标准
1	启动前的准备工作	（1）检查是否按电器说明的要求接上电源。 （2）参照维护保养的有关说明，对所有需要润滑的部件加注润滑油。检查变速箱内油平面，需要时加注相适用的润滑油。 （3）检查包装容器是否与机器上配备的规格件相符，容器必须满足其相应的标准，并符合生产工艺的要求。 （4）确认机器安装正确，气（燃气/氧气）、液管路（药液管路）、电路连接符合要求。 （5）检查灌装泵是否符合。 （6）转动手轮使机器运行1~3个循环，检查是否有卡滞现象。	转动手轮如发现有卡滞现象，务必消除后方可开机。

(续表)

序号	工序	操作方法及说明	质量标准
		（7）打开电控柜，将断路器全部合上，关上柜门，将电源置于 ON。 	
2	正常启动	（1）打开电器箱侧端主开关，主电源接通电器件上电，触摸屏进入主菜单画面，如下图： 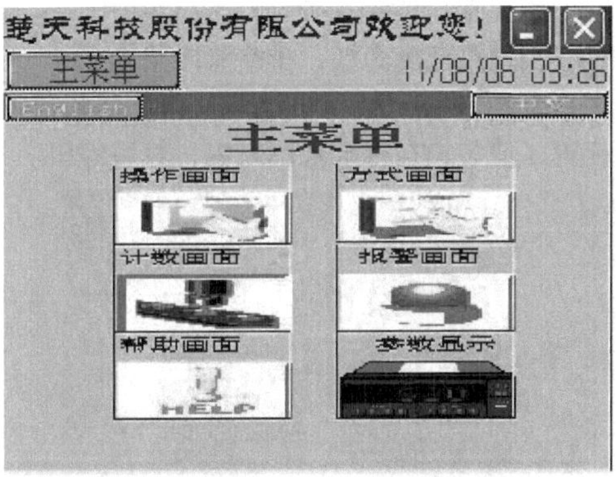 点击"操作画面"按钮，进入操作画面： 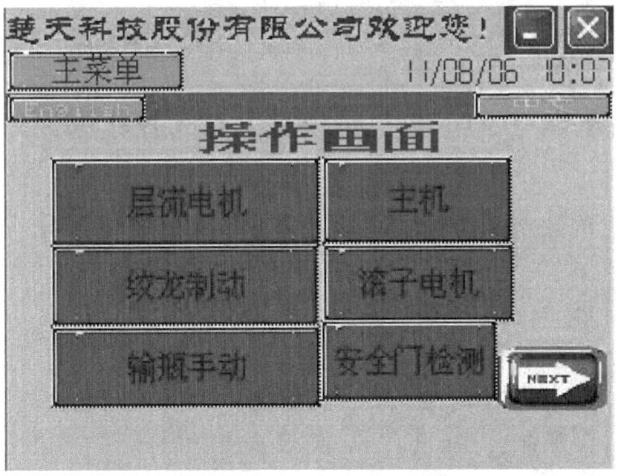 （2）如上图画面内先按下层流电机按钮，检查层流系统是否符合要求。然后点击主机按钮开启主机并逐渐调向高速，检查是否正常，然后关闭主机，颜色变为绿色。再开启滚子电机，输瓶电机，在确认安全门关好后点击安全门检测按钮。如下图：	（1）点火调试火焰时先打开燃气旋钮，迅速点着，调节黄色火焰至合适的大小后，继续打开氧气，调节至合适大小的蓝色火焰。 （2）停机时先按"氧气停止"按钮，火焰变黄后再按"抽风（燃气）停止"按钮，"转瓶停止"按钮，之后按"层流停止"按钮，最后关断总电源。

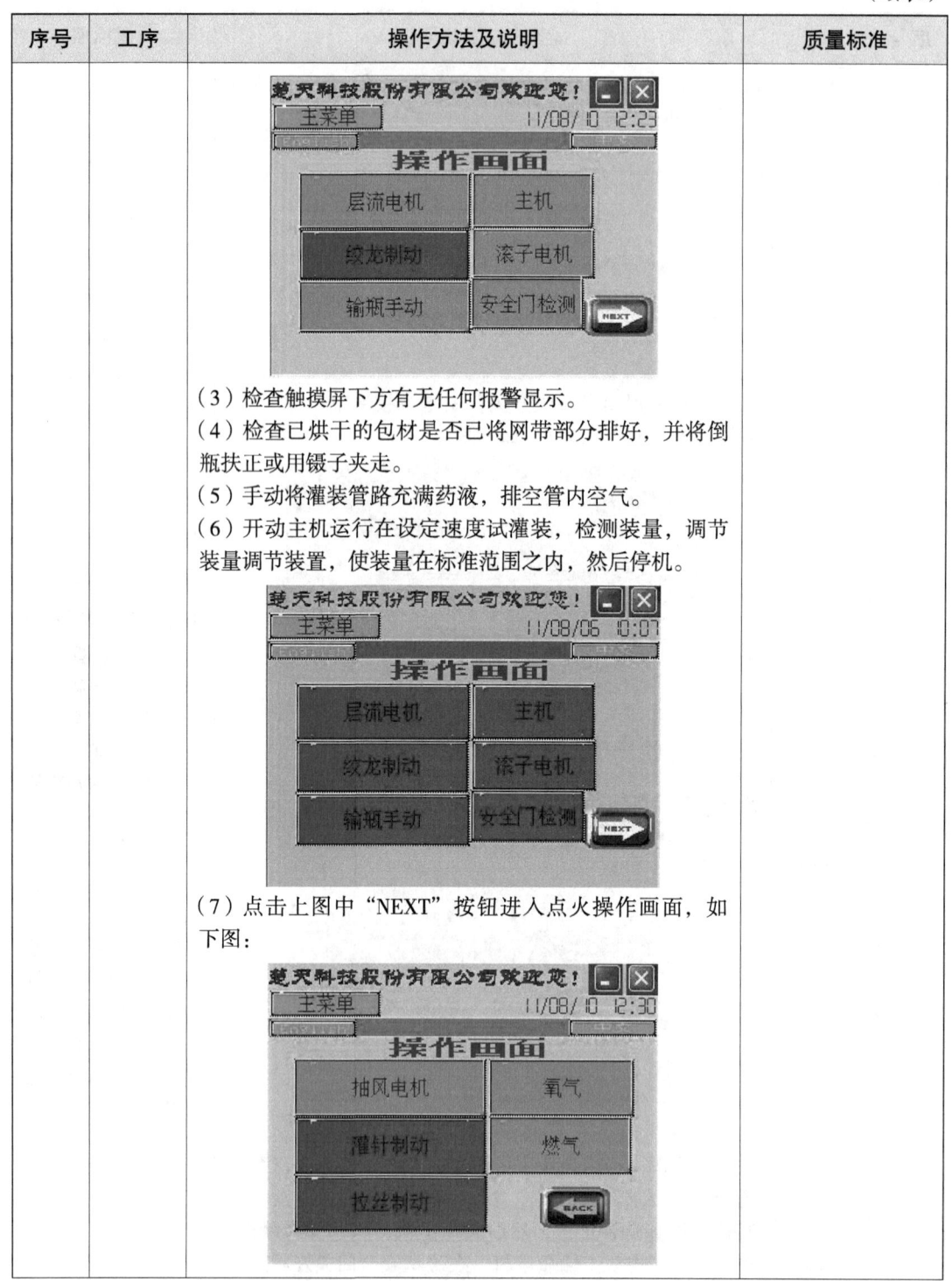

序号	工序	操作方法及说明	质量标准
		(3) 检查触摸屏下方有无任何报警显示。 (4) 检查已烘干的包材是否已将网带部分排好，并将倒瓶扶正或用镊子夹走。 (5) 手动将灌装管路充满药液，排空管内空气。 (6) 开动主机运行在设定速度试灌装，检测装量，调节装量调节装置，使装量在标准范围之内，然后停机。 (7) 点击上图中"NEXT"按钮进入点火操作画面，如下图：	

(续表)

序号	工序	操作方法及说明	质量标准
		（8）确认氧气、燃气管路正常，无漏点，气压正常。如下图所示，点击抽风电机、氧气、燃气进行点火测试，根据经验调节流量计开关，使火焰达到调定状态。 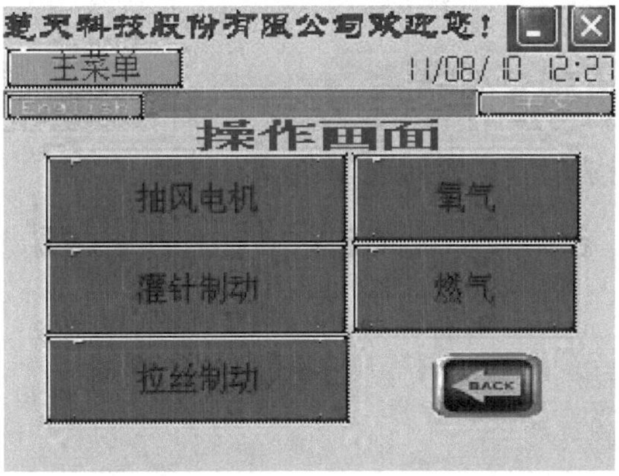 （9）点击上图的"灌针制动"，弹出下图画面，可以选择三种灌装方式：全灌，不管是否有瓶，灌装泵均会实现灌装动作；全不灌，不管是否有瓶，灌装泵均不会有灌装动作；无瓶不灌，即只有有瓶时才会有相应的灌装泵动作，有效地防止错灌、漏灌现象。 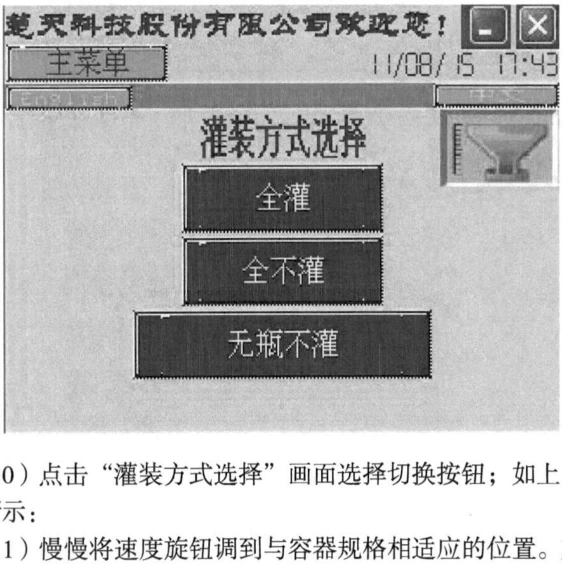 （10）点击"灌装方式选择"画面选择切换按钮；如上图所示； （11）慢慢将速度旋钮调到与容器规格相适应的位置。亦可在"主菜单"内选择"帮助面"，寻求操作说明。如下图：	

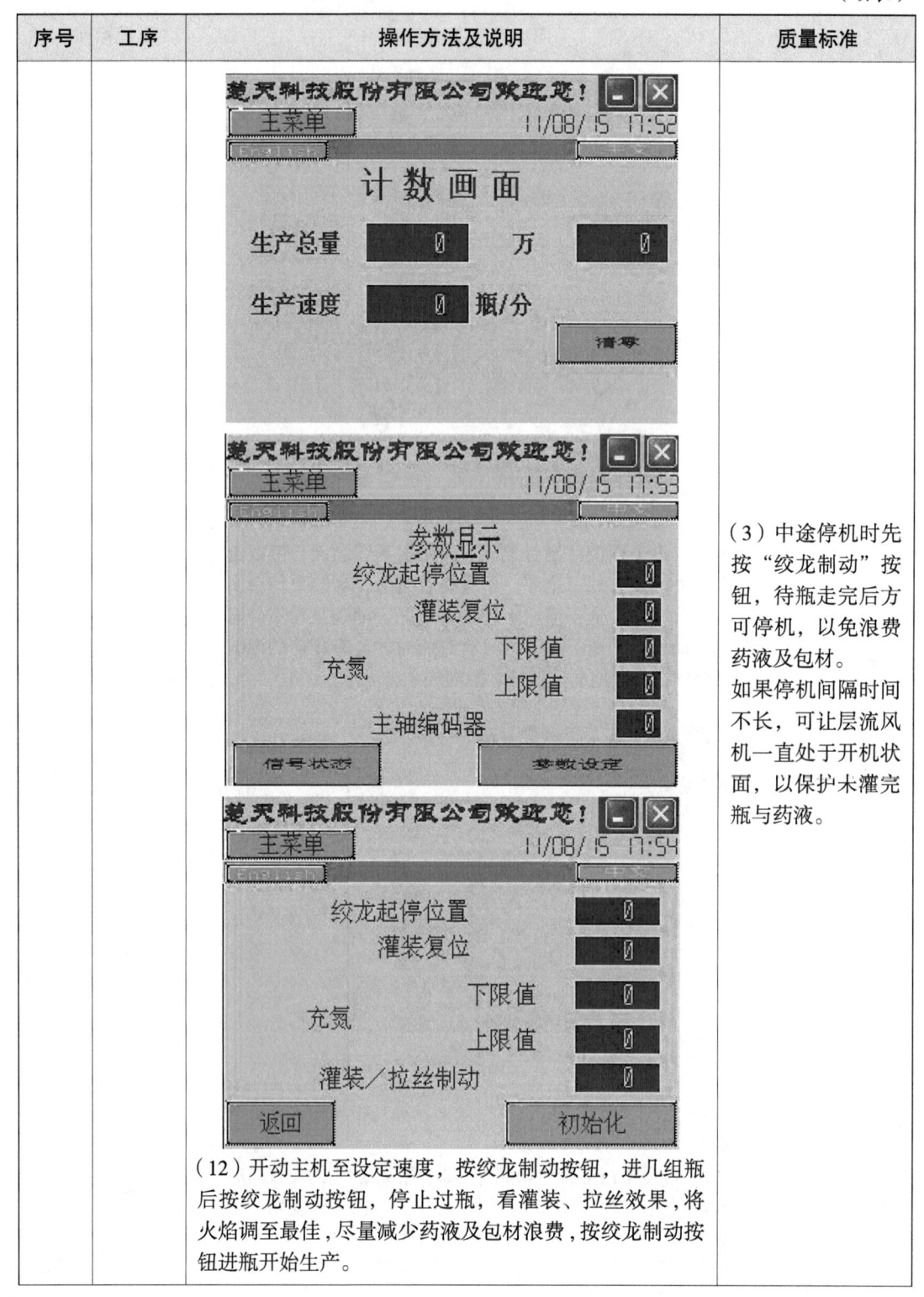

（续表）

序号	工序	操作方法及说明	质量标准
		[计数画面显示：楚天科技股份有限公司欢迎您！主菜单 11/08/15 17:52；生产总量 0 万 0；生产速度 0 瓶/分；清零] [参数显示画面：11/08/15 17:53；绞龙起停位置 0；灌装复位 0；充氮 下限值 0 上限值 0；主轴编码器 0；信号状态 参数设定] [画面：11/08/15 17:54；绞龙起停位置 0；灌装复位 0；充氮 下限值 0 上限值 0；灌装/拉丝制动 0；返回 初始化] （12）开动主机至设定速度，按绞龙制动按钮，进几组瓶后按绞龙制动按钮，停止过瓶，看灌装、拉丝效果，将火焰调至最佳，尽量减少药液及包材浪费，按绞龙制动按钮进瓶开始生产。	（3）中途停机时先按"绞龙制动"按钮，待瓶走完后方可停机，以免浪费药液及包材。如果停机间隔时间不长，可让层流风机一直处于开机状面，以保护木灌完瓶与药液。

（续表）

序号	工序	操作方法及说明	质量标准
3	装量差异监控	（1）每批药液从配制合格到灌封完毕控制在 24 小时内为宜。 （2）开机进行灌封时，应至少 30 分钟内检测一次装量差异。	（1）灌装标示量不大于 50 mL 的注射剂时，应适当增加装量，以保证注射时药量不少于标示量，同时注意灌装时剂量准确； （2）药液不得沾瓶颈口。
4	操作后工作	（1）拆卸灌装泵及管路，移往指定清洁位置清洁，消毒。 （2）对储液罐进行清洗，消毒。 （3）对机器进行清洁，并擦拭干净。 （4）对房间进行清洁。 （5）填写设备运行记录。 （6）关闭房间照明系统，开启紫外线消毒灯具。	（1）泵体与活塞应配对做好标记以免混装； （2）不残留物品在房间。

3. 生产结束阶段

（1）填写制备好的注射剂的物料交接单，及时转交到下一工序，过程中注意保持稳定，防止碰撞。

（2）取下门口"生产状态标识"换上"待清场"标识，将安瓿拉丝灌封机上"正在运行"状态标识换为"待清洁"。

（3）安瓿拉丝灌封机按照清洁消毒标准操作规程进行清洁，填写"设备使用维护记录"。

（4）把生产中收集到的废弃物集中装入废弃物塑料袋中，扎紧袋口，由物流通道传出洁净区，交清洁工处理。

（5）生产场地按《C级洁净区清洁消毒标准操作规程》进行清洁，按《地漏清洁标准操作规程》清洁地漏，填写"清场记录"。

（6）将门口"待清场"状态标识换成"已清场"状态标识并填写相应内容。

（7）核算物料平衡，完成"批生产记录"，检查是否有漏记，生产过程中是否有偏差，如有偏差，应当按《偏差处理标准操作规程》处理。

（8）申请QA检查清场情况，如清场合格颁发"清场合格证"，"清场合格证"一式两份，正本存放于本批批生产记录中，副本放于生产现场用于下一批产品生产前检查，留存于下一批生产记录中。

（六）使用油墨印字机在容器上印字

1. 生产前准备阶段

（1）检查上批清场合格证，准备生产的场地是否清洁，是否在清洁有效期内。

（2）检查设备是否"完好"和"已清洁"并在清洁有效期内。

（3）确认洁净区温度、相对湿度、压差是否符合生产要求。

（4）核对本批生产用的文件、记录、物料。

（5）确认生产现场无与本批生产无关的物品。

（6）依据设备操作规程打开设备电源开关，检查设备能否正常运行。

（7）转换状态标识：取下生产车间门口"清场合格证（副本）"纳入本批次生产记录中留存，换上"生产状态标识"并依据生产指令填写相关内容。取下油墨印字机上"已清洁"状态标识，换上"正在运行"状态标识。

2. 操作

序号	工序	操作方法及说明	质量标准
1	开机前准备工作	（1）检查设备是否"已清洁"。 已清洁 （2）检查设备试运行是否正常。 （3）检查安瓿瓶规格是否符合工艺和设备要求，安瓿瓶表面必须保持清洁干燥。	设备无异常声响，安瓿瓶清洁干净。

（续表）

序号	工序	操作方法及说明	质量标准
2	安装印字	先卸下字模轮，安装好批号铜字和印字品名铜版。	注意要保证印字铜版的弧度与印字轮的弧度一致。
3	启动	（1）将安瓿瓶摆放到瓶架上。 （2）上好油墨后先用少量空瓶测试，用手转动拨轮检查印字与空瓶出口动作是否一致。 （3）印字正常后，油孔部位注入润滑油，方可通电开机工作。	（1）安瓿瓶瓶口朝上，瓶底朝下。表面齐平，无凸出现象。 （2）如印字超前或越后，需要调整字模轮角度。
4	清场	（1）关闭电源，本机停止运行。 （2）取下印字铜板，按规定清洗干净。 （3）取下油墨轮，按规定清洗干净。 （4）将安瓿印字机流水线上各部位打扫干净。 （5）挂上状态标识。	流水线平台上无安瓿残留，油墨清洗干净，能正确挂上状态标识。

3. 生产结束阶段

（1）填写油印好的注射剂的物料交接单，及时转交到下一工序，过程中防止碰撞。

（2）取下门口"生产状态标识"换上"待清场"标识，将油墨印字机上"正在运行"

状态标识换为"待清洁"。

（3）油墨印字机按照清洁消毒标准操作规程进行清洁，填写"设备使用维护记录"。

（4）把生产中收集到的废弃物集中装入废弃物塑料袋中，扎紧袋口，由物流通道传出洁净区，交清洁工处理。

（5）生产场地按《一般洁净区清洁消毒标准操作规程》进行清洁，按《地漏清洁标准操作规程》清洁地漏，填写"清场记录"。

（6）将门口"待清场"状态标识换成"已清场"状态标识并填写相应内容。

（7）核算物料平衡，完成"批生产记录"，检查是否有漏记，生产过程中是否有偏差，如有偏差，应当按《偏差处理标准操作规程》处理。

（8）申请 QA 检查清场情况，如清场合格颁发"清场合格证"，"清场合格证"一式两份，正本存放于本批批生产记录中，副本放于生产现场用于下一批产品生产前检查，留存于下一批生产记录中。

项目八　滴丸剂生产操作

药物制剂工（中级）的要求

鉴定点：
1. 能使用化料设备熔融基质，加入药物混匀，脱去气泡；
2. 能监控化料设备的加热温度、加热时间、搅拌速度；
3. 能拆装滴头；
4. 能在装袋过程中监控装量差异；
5. 能在装瓶过程中监控装量差异；
6. 能使用铝塑泡罩包装设备包装。

鉴定点解析：
1. 掌握化料设备的操作规程；
2. 掌握滴丸机滴头的安装、拆卸、清洁以及养护；
3. 掌握装量差异检查法；
4. 掌握最低装量检查法；
5. 掌握铝塑泡罩包装机的操作规程。

药物制剂工（四级）国家职业标准结合滴丸剂生产实际，本项目涉及制剂准备、配料、制备、清场、设备维护等内容，重点学习滴丸机、袋装分装机、铝塑泡罩包装机等生产设备在滴丸剂熔融、滴制、包装、装瓶等工序中的应用。

一、制剂准备

（一）人员准备

滴丸剂制备的生产环境应当符合 D 级洁净区要求，生产操作人员应按照 D 级洁净区人净流程完成人员净化操作，正确穿着 D 级洁净区洁净服。具体内容详见项目一。

（二）生产文件

进入生产区后，人员从物品传递窗口领取批生产指令、生产记录等生产文件。生产指令如下图所示。

滴丸剂批生产指令

文件编码：JL-SC-00200　　　　　　　　　　　　　　　　　　　指令编号：××××

产品名称	板蓝根滴丸	产品批号	××××××	规格	5 g/粒
起草人	×××	指令批准人	×××	实施负责人	×××
日期	××年×月×日	日期	××年×月×日	日期	××年×月×日
接收部门	固体制剂车间		计划生产批量	10 000粒	
开工日期	××年×月×日		计划完成日期	××年×月×日	
编制依据	药品生产质量管理规范				
执行工艺	板蓝根滴丸工艺规程				
执行岗位操作法	称量、配料岗位操作法	☑执行	□不执行	文件编码	CZ-SC-02100
	滴制岗位操作法	☑执行	□不执行		CZ-SC-02200
	滴丸后处理岗位操作法	☑执行	□不执行		CZ-SC-02300
	DWJ-2000S-D多功能滴丸机组设备操作规程	☑执行	□不执行		CZ-SC-02400
		□执行	□不执行		
		□执行	□不执行		
原辅料用料（量）					
序号	原辅料名称	规格	代号或批号	检验单号	数量（kg）	备注
1	板蓝根浸膏	FL-002	20240618	JY-202404-01	20	
2	聚乙二醇6000	FL-003	20240812	JY-202404-07	45	
3						
4						
5						
6						
7						
备注						

图 8-1　滴丸生产指令示例

（三）现场准备

依据 GMP 要求检查生产环境温度、湿度、压差是否符合生产要求。检查清场合格证（副本）标识。检查滴丸、筛丸等设备情况。

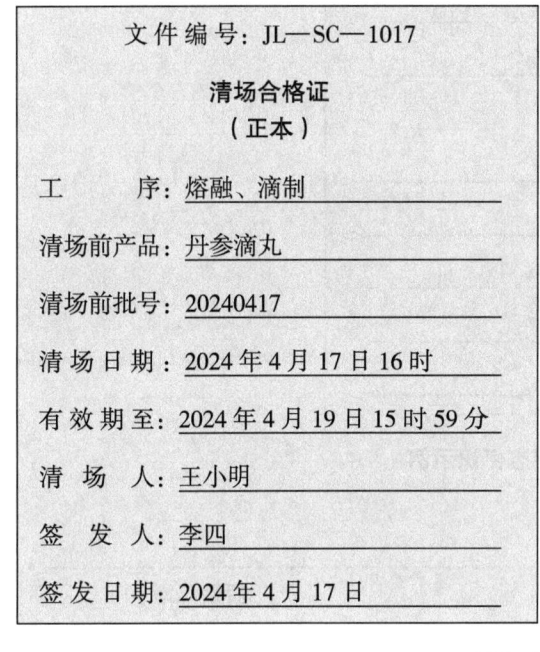

文件编号：JL—SC—1017	文件编号：JL—SC—1017
清场合格证 （正本）	清场合格证 （副本）
工　　　序：熔融、滴制	工　　　序：熔融、滴制
清场前产品：丹参滴丸	清场前产品：丹参滴丸
清场前批号：20240417	清场前批号：20240417
清场日期：2024 年 4 月 17 日 16 时	清场日期：2024 年 4 月 17 日 16 时
有效期至：2024 年 4 月 19 日 15 时 59 分	有效期至：2024 年 4 月 19 日 15 时 59 分
清　场　人：王小明	清　场　人：王小明
签　发　人：李四	签　发　人：李四
签 发 日 期：2024 年 4 月 17 日	签 发 日 期：2024 年 4 月 17 日

图 8-2　清场合格证正副本示例

二、配料

本环节涉及按生产指令核对及领取原辅料、选择合适的称量器具、按照生产工艺流程进行物料交接等内容，详见项目一。

三、滴丸剂制备

（一）化料罐的使用及滴头的装拆

1. 生产前准备阶段

（1）检查上批清场合格证，准备生产的场地是否清洁，是否在清洁有效期内。

（2）检查设备是否"完好"和"已清洁"并在清洁有效期内。

（3）确认洁净区温度、相对湿度、压差是否符合生产要求。

（4）核对本批生产用的文件、记录、物料。

（5）确认生产现场无与本批生产无关的物品。

（6）依据设备操作规程打开设备电源开关，检查设备能否正常运行。

（7）转换状态标识：取下生产车间门口"清场合格证（副本）"纳入本批次生产记录中留存，换上"生产状态标识"（图 8-3）并依据生产指令填写相关内容。取下滴丸生产组上"已清洁"状态标识，换上"正在运行"状态标识。

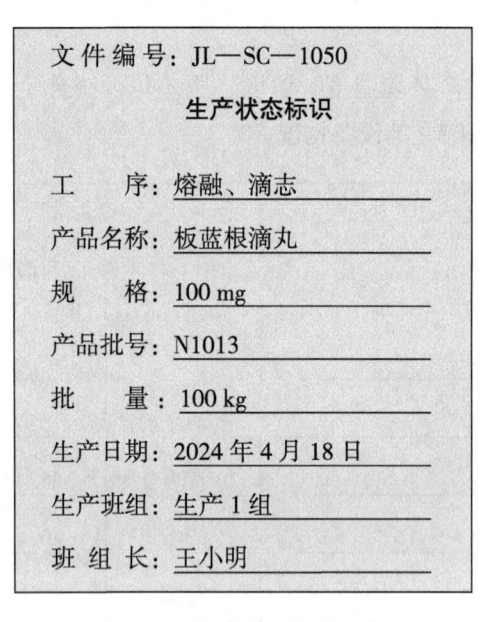

```
文件编号：JL—SC—1050
            生产状态标识

工    序：熔融、滴志
产品名称：板蓝根滴丸
规    格：100 mg
产品批号：N1013
批    量：100 kg
生产日期：2024 年 4 月 18 日
生产班组：生产 1 组
班 组 长：王小明
```

图 8-3　生产状态标识示例

2. 操作

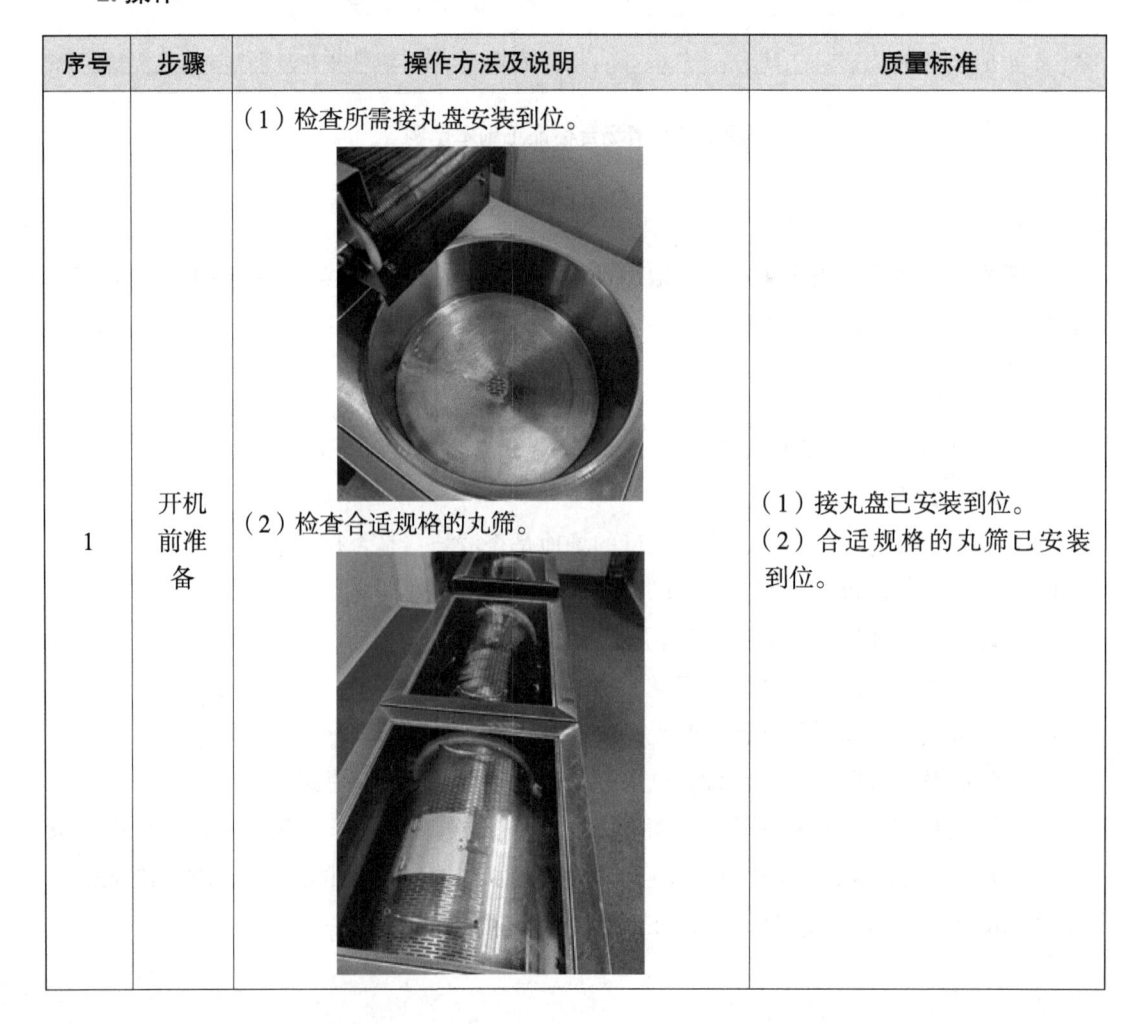

序号	步骤	操作方法及说明	质量标准
1	开机前准备	（1）检查所需接丸盘安装到位。 （2）检查合适规格的丸筛。	（1）接丸盘已安装到位。 （2）合适规格的丸筛已安装到位。

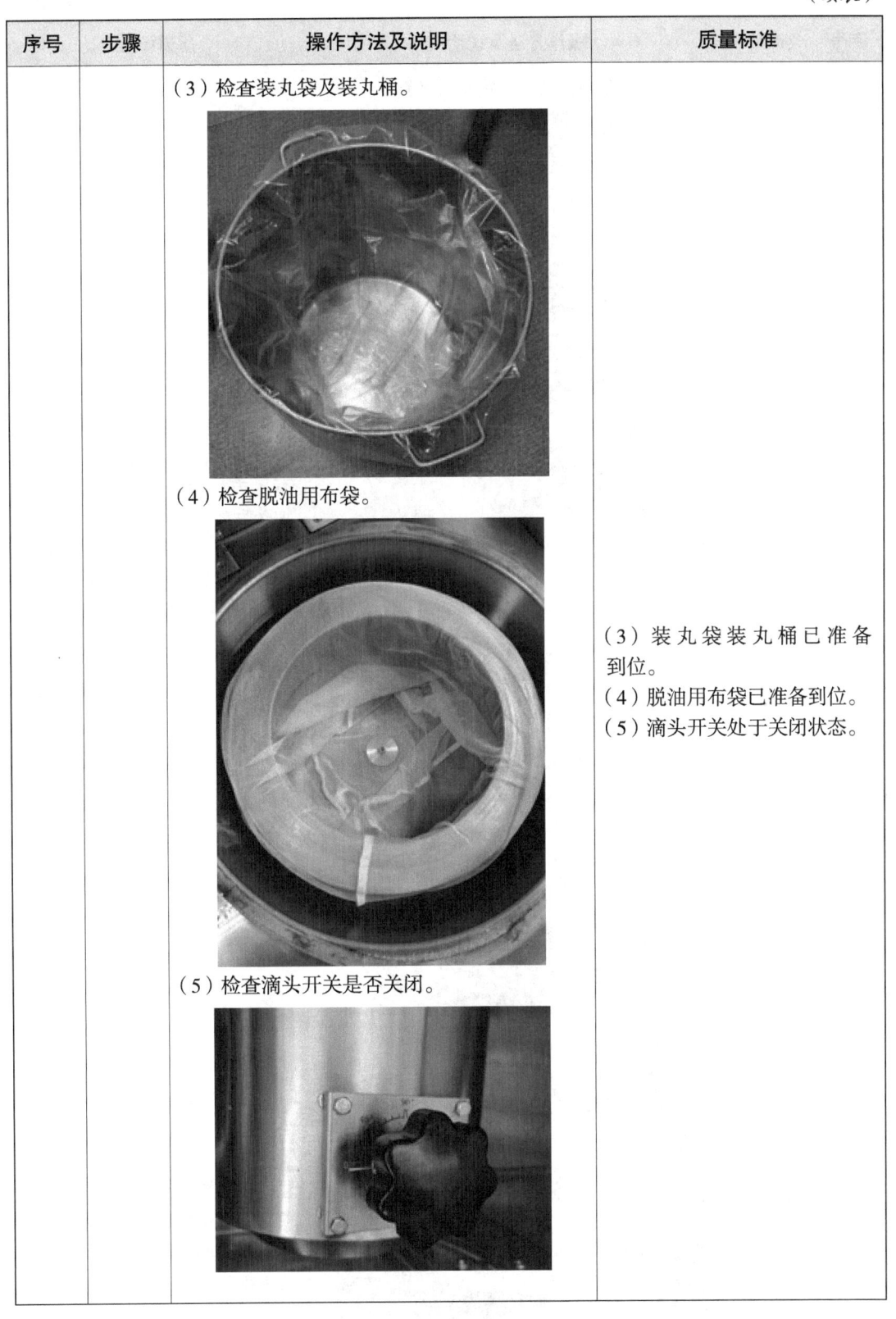

（续表）

序号	步骤	操作方法及说明	质量标准
		（3）检查装丸袋及装丸桶。 （4）检查脱油用布袋。 （5）检查滴头开关是否关闭。	（3）装丸袋装丸桶已准备到位。 （4）脱油用布袋已准备到位。 （5）滴头开关处于关闭状态。

（续表）

序号	步骤	操作方法及说明	质量标准
		（6）检查油箱内的液体石蜡是否足够。 （7）打开调料罐的装药口，装入已配好的药后关闭装药口。	（6）油箱内的液体石蜡充足。 （7）因工作时"调料罐"内部有压力，所以在向"调料罐"加药后，一定要将装药口的胶垫放置好，并拧紧装药口卡箍的螺栓，保证"调料罐"的整体密封性。在药液温度低于70℃时不可以打开搅拌电机进行搅拌。
2	开机操作	（1）开启电源，设置参数。	（1）生产所需的制冷温度、油浴温度、药液温度和滴盘温度等参数均根据生产工艺要求设置；调料罐、滴液罐、冷却柱顶部等部位的加热可以和冷却液的制冷同时进行，以缩短准备工作的时间。

（续表）

序号	步骤	操作方法及说明	质量标准
		（2）开启压缩空气阀门。 （3）点击触摸屏上的主机搅拌。 （4）缓慢扭动打开滴液罐上的滴头。	

（续表）

序号	步骤	操作方法及说明	质量标准
		（5）称量丸重。 （6）滤油。	（2）压缩空气达到 0.7 MPa 的压力。 （3）使搅拌器在工艺要求转速下工作。 （4）使滴头下滴的滴液符合滴制工艺要求。 （5）正式滴丸后，根据工艺每小时取 10 丸称量丸重（先用罩绸毛巾抹去表面冷却油，再称量丸重），根据丸重调整滴速。 （6）收集的滴丸在接丸盘中完成滤油。
3	关机操作	（1）关闭滴头开关。	（1）缓慢扭动滴头开关，使其处于关闭状态。

（续表）

序号	步骤	操作方法及说明	质量标准
		（2）关闭控制面板上的制冷开关和油泵开关。 （3）点击"气缸降"按钮，降下冷却柱。 （4）在滴液罐下部放上接水盘。 （5）向调料罐内注入热水，然后开始"搅拌"。	（2）使控制面板上制冷开关和油泵开关处于关闭状态。 （3）使冷却柱处于下降状态。 （4）确保接水盘处于滴液罐正下方。 （5）确保从装药口或进水口向调料罐内注入的热水水温在90℃以上。

（续表）

序号	步骤	操作方法及说明	质量标准
		（6）点击打开"加料罐上料"，后再打开、关闭"滴头"开关数次，直至滴制系统清洗干净，"调料罐"内的水全部流出，更换上已清洗干净的滴头。 （7）关闭总电源。 （8）关闭压缩空气阀门	（6）为确保安全，加水清洗之前，一定要在放空调料罐内的压缩空气后，再打开调料罐的装药口，注水清洗。否则，因调料罐内与外界有气压差，会出现安全事故。 （7）总电源处于关闭状态。 （8）压缩空气阀门处于关闭状态。

（续表）

序号	步骤	操作方法及说明	质量标准
4	清场	（1）场地及设备的清洁。 （2）容器、工具的清洁。 （3）清场记录填写完整。	（1）按清场记录进行清场作业。 （2）工具和容器清洁和摆放合理有序。 （3）清场记录填写准确完整。

（续表）

序号	步骤	操作方法及说明	质量标准
5	设备维护	（1）清扫工作台面。 （2）检查电气箱。	（1）每班使用结束后，检查工作台面是否粘有残渣，如有应清扫干净。 （2）定期吹扫电气箱，检查接线，发现异常或松动及时处理。

3. 生产结束阶段

（1）填写制备好的滴丸的物料交接单，及时转交到下一工序，运输过程中注意确保运输工具的清洁卫生，避免药品污染。

（2）取下门口"生产状态标识"换上"待清场"标识，将滴丸机组上"正在运行"状态标识换为"待清洁"。

（3）滴丸机组机按照相应设备清洁消毒标准操作规程进行清洁，填写"设备使用维护记录"。

（4）把生产中收集到的废弃物集中装入废弃物塑料袋中，扎紧袋口，由物流通道传出洁净区，交清洁工处理。

（5）生产场地按《D级洁净区清洁消毒标准操作规程》进行清洁，按《地漏清洁标准操作规程》清洁地漏，填写"清场记录"。

（6）将门口"待清场"状态标识换成"已清场"状态标识并填写相应内容。

（7）核算物料平衡，完成"批生产记录"，检查是否有漏记，生产过程中是否有偏差，如有偏差，应当按《偏差处理标准操作规程》处理。

（8）申请QA检查清场情况，如清场合格颁发"清场合格证"，"清场合格证"一式两份，正本存放于本批批生产记录中，副本放于生产现场用于下一批产品生产前检查，留存于下一批生产记录中。

（二）监控装袋过程中的装量差异（详见项目一）

（三）监控装瓶过程中的装量差异（详见项目三）

（四）能使用铝塑泡罩包装设备包装（详见项目四）

项目九　软膏剂生产操作

药物制剂工（中级）的要求

鉴定点：
1. 能使用胶体磨制备软膏；
2. 能使用软膏灌装机灌装。

鉴定点解析：
1. 掌握胶体磨的安装；
2. 掌握软膏灌装机的使用与养护；
3. 了解胶体磨的操作程序；
4. 了解软膏剂灌装的在线质量检查方法。

在药物制剂工（五级）的软膏制备中重点介绍了软膏剂的分类以及常用基质种类，以及真空均质制膏机的操作，依据药物制剂工（四级）国家职业标准结合软膏剂生产实际，本项目涉及制剂准备、配料、制备（涵盖设备使用与维护）、清场等内容，重点介绍胶体磨、软膏灌装机等生产设备在软膏剂制备、灌装封口等工序中的应用，以及灌装封口的在线质量检查工作。

一、制剂准备

（一）人员准备

软膏剂的生产环境应当符合 D 级洁净区要求，生产操作人员应按照 D 级洁净区人净流程完成人员净化操作，正确穿着 D 级洁净区洁净服。依据《药品生产质量管理规范（2010 年修订）》（以下简称 GMP）要求，进入洁净生产区的人员不得化妆和涂抹粉质护肤品和佩戴饰物、手表，不得涂抹指甲油、喷发胶等。具体可详见项目一。

（二）生产文件

进入生产区后，人员从物品传递窗口领取批生产指令、生产记录等生产文件。批生产指令是指根据生产需要下达的，有效组织生产的指令性文件。其目的是规范批生产指令的管理，使生产处于规范化的、受控的状态。各生产厂家的批生产指令不尽相同，但都应涵盖本批生产产品的基本信息，如品名、批号、规格等。

在生产操作前需仔细阅读生产文件，依据 GMP 要求检查生产环境温度、湿度、压差是否符合生产要求。D 级洁净区一般保持温度为 18～26℃，湿度为 45%～65%。洁净区与非洁净区之间、不同级别洁净区之间的压差应当不低于 10 Pa。必要时，相同洁净度级别的不同功能区域（操作间）之间也应当保持适当的压差梯度。检查生产现场悬挂有上一批次"清场合格证（副本）"，并在清场有效期范围内。生产现场无与本批次生产无关的物品、文件等。具体可详见项目一。

二、配料

（一）物料核对

生产用原辅料外包装明显位置应当张贴物料标签或标注如品名、规格（如有）、批号、物料编码、有效期等基本信息。为保障物料准确无误复核生产要求，生产人员应当核对物料标签信息是否与本批生产指令（或领料单）要求一致。检查物料已检验并附有检验合格证（具体可详见项目一），同时检查物料外观，包装完好无破损、污渍、无虫鼠侵害迹象，物料性状良好，无变色、结块等异常情况。如物料信息与生产要求不符，或检查有异常则物料不得用于生产，生产人员应当及时上报异常，按异常情况处理。

（二）物料称量

在生产中如领取的物料包装量与生产批量一致，须对物料重量进行复核，如包装量与批量不一致，须进行称量操作。由于物料称量是产尘量较高的操作，因此一般需到相对负压控制的称量间或层流台中操作，避免产生污染、交叉污染。

对于配料而言，称量的准确度和精确度，对制剂的投料质量会带来重要影响。GMP 规定称量需双人操作，一人称量一人复核，以保证称量的准确性。对物料称量所用的衡器也有明确的计量要求，衡器必须通过有资质的法定计量单位检定合格、贴有计量合格证并在检定有效期内才能用于生产。衡器在使用过程中必须摆放水平，为防止计量器具在长时间使用过程中传感部件老化或者移动导致计量偏差，生产人员应当定期采用标准砝码进行常规的计量校准和维护以及进行衡器的水平校准，以确保电子秤的准确性和可靠性。

药品生产过程中，对称量的精度要求多为千分之一，即为 0.1% 的称量精度。制剂质量检查过程中，单剂量重量差异至少允许在 ±5% 以内，采用光谱或色谱分析，测定结果也允许标准偏差（RSD）在 2% 以内，因此，药品生产过程中的称量精度控制在千分之一（0.1%），对制剂单剂量有效成分的含量带来影响极微，不影响药品的内在质量。在称量物料时以称量物料重量 ±0.1% 精度范围选择合适的衡器，例如：批处方中药粉末 50 kg，则称量精度允许范围为 50±0.05 kg，应当选择量程 100 kg 的衡器，并且衡器的称量准确性到 0.01 kg。

（三）物料交接

称量完成后，将称好的原辅料采用"回头扎"的方式系好扎带，放在相应的备料垫板或备料小车上，称量人填写物料标识卡、称量记录，复核人复核无误后签名确认。同一批生产用的物料集中存放于指定地点或区域，等待后续岗位或工序的人员领取，同时做好物料交接记录。

若有剩余原辅料应当妥善封口、称量剩余量，填写并粘贴退料，放于原包装中退回原辅料存放间或仓库。物料管理员复核品名、批号、数量，填写物料台账。

三、软膏剂制备

（一）软膏制备

1. 生产前准备阶段

（1）检查上批清场合格证，准备生产的场地是否清洁，是否在清洁有效期内。

（2）检查设备是否"完好"和"已清洁"并在清洁有效期内。

（3）确认 洁净区温度、相对湿度、压差是否符合生产要求。

（4）核对本批生产用的文件、记录、物料。

（5）确认生产现场无与本批生产无关的物品。

（6）依据胶体磨操作规程打开设备电源开关，检查设备能否正常运行，时间继电器能否准确计时。

（7）转换状态标识：取下生产车间门口"清场合格证（副本）"纳入本批次生产记录中留存，换上"生产状态标识"（图9-1）并依据生产指令填写相关内容。取下胶体磨上"已清洁"状态标识，换上"正在运行"状态标识。

文件编号：JL—SC—1010

生产状态标识

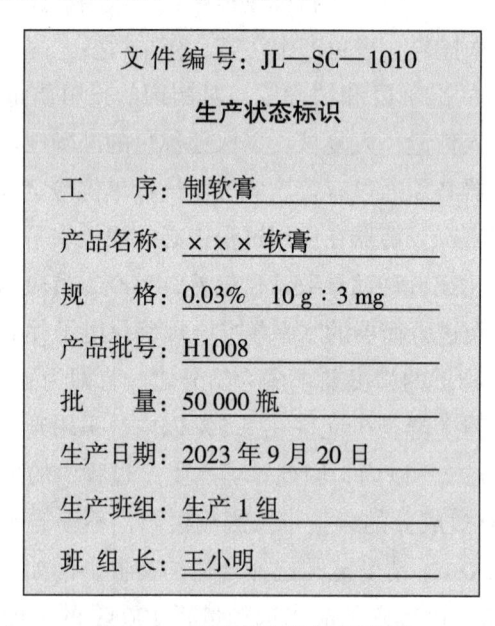

工　　　序：制软膏
产品名称：×××软膏
规　　　格：0.03%　10 g : 3 mg
产品批号：H1008
批　　　量：50 000瓶
生产日期：2023年9月20日
生产班组：生产1组
班　组　长：王小明

图9-1　生产状态标识示意图

2. 操作

序号	工序	操作方法及说明	质量标准
1	胶体磨的安装	（1）安装转齿。 （2）安装定齿及间隙调节套。 （3）安装料斗、出料管及出料接咀。	（1）转齿应装于磨座槽内并用紧固螺栓固定于转动主轴上。 （2）定齿及间隙调节套应安装于转齿上。 （3）料斗、出料管及出料接咀应紧固好，防止泄漏。

（续表）

序号	工序	操作方法及说明	质量标准
2	胶体磨的研磨操作程序	（1）用随机扳手顺时针（俯视）缓慢旋转间隙调节套。 （2）逆时针（俯视）转动扳手间隙调节套，确认转齿与定齿无接触。 （3）按启动键，俯视观察转子的旋转方向应为顺时针。 （4）调节间隙调节套，确定最佳研磨间隙。 （5）调好间隙后，拧紧扳手，锁紧间隙调节套。 （6）将待研磨的物料缓慢地投入装料斗内，正式研磨。 （7）研磨结束后，用纯化水或清洁剂冲洗，待物料残余物及清洁剂排尽后，方可停机、切断电源。 （8）填写记录。	开机前的准备工作→开机→制膏→关机→清场→填写记录。

3. 生产结束阶段

（1）填写制备好的软膏的中间产品标识卡，妥善储存于暂存罐中，应当依据规定时间及时灌装。

（2）取下门口"生产状态标识"换上"待清场"标识，将胶体磨上"正在运行"状态标识换为"待清洁"。

（3）胶体磨按照《胶体磨清洁消毒标准操作规程》进行清洁，填写"设备使用维护记录"。

（4）把生产中收集到的废弃物集中装入废弃物塑料袋中，扎紧袋口，由物流通道传出洁净区，交清洁工处理。

（5）生产场地按《D级洁净区清洁消毒标准操作规程》进行清洁，按《地漏清洁标准操作规程》清洁地漏，填写"清场记录"。

（6）将门口"待清场"状态标识换成"已清场"状态标识并填写相应内容。

（7）核算物料平衡，完成"批生产记录"，检查是否有漏记，生产过程中是否有偏差，如有偏差，应当按《偏差处理标准操作规程》处理。

（8）申请QA检查清场情况，如清场合格颁发"清场合格证"（图9-2），"清场合格证"一式两份，正本存放于本批批生产记录中，副本放于生产现场用于下一批产品生产前检查，留存于下一批生产记录中。

文件编号：JL—SC—1017	文件编号：JL—SC—1017
清场合格证 （正本）	**清场合格证** （副本）
工　　序：制软膏 清场前产品：×××软膏 清场前批号：K1008 清场日期：2023年9月20日16时 有效期至：2023年9月22日15时59分 清　场　人：王小明 签　发　人：李四 签发日期：2023年9月20日	工　　序：制软膏 清场前产品：×××软膏 清场前批号：K1008 清场日期：2023年9月20日16时 有效期至：2023年9月22日15时59分 清　场　人：王小明 签　发　人：李四 签发日期：2023年9月20日

图 9-2　清场合格证正副本示例

（二）灌装工序

1. 生产前准备阶段【操作同"（一）软膏制备"工序】

2. 操作

序号	工序	操作方法及说明	质量标准
1	领取包材	（1）依据生产指令领取合适的软管。 （2）检查软管是否符合生产要求。	（1）软管规格尺寸应当符合生产要求。 （2）软管在有效期内。
2	设备检查	（1）检查设备电源连接是正常。 （2）检查显示屏、急停按钮是否可正常工作。 	（1）打开电源，电源灯亮，机器可正常启动。 （2）显示屏触控灵敏、可正常设定参数，机器可平稳启动，急停按钮正常。

(续表)

序号	工序	操作方法及说明	质量标准
3	灌装	（1）检查清理机器台面。 （2）接通设备电源，设置产量、装量、生产速度等参数，空机试运行。 （3）启动灌装机生产。 （4）挑出灌装外观不合格的软膏。 （5）生产完成后，关闭灌装机。 （6）填写中间产品标签与物料流转单，将产品移交至下一工序。	（1）检查机器台面有无装机时遗落的零部件，如有遗漏需开机前清理出台面并消毒。 （2）打开主机电源→控制面板开→依据工艺规程设置产量、装量、生产速度等参数，空机试运行3 min，机器运行顺畅、无异响。 （3）打开计数、上管、净化、色标、灌装开关，按"启停"键开始生产。 （4）轧尾封口不合格、尾部批号不清晰、尾部无批号的软膏应及时挑出。 （5）生产完成后，关闭计数、上管、净化、色标、灌装开关，按"启停"键停机。 （6）按要求收集生产的软膏，以及正确填写物料标识卡。

3. 生产结束阶段

（1）取下门口"生产状态标识"换上"待清场"标识，将软膏灌装机上"正在运行"状态标识换为"待清洁"状态标识。

（2）软膏灌装机按照《软膏灌装机清洁消毒标准操作规程》进行清洁，填写"设备使用维护记录"。

（3）把生产中收集到的废弃物集中装入废弃物塑料袋中，扎紧袋口，由物流通道传出洁净区，交清洁工处理。

（4）生产场地按《D级洁净区清洁消毒标准操作规程》进行清洁，按《地漏清洁标准操作规程》清洁地漏，填写"清场记录"。

（5）将门口"待清场"状态标识换成"已清场"状态标识并填写相应内容。

（6）核算物料平衡，完成"批生产记录"，检查是否有漏记，生产过程中是否有偏差，如有偏差，应当按《偏差处理标准操作规程》处理。

（7）申请QA检查清场情况，如清场合格颁发"清场合格证"，"清场合格证"一式两份，正本存放于本批批生产记录中，副本放于生产现场用于下一批产品生产前检查，留存于下一批生产记录中。

项目十　浸出制剂生产操作

药物制剂工（中级）的要求

鉴定点：
1. 能使用配液设备配制酒剂、酊剂、露剂及煎膏剂；
2. 能使用精滤设备滤过药液；
3. 能使用化糖设备炼糖；
4. 能进行灌封过程中装量差异的检查。

鉴定点解析：
1. 掌握配液罐的使用并配制酒剂、酊剂、露剂及煎膏剂；
2. 掌握微孔滤膜滤器设备操作；
3. 掌握化糖罐的使用和炼糖操作；
4. 熟悉一般液体、黏稠液体的装量要求。

在药物制剂工（五级）部分已经介绍了浸出药剂制备的基础操作，如洗瓶、灭菌、初滤、离心、灌封等，依据药物制剂工（四级）国家职业标准结合浸出制剂生产实际，本项目涉及配液、滤过药液、炼糖、灌封差异检查等内容，重点介绍微孔滤膜滤器、化糖罐、配液罐等生产设备在过滤、炼糖、配制、灌封等工序中的应用。

一、制剂准备

本部分内容详见项目一。

二、配料

本环节涉及按生产指令核对及领取原辅料、选择合适的称量器具、按照生产工艺流程进行物料交接等内容，详见项目一。

三、制备

（一）配液

1. 生产前准备阶段

（1）检查上批清场合格证，准备生产的场地是否清洁，是否在清洁有效期内。

（2）检查设备是否"完好"和"已清洁"并在清洁有效期内。

（3）确认洁净区温度、相对湿度、压差是否符合生产要求。

（4）核对本批生产用的文件、记录、物料。

（5）确认生产现场无与本批生产无关的物品。

（6）依据配液罐操作规程检查确认各连接管密封完好性、各仪表的安装状态，确认呼吸器阀门已处于开启状态。

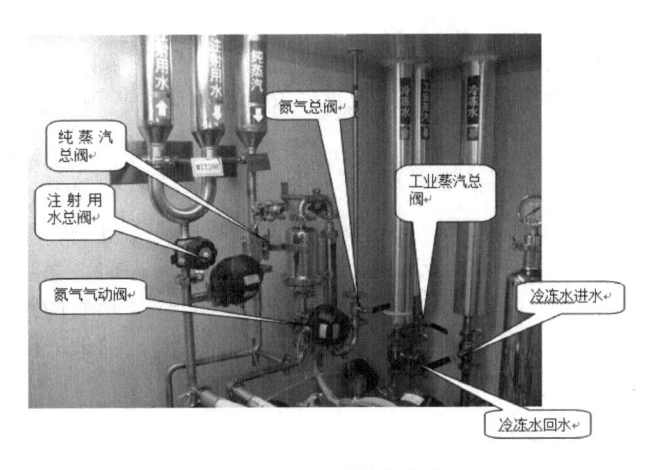

图 10-1　配液罐各阀门

（7）转换状态标识：取下生产车间门口"清场合格证（副本）"纳入本批次生产记录中留存，换上"生产状态标识"并依据生产指令填写相关内容。取下配液罐上"已清洁"状态标识，换上"正在运行"状态标识。

文　件　编　号：JL—SC—1010

生产状态标识

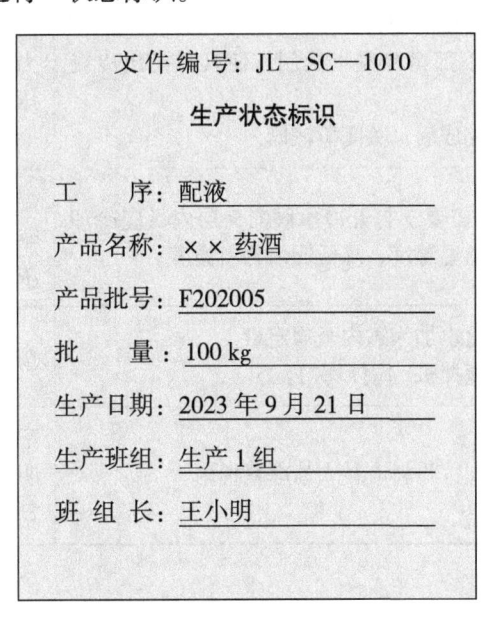

工　　　序：配液

产品名称：××药酒

产品批号：F202005

批　　　量：100 kg

生产日期：2023 年 9 月 21 日

生产班组：生产 1 组

班　组　长：王小明

图 10-2　生产状态标识示例

(8)所有与药液接触的设备部件及工器具、容器已清洗和干燥,并用75%乙醇消毒。

(9)贮液罐、配液罐、夹层锅先用饮用水荡洗一次,再用贮存不超过12小时的热纯化水荡洗三次,必要时用75%乙醇消毒。

2. 操作

序号	工序	操作方法及说明	质量标准
1	投料	(1)关闭所有阀门及入孔。 (2)打开进液阀,向配液罐内注入物料。 (3)观察液位高度,到适合高度后关闭进液阀。	(1)配液罐在进料时应确保配液罐、输送管道的清洁,让物料不会受到污染。 (2)物料输入配液罐前关闭所有的阀门,最后打开配液罐的进料阀。
2	搅拌	打开搅拌器电源开关,设定规定的搅拌速度,进行搅拌。	将物料充分搅拌均匀。
3	加热	(1)(根据工艺需要)打开蒸汽阀门,设定加热温度,加热罐内物料。 (2)调节下部排冷凝水阀门,使其只排出冷凝水和冷气。 (3)煮料完成后,关闭蒸汽阀。	需要注意配液罐内的蒸汽压力,控制蒸汽阀,保持罐内压力正常。
4	降温	(根据工艺需要)打开冷水阀向夹层内供应冷却水,设定降温温度,降低罐内物料温度。	温度达到设定值时,应关闭蒸汽阀或冷水阀;控制乙醇浓度。
5	调量	(1)将纯化水加入罐内至规定量。 (2)开启搅拌机,搅拌均匀。	按生产指令调整浓度。
6	装桶	打开出料阀,将料液装入洁净料桶内。	配液完成后,贴示标签,注明品名、批号、数量及生产日期。

表 10-1 配液罐配制酒剂生产记录表

产品名称：		批号：		规格：	
生产工序起止时间		月　日　时　分~月　日　时　分			
罐号		第（　　）号罐		第（　　）号罐	
设备状态确认		正常□　异常□		正常□　异常□	
温度（P）					
压力（MPa）					
物料量（kg/L）					
白酒/纯水量（kg/L）					
矫味剂种类、用量					
配制时间	开始	月　日　时　分		月　日　时　分	
	结束	月　日　时　分		月　日　时　分	
搅拌速度（r/min）					
成品情况					
乙醇含量					
配制总量（kg/L）					
总固体量（%）					
外观性状					
操作人		复核人/日期			
备注					

3. 生产结束阶段

（1）填写制备好的药液的物料交接单，及时转交到下一工序。

（2）取下门口"生产状态标识"换上"待清场"标识，将配液罐上"正在运行"状态标识换为"待清洁"。

（3）配液罐按照配液罐清洁消毒标准操作规程进行清洁，填写"设备使用维护记录"。

（4）把生产中收集到的废弃物集中装入废弃物塑料袋中，扎紧袋口，由物流通道传出洁净区，交清洁工处理。

（5）生产场地按《D级洁净区清洁消毒标准操作规程》进行清洁，按《地漏清洁标准操作规程》清洁地漏，填写"清场记录"。

（6）将门口"待清场"状态标识换成"已清场"状态标识并填写相应内容，将配液罐上"待清场"状态标识换成"已清场"状态标识并填写相应内容。

（7）核算物料平衡，完成"批生产记录"，检查是否有漏记，生产过程中是否有偏差，如有偏差，应当按《偏差处理标准操作规程》处理。

（8）申请QA检查清场情况，如清场合格颁发"清场合格证"，"清场合格证"一式两份，正本存放于本批批生产记录中，副本放于生产现场用于下一批产品生产前检查，留存于下一批生产记录中。

（二）过滤

1. **生产前准备阶段（操作同配液环节）**
2. **操作**

序号	工序	操作方法及说明	质量标准
1	准备微孔滤膜	（1）选择适宜的微孔过滤器的微孔滤膜。 （2）进行安装滤膜前的检查。 （3）安装滤膜。	（1）新领用滤膜在使用前先在新鲜的纯化水内浸润24小时，以使滤膜充分湿润。 （2）将处理后的滤膜装入过滤器内，光滑面为正面应朝下，粗糙面为反面应朝上，安装要严密，防止渗漏。
2	滤过	（1）先将过滤器内的空气排尽。 （2）打开过滤系统的阀门及给压泵。 （3）过滤药液。	过滤过程中，随时注意过滤器上的压力表变化范围，若指针变化范围突然增大或变小，应立即停止过滤，查明原因，进行处理后方可重新过滤。
3	质量检查	对滤过药液的外观性状、可见异物、不溶性微粒、含量测定进行检查。	滤过过程中随时观察过滤压力和滤液澄清情况。压力和澄清度发生变化时，通常会影响滤过质量。

表 10-2 微孔滤膜过滤效果记录表

批号:		日期:	
取样时间	外观性状	可见异物	澄明度
共检查	次	符合要求□ 不符合要求□	
结论:			
操作人:		日期:	
检查人签名:		日期:	

3. 生产结束阶段

（1）填写过滤好的药液的物料交接单，及时转交到下一工序。

（2）取下门口"生产状态标识"换上"待清场"标识，将过滤器上"正在运行"状态标识换为"待清洁"。

（3）过滤器按照《过滤器清洁消毒标准操作规程》进行清洁及消毒，填写"设备使用维护记录"。

（4）把生产中收集到的废弃物集中装入废弃物塑料袋中，扎紧袋口，由物流通道传出洁净区，交清洁工处理。

（5）生产场地按《D级洁净区清洁消毒标准操作规程》进行清洁，按《地漏清洁标准操作规程》清洁地漏，填写"清场记录"。

（6）将门口"待清场"状态标识换成"已清场"状态标识并填写相应内容，将过滤器上"待清场"状态标识换成"已清场"状态标识并填写相应内容。

（7）核算物料平衡，完成"批生产记录"，检查是否有漏记，生产过程中是否有偏差，如有偏差，应当按《偏差处理标准操作规程》处理。

（8）申请QA检查清场情况，如清场合格颁发"清场合格证"，"清场合格证"一式两份，正本存放于本批批生产记录中，副本放于生产现场用于下一批产品生产前检查，留存于下一批生产记录中。

（三）熬糖

1. 生产前准备阶段

（1）至（7）同"配液"的生产前准备阶段。

（8）配制前将化糖罐、输料管道按规定进行循环清洁、消毒。

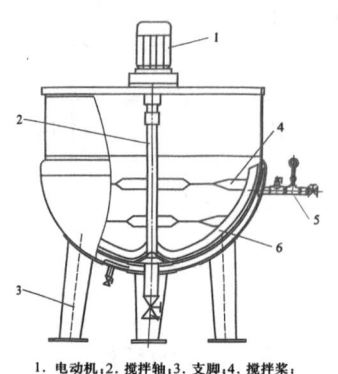

1. 电动机; 2. 搅拌轴; 3. 支脚; 4. 搅拌浆;
5. 蒸汽进口; 6. 锅体夹层。

图 10-3 化糖罐示意图　　　　图 10-4 化糖罐实物图

2. 操作

序号	工序	操作方法及说明	质量标准
1	加水	按生产指令在化糖罐中加入纯化水。	配制用水应使用新制且贮存时间不超过 24 小时的纯化水。
2	加热	（1）打开进气阀通入蒸汽。 （2）达到工作压力时关闭进气阀。 （3）加热罐内纯化水。	将纯化水加热至 60℃。
3	加糖	（1）按照生产指令在化糖罐中缓慢加入蔗糖。 （2）打开搅拌浆，直到糖浆溶液全部澄明。 （3）为促进糖转化，可加入含糖量 0.1%~0.3% 的枸橼酸或酒石酸。	（1）糖的种类和质量会影响炼制时加水量、炼制时间与温度。 （2）配液罐操作正确。 （3）参数设置正确。
4	熬糖	（1）保持微沸 2 小时。 （2）当糖液开始呈现金黄色，见光发泡，则熬糖完成。	（1）熬糖过程中使用温度计监控熬糖温度。 （2）保持温度在 110~115℃。
5	熬糖质量监控	（1）测外观性状。 （2）测温度。 （3）测水分含量。 （4）测糖转化率。	（1）熬糖中设备温度较高，注意防止被烫伤。 （2）使用温度计监控熬糖温度。 （3）糖液外观应为均匀的金黄色。 （4）糖的转化率为 40%~50%。

表 10-3　熬糖质量检查记录表

批号				班次/日期	
取样时间	外观性状	温度	水分含量	糖转化率	

性状：共检查_____次，
温度：共检查_____次，
水分含量：共检查_____次，
糖转化率：_____。

结论：		确认结果：	
操作人：		日期：	
检查人签名：		日期：	

3. 生产结束阶段（同"配液"环节）

（四）监控灌封过程中装量差异

工序	操作方法及说明	质量标准
装量差异检查	（1）取供试品5个（50 mL以上者3个）。 （2）将内容物分别用干燥并预经标化的注射器（包括注射针头）抽尽，50 mL以上者可倾入预经标化的干燥量筒中，黏稠液体倾出后，将容器倒置15分钟，尽量倾净。 （3）读出每个容器内容物的装量，并求其平均装量。	平均装量均应符合规定，如有1个容器装量不符合规定，则另取5个（或3个）复试，应全部符合规定。

表 10-4　液体制剂装量限定表

标示装量	液体		黏稠液体	
	平均装量	每个容器装量	平均装量	每个容器装量
20 mL以下	不少于标示装量	不少于标示装量的93%	不少于标示装量的90%	不少于标示装量的85%
20~50 mL	不少于标示装量	不少于标示装量的95%	不少于标示装量的95%	不少于标示装量的90%
50~500 mL	不少于标示装量	不少于标示装量的97%	不少于标示装量的95%	不少于标示装量的93%

表 10-5　灌封过程中装量差异检查记录表

批号：		班次/日期：	
取样批次	装量	是否合格	

装量差异：共检查_____次

操作人：		日期：
检查人签名：	确认结果：	日期：
备注：		

项目十一　气雾剂生产操作

> **药物制剂工（中级）的要求**
>
> **鉴定点：**
> 1. 能使用三维运动混合机混合物料；
> 2. 能使用气雾剂封口机进行封口；
> 3. 能在气雾剂灌装过程中监控装量差异。
>
> **鉴定点解析：**
> 1. 掌握三维运动混合机的使用与养护；
> 2. 掌握气雾剂封口机的使用与养护；
> 3. 了解气雾剂一般质量要求；
> 4. 了解气雾剂灌装的在线质量检查方法。

在药物制剂工（五级）的气雾制备中重点介绍了气雾剂的含义、特点与分类，以及配液设备、气雾剂灌装设备，依据药物制剂工（四级）国家标准结合气雾剂生产实际，本项目涉及制剂准备、配料、制备（涵盖设备使用与维护）、清场等内容，重点介绍三维运动混合机与气雾剂封口机在气雾剂制备中的应用，以及气雾剂的质量要求。

一、制剂准备

（一）人员准备

气雾剂的生产环境应当符合 D 级洁净区要求，生产操作人员应按照 D 级洁净区人净流程完成人员净化操作，正确穿着 D 级洁净区洁净服。依据《药品生产质量管理规范（2010 年修订）》（以下简称 GMP）要求，进入洁净生产区的人员不得化妆和涂抹粉质护肤品和佩戴饰物、手表，不得涂抹指甲油、喷发胶等。具体可详见项目一。

（二）生产文件

进入生产区后，人员从物品传递窗口领取批生产指令、生产记录等生产文件。批生产指令是指根据生产需要下达的，有效组织生产的指令性文件。其目的是规范批生产指令的管理，使生产处于规范化的、受控的状态。各生产厂家的批生产指令不尽相同，但都应涵盖本批生产产品的基本信息，如品名、批号、规格等。

在生产操作前需仔细阅读生产文件，依据 GMP 要求检查生产环境温度、湿度、压差是否符合生产要求。D 级洁净区一般保持温度为 18～26℃，湿度为 45%～65%。洁净区与非洁净区之间、不同级别洁净区之间的压差应当不低于 10 Pa。必要时，相同洁净度级别的不同功能区域（操作间）之间也应当保持适当的压差梯度。检查生产现场悬挂有上一批次"清场合格证（副本）"，并在清场有效期范围内。生产现场无与本批次生产无关的物品、文件等。具体可详见项目一。

二、配料

（一）物料核对

生产用原辅料外包装明显位置应当张贴物料标签或标注如品名、规格（如有）、批号、物料编码、有效期等基本信息。为保障物料准确无误复核生产要求，生产人员应当核对物料标签信息是否与本批生产指令（或领料单）要求一致。检查物料已检验并附有检验合格证（具体可详见项目一），同时检查物料外观，包装完好无破损、污渍、无虫鼠侵害迹象，物料性状良好，无变色、结块等异常情况。如物料信息与生产要求不符，或检查有异常则物料不得用于生产，生产人员应当及时上报异常，按异常情况处理。

（二）物料称量

在生产中如领取的物料包装量与生产批量一致，须对物料重量进行复核，如包装量与批量不一致，须进行称量操作。由于物料称量是产尘量较高的操作，因此一般需到相对负压控制的称量间或层流台中操作，避免产生污染、交叉污染。

对于配料而言，称量的准确度和精确度，对制剂的投料质量会带来重要影响。GMP 规定称量需双人操作，一人称量一人复核，以保证称量的准确性。对物料称量所用的衡器也有明确的计量要求，衡器必须通过有资质的法定计量单位检定合格、贴有计量合格证并在检定有效期内才能用于生产。衡器在使用过程中必须摆放水平，为防止计量器具在长时间使用过程中传感部件老化或者移动导致计量偏差，生产人员应当定期采用标准砝码进行常规的计量校准和维护以及进行衡器的水平校准，以确保电子秤的准确性和可靠性。

药品生产过程中，对称量的精度要求多为千分之一，即为 0.1% 的称量精度。制剂质量检查过程中，单剂量重量差异至少允许在 ±5% 以内，采用光谱或色谱分析，测定结果也允许标准偏差（RSD）在 2% 以内，因此，药品生产过程中的称量精度控制在千分之一（0.1%），对制剂单剂量有效成分的含量带来影响极微，不影响药品的内在质量。在称量物料时以称量物料重量 ±0.1% 精度范围选择合适的衡器，例如：批处方中药粉末 50 kg，则称量精度允许范围为 50±0.05 kg，应当选择量程 100 kg 的衡器，并且衡器的称量准确性达到 0.01 kg。

（三）物料交接

称量完成后，将称好的原辅料采用"回头扎"的方式系好扎带，放在相应的备料垫板或备料小车上，称量人填写物料标识卡、称量记录，复核人复核无误后签名确认。同一批生产用的物料集中存放于指定地点或区域，等待后续岗位或工序的人员领取，同时做好物料交接记录。

若有剩余原辅料应当妥善封口、称量剩余量，填写并粘贴退料，放于原包装中退回原辅料存放间或仓库。物料管理员复核品名、批号、数量，填写物料台账。

三、气雾剂制备

（一）物料混合

1. 生产前准备阶段

（1）检查上批清场合格证，准备生产的场地是否清洁，是否在清洁有效期内。

（2）检查设备是否"完好"和"已清洁"并在清洁有效期内。

（3）确认洁净区温度、相对湿度、压差是否符合生产要求。

（4）核对本批生产用的文件、记录、物料。

（5）确认生产现场无与本批生产无关的物品。

（6）依据三维运动混合机操作规程打开设备电源开关，检查设备能否正常通电，时间继电器能否准确计时。

（7）转换状态标识：取下生产车间门口"清场合格证（副本）"纳入本批次生产记录中留存，换上"生产状态标识"（图11-1）并依据生产指令填写相关内容。取下三维运动混合机上"已清洁"状态标识，换上"正在运行"状态标识。

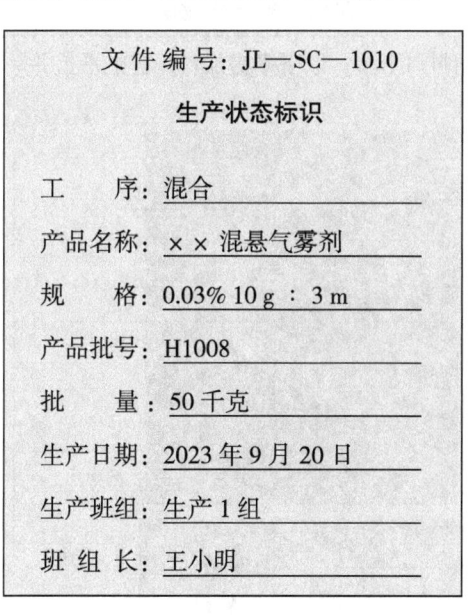

```
文件编号：JL—SC—1010
        生产状态标识

工      序：混合
产品名称：××混悬气雾剂
规      格：0.03% 10 g : 3 m
产品批号：H1008
批      量：50 千克
生产日期：2023 年 9 月 20 日
生产班组：生产 1 组
班 组 长：王小明
```

图 11-1　生产状态标识示例

2. 操作

序号	工序	操作方法及说明	质量标准
1	设备检查	（1）检查清理机器台面。 （2）按"运行"键空载启动三维运动混合机，观察设备运行情况。 （3）确认加料口处于加料位置。	（1）检查机器台面有无装机时遗落的零部件，如有遗漏需开机前清理出台面并消毒。 （2）空机试运行3 min，机器运行顺畅、无异响。 （3）加料口应处于上方。
2	混合	（1）松开加料口卡箍，取下平盖加料，盖上平盖并上紧卡箍。	（1）上紧卡箍时所有卡箍应一致向内。

（续表）

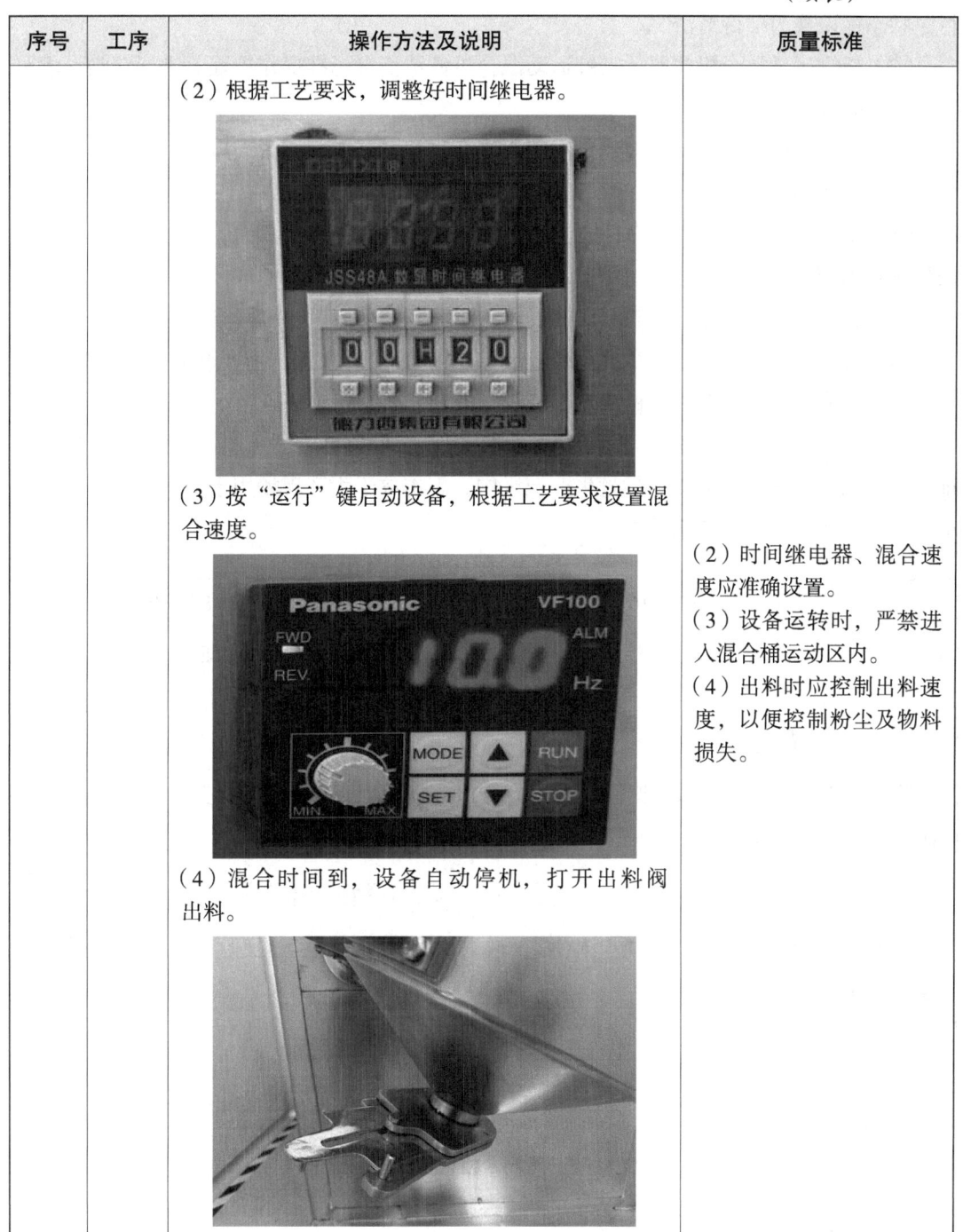

序号	工序	操作方法及说明	质量标准
		（2）根据工艺要求，调整好时间继电器。 （3）按"运行"键启动设备，根据工艺要求设置混合速度。 （4）混合时间到，设备自动停机，打开出料阀出料。	（2）时间继电器、混合速度应准确设置。 （3）设备运转时，严禁进入混合桶运动区内。 （4）出料时应控制出料速度，以便控制粉尘及物料损失。

3. 生产结束阶段

（1）填写制备好的产品的物料交接单，及时转交到下一工序，过程中注意保持产品的清洁。

（2）取下门口"生产状态标识"换上"待清场"标识，将三维运动混合机上"正在运行"状态标识换为"待清洁"。

（3）三维运动混合机按照《三维运动混合机清洁消毒标准操作规程》进行清洁，填写"设备使用维护记录"。

（4）把生产中收集到的废弃物集中装入废弃物塑料袋中，扎紧袋口，由物流通道传出洁净区，交清洁工处理。

（5）生产场地按《D级洁净区清洁消毒标准操作规程》进行清洁，按《地漏清洁标准操作规程》清洁地漏，填写"清场记录"。

（6）将门口"待清场"状态标识换成"已清场"状态标识并填写相应内容。

（7）核算物料平衡，完成"批生产记录"，检查是否有漏记，生产过程中是否有偏差，如有偏差，应当按《偏差处理标准操作规程》处理。

（8）申请QA检查清场情况，如清场合格颁发"清场合格证"（图11-2），"清场合格证"一式两份，正本存放于本批批生产记录中，副本放于生产现场用于下一批产品生产前检查，留存于下一批生产记录中。

文件编号：JL—SC—1017	文件编号：JL—SC—1017
清场合格证 （正本）	清场合格证 （副本）
工　　序：混合	工　　序：混合
清场前产品：×××混悬气雾剂	清场前产品：×××混悬气雾剂
清场前批号：K1008	清场前批号：K1008
清场日期：2023年9月20日16时	清场日期：2023年9月20日16时
有效期至：2023年9月22日15时59分	有效期至：2023年9月22日15时59分
清　场　人：王小明	清　场　人：王小明
签　发　人：李四	签　发　人：李四
签发日期：2023年9月20日	签发日期：2023年9月20日

图11-2　清场合格证正副本示例

（二）封口工序

1. 生产前准备阶段【操作同"（一）物料混合"工序】

2. 操作

序号	工序	操作方法及说明	质量标准
1	设备检查	（1）检查清理机器台面。 （2）检查待封口的气雾剂罐。 （3）调整好封口头位置。	（1）检查机器台面有无装机时遗落的零部件，如有遗漏需开机前清理出台面并消毒。 （2）确保罐内已加注标示量药品，且无杂质和残留物。 （3）调整好封口头的位置和角度，确保可以顺利将罐口和阀门封口。

（续表）

序号	工序	操作方法及说明	质量标准
2	封口	（1）给待封口的气雾剂罐盖上阀门并放于封口机固定支架上。 （2）轻踩封口脚踏，封口头下压将气雾剂封口。	（1）气雾剂罐体与阀门需放置稳固并置于封口机的固定支架上不得移位。 （2）封口完成后，需要检查封口处是否平整、是否有泄漏等现象。

3. 生产结束阶段

（1）填写制备好的产品的物料交接单，及时转交到下一工序，过程中注意保持产品的清洁。

（2）取下门口"生产状态标识"换上"待清场"标识，将气雾剂封口机上"正在运行"状态标识换为"待清洁"。

（3）气雾剂封口机按照《气雾剂封口机清洁消毒标准操作规程》进行清洁，填写"设备使用维护记录"。

（4）把生产中收集到的废弃物集中装入废弃物塑料袋中，扎紧袋口，由物流通道传出洁净区，交清洁工处理。

（5）生产场地按《D级洁净区清洁消毒标准操作规程》进行清洁，按《地漏清洁标准操作规程》清洁地漏，填写"清场记录"。

（6）将门口"待清场"状态标识换成"已清场"状态标识并填写相应内容。

（7）核算物料平衡，完成"批生产记录"，检查是否有漏记，生产过程中是否有偏差，如有偏差，应当按《偏差处理标准操作规程》处理。

（8）申请QA检查清场情况，如清场合格颁发"清场合格证"（图11-2），"清场合格证"一式两份，正本存放于本批批生产记录中，副本放于生产现场用于下一批产品生产前检查，留存于下一批生产记录中。

（三）质量要求

1. 溶液型气雾剂的药液应澄清；乳状液型气雾剂的液滴在液体介质中应分散均匀；混悬型气雾剂应将药物细粉和附加剂充分混匀、研细，制成稳定的混悬液。

2. 吸入用气雾剂的药粉粒径应控制在 10 μm 以下，其中大多数应在 5 μm 以下，一般不使用饮片细粉。

3. 气雾剂应能喷出均匀的雾滴（粒）。

4. 定量阀门气雾剂每揿压一次应喷出准确的剂量；非定量阀门气雾剂喷射时应能持续喷出均匀的剂量。

5. 吸入气雾剂除符合气雾剂项下要求外，还应符合吸入制剂相关项下要求；鼻用气雾剂除符合气雾剂项下要求外，还应符合鼻用制剂相关项下要求。

（1）每揿主药含量：定量气雾剂照下述方法检查，每揿主药含量应符合规定。

检查法：取供试品1瓶，充分振摇，除去帽盖，试喷5次，用溶剂洗净套口，充分干燥后，倒置于已加入一定量吸收液的适宜烧杯中，将套口浸入吸收液液面下（至少25 mm），喷射10次或20次（注意每次喷射间隔5秒并缓缓振摇），取出供试品，用吸收液洗净套口内外，合并吸收液，转移至适宜量瓶中并稀释至刻度后，按各品种含量测定项下的方法测定，所得结果除以取样喷射次数，即为平均每揿主药含量。每揿主药含量应为每揿主药含量标示量的 80% ~ 120%。

（2）喷射速率：非定量气雾剂的喷射速率应符合规定。

检查法：取供试品 4 瓶，除去帽盖，分别喷射数秒后，擦净，精密称定，将其浸入恒温水浴（25±1℃）中 30 分钟，取出，擦干，除另有规定外，连续喷射 5 秒钟，擦净，分别精密称重，然后放入恒温水浴（25±1℃）中，按上法重复操作 3 次，计算每瓶的平均喷射速率（g/s），均应符合各品种项下的规定。

（3）喷出总量：非定量气雾剂的喷出总量应符合规定。

检查法：取供试品 4 瓶，除去帽盖，精密称定，在通风橱内，分别连续喷射于已加入适量吸收液的容器中，直至喷尽为止，擦净，分别精密称定，每瓶喷出量均不得少于标示装量的 85%。

（4）每揿喷量定量气雾剂照下述方法检查，应符合规定。

检查法：取供试品 4 瓶，除去帽盖，分别揿压阀门试喷数次后，擦净，精密称定，揿压阀门喷射 1 次，擦净，再精密称定。前后两次重量之差为 1 个喷量。按上法连续测定 3 个喷量；揿压阀门连续喷射，每次间隔 5 秒，弃去，至 n/2 次；再按上法连续测定 4 个喷量；继续揿压阀门连续喷射，弃去，再按上法测定最后 3 个喷量。计算每瓶 10 个喷量的平均值。除另有规定外，应为标示喷量的 80%～120%。

凡进行每揿递送剂量均一性检查的气雾剂，不再进行每揿喷量检查。

（5）粒度：中药吸入用混悬型气雾剂若不进行微细粒子剂量测定，应做粒度检查。

检查法：取供试品 1 瓶，充分振摇，除去帽盖，试喷数次，擦干，取清洁干燥的载玻片 1 块，置距喷嘴垂直方向 5 cm 处喷射 1 次，用约 2 mL 四氯化碳小心冲洗载玻片上的喷射物，吸干多余的四氯化碳，待干燥，盖上盖玻片，移置具有测微尺的 400 倍显微镜下检视，上下左右移动，检查 25 个视野，计数，平均原料药物粒径应在 5 μm 以下，粒径大于 10 μm 的粒子不得过 10 粒。

（6）装量：非定量气雾剂照最低装量检查法检查，应符合规定。

（7）无菌：用于烧伤[除程度较轻的烧伤（Ⅰ°或浅Ⅱ°外）]、严重创伤或临床必须无菌的气雾剂，照无菌检查法检查，应符合规定。

（8）微生物限度：照非无菌产品微生物限度检查：微生物计数法和控制菌检查法及非无菌药品微生物限度标准检查，应符合规定。

项目十二　制药用水制备操作

> **药物制剂工（中级）的要求**
>
> 鉴定点：
> 1. 能使用纯化水机组制备纯化水；
> 2. 能使用蒸馏水机组制备注射用水。
>
> 鉴定点解析：
> 1. 掌握 0.5 t/h 一级反渗透纯水装置的使用与养护；
> 2. 掌握 LD-300/4 A 多效蒸馏水机的使用方法。

依据药物制剂工（四级）国家标准结合制药用水生产实际，本项目涉及制剂准备、制备（涵盖设备使用与维护）、清场等内容，重点介绍 0.5 t/h 一级反渗透纯水装置在纯化水制备中的应用，以及 LD-300/4 A 多效蒸馏水机的使用方法。

一、制剂准备

（一）人员准备

制药用水的生产环境应当符合 D 级洁净区要求，生产操作人员应按照 D 级洁净区人净流程完成人员净化操作，正确穿着 D 级洁净区洁净服。依据《药品生产质量管理规范（2010 年修订）》（以下简称 GMP）要求，进入洁净生产区的人员不得化妆和涂抹粉质护肤品和佩戴饰物、手表，不得涂抹指甲油、喷发胶等。具体可详见项目一。

（二）生产文件

2010 版 GMP 规定水处理设备及其输送系统的设计、安装、运行和维护应当确保制药用水达到设定的质量标准。水处理设备的运行不得超出其设计能力。纯化水、注射用水储罐和输送管道所用材料应当无毒、耐腐蚀；储罐的通气口应当安装不脱落纤维的疏水性除菌滤器；管道的设计和安装应当避免死角、盲管。应当对制药用水及原水的水质进行定期监测，并有相应的记录。应当按照操作规程对纯化水、注射用水管道进行清洗消毒，并有相关记录。发现制药用水微生物污染达到警戒限度、纠偏限度时应当按照操作规程处理。

在生产操作前需仔细阅读生产文件，依据 GMP 要求检查生产环境温度、湿度、压差是否符合生产要求。检查生产间清洁记录、水质检查记录是否符合要求。

二、制药用水制备

（一）纯化水的制备

1. 生产前准备阶段

（1）检查生产间清洁消毒记录、水质检查记录，检查场地、设备是否生产符合要求。

（2）检查设备、管路、阀门、仪表是否"完好"，仪表有校准合格证并在有效期内。

（3）核对生产间温度、相对湿度是否符合生产要求。

（4）核对生产用的文件、记录。

（5）依据 0.5 t/h 一级反渗透纯水装置操作规程打开设备电源开关，检查设备能否正常通电，阀门系统是否完好。

（6）转换状态标识：取下生产车间门口"清场合格证（副本）"纳入本批次生产记录中留存，换上"生产状态标识"并依据生产指令填写相关内容。取下 0.5 t/h 一级反渗透纯水装置上"已清洁"状态标识，换上"正在运行"状态标识。

2. 操作

序号	工序	操作方法及说明	质量标准
1	预处理	（1）SL 型机械过滤器冲洗（每七天进行一次）： ①反洗：开启 1（总进水阀）、3（反冲阀）、4（反排污阀）阀门，其余阀门关闭。进原水，反洗 5～15 分钟； ②正洗：开启 1(总进水阀)、2(顺冲阀)、5(顺冲阀) 阀门，其余阀门关闭。进原水，正洗 5～10 分钟。	（1）SL 型机械过滤器每七天进行一次冲洗，正反洗各 5～10 分钟。

(续表)

序号	工序	操作方法及说明	质量标准
	预处理	（2）TL型活性炭过滤器冲洗（每七天进行一次）： ①反洗：开启1（总进水阀）、2（顺冲阀）、7（反冲阀）、8（反排污阀）阀门，其余阀门关闭。反洗5～15分钟； ②正洗：开启1（总进水阀）、2（顺冲阀）、6（出水阀到活性炭装置）、9（顺冲阀）阀门，其余阀门关闭。进原水，正洗5～10分钟。	（2）TL型活性炭过滤器每七天进行一次冲洗，正反洗各5～10分钟。 （3）精密过滤器、保安过滤器压力大于0.1 MPa时更换滤芯。
2	制水	（1）开启1（总进水阀）、2（顺冲阀）、6（出水阀到活性炭装置）、10（出水阀到精密过滤器）阀门，其余阀门关闭，开淡水阀、浓水阀、电源开关。 （2）打开电源开关，将"运行方式""I级泵""混柱泵""增压泵"打至"自动"。 （3）调压力阀和浓水阀，使流量达标。	（1）开机前应确保各阀门正开启。 （2）浓水排放应是产水量的35%～50%。

3. 生产结束阶段

（1）及时填写设备使用记录。

（2）纯水机组按照《0.5t/h 一级反渗透纯水装置清洁消毒标准操作规程》进行清洁，填写"设备使用维护记录"。

（3）生产场地按《制水车间清洁消毒标准操作规程》进行清洁，按《地漏清洁标准操作规程》清洁地漏，填写"清场记录"。

（4）申请 QA 定期检查制水间清洁情况，按要求进行日常水质检查。

（二）注射用水的制备

1. 生产前准备阶段

（1）检查生产间清洁消毒记录、水质检查记录，检查场地、设备是否生产符合要求。

（2）检查设备、管路、阀门、仪表是否"完好"，仪表有校准合格证并在有效期内。

（3）核对生产间温度、相对湿度是否符合生产要求。

（4）核对生产用的文件、记录。

（5）依据 LD-300/4A 多效蒸馏水机操作规程打开设备电源开关，检查设备能否正常通电，阀门系统是否完好。

2. 操作

序号	工序	操作方法及说明	质量标准
1	预处理	（1）检查料水、冷却水、蒸汽供给情况。 （2）接通电源开关。	（1）检查料水供给是否充足，电导率 < 2 μS/cm，压力为 0.6 MPa。 （2）检查生产蒸汽供给是否充足并且压力 > 0.3 MPa。 （3）检查冷却水供给是否充足并且压力 > 0.1 MPa。 （4）接通电源开关后，电源绿色指示灯亮，各仪表通电工作。

（续表）

序号	工序	操作方法及说明	质量标准
2	制水	（1）打开蒸汽进气阀门。 （2）蒸汽表显示稳定的压力值时，接通启动开关。	（1）蒸汽压力、进水量、蒸馏水温度达到稳定条件（恒定95℃）。 （2）按规定检测水质。

（续表）

序号	工序	操作方法及说明	质量标准
		（3）调节手动阀门使流量计浮子上升，待蒸汽压力稳定在规定值、给水量达到规定值时，再等待几分钟，如果各效视镜水位没有上升，可适当增加进水量，没有出现问题即可进行正常运行。 （4）运行监测： ①开机后，待蒸汽压力、进水量、蒸馏水温度稳定后方可接水，并测定产水量； ②机器运行时，要随时观察其各项指标是否处于正常范围； ③关机：缓慢关闭各阀门，关电源，运行周期结束。	（3）各效视镜水位不过1/2。

3. 生产结束阶段

（1）及时填写设备使用记录。

（2）蒸馏水机组按照《LD-300/4A 多效蒸馏水机清洁消毒标准操作规程》进行清洁，填写"设备使用维护记录"。

（3）生产场地按《制水车间清洁消毒标准操作规程》进行清洁，按《地漏清洁标准操作规程》清洁地漏，填写"清场记录"。

（4）申请 QA 定期检查制水间清洁情况，按要求进行日常水质检查。

模块四

考证篇

项目一 职业技能等级认定规范要求

任务一 职业技能等级认定认知

职业技能等级认定是指人力资源社会保障部门备案公布的用人单位和社会评价组织（统称评价机构），按照国家职业技能标准或评价规范对劳动者的职业技能水平进行考核评价的活动，是技能人才评价的重要方式。

国家职业技能标准和行业企业评价规范是实施职业技能等级认定的依据。参照《职业技能等级划分依据》确定技能等级级次，等级设置应为连续等级。职业技能等级一般分为初级工（五级）、中级工（四级）、高级工（三级）、技师（二级）和高级技师（一级）五个级别。

根据《职业技能等级划分依据》，以下是等级划分依据：

1. 五级/初级工：能够运用基本技能独立完成本职业的常规工作。

2. 四级/中级工：能够熟练运用基本技能独立完成本职业的常规工作；在特定情况下，能够运用专门技能完成技术较为复杂的工作；能够与他人合作。

3. 三级/高级工：能够熟练运用基本技能和专门技能完成本职业较为复杂的工作，包括完成部分非常规性的工作；能够独立处理工作中出现的问题；能够指导和培训初、中级工。

4. 二级/技师：能够熟练运用专门技能和特殊技能完成本职业复杂的、非常规性的工作；掌握本职业的关键技术技能，能够独立处理和解决技术或工艺难题；在技术技能方面有创新；能够指导和培训初、中、高级工；具有一定的技术管理能力。

5. 一级/高级技师：能够熟练运用专门技能和特殊技能在本职业的各个领域完成复杂的、非常规性工作；熟练掌握本职业的关键技术技能，能够独立处理和解决高难度的技术问题或工艺难题；在技术攻关和工艺革新方面有创新；能够组织开展技术改造、技术革新活动；能够组织开展系统的专业技术培训；具有技术管理能力。

根据《国家职业标准编制技术规程（2023年版）》规定，以下是申请参加职业技能评价的条件：

1. 具备以下条件之一者，可申报五级/初级工：

（1）年满16周岁，拟从事本职业或相关职业工作。

（2）年满 16 周岁，从事本职业或相关职业工作。

2. 具备以下条件之一者，可申报四级／中级工：

（1）累计从事本职业或相关职业工作满 5 年。

（2）取得本职业或相关职业五级／初级工职业资格（职业技能等级）证书后，累计从事本职业或相关职业工作满 3 年。

（3）取得本专业或相关专业的技工院校或中等及以上职业院校、专科及以上普通高等学校毕业证书（含在读应届毕业生）。

3. 具备以下条件之一者，可申报三级／高级工：

（1）累计从事本职业或相关职业工作满 10 年。

（2）取得本职业或相关职业四级／中级工职业资格（职业技能等级）证书后，累计从事本职业或相关职业工作满 4 年。

（3）取得符合专业对应关系的初级职称（专业技术人员职业资格）后，累计从事本职业或相关职业工作满 1 年。

（4）取得本专业或相关专业的技工院校高级工班及以上毕业证书（含在读应届毕业生）。

（5）取得本职业或相关职业四级／中级工职业资格（职业技能等级）证书，并取得高等职业学校、专科及以上普通高等学校本专业或相关专业毕业证书（含在读应届毕业生）。

（6）取得经评估论证的高等职业学校、专科及以上普通高等学校本专业或相关专业毕业证书（含在读应届毕业生）。

4. 具备以下条件之一者，可申报二级／技师：

（1）取得本职业或相关职业三级／高级工职业资格（职业技能等级）证书后，累计从事本职业或相关职业工作满 5 年。

（2）取得符合专业对应关系的初级职称（专业技术人员职业资格）后，累计从事本职业或相关职业工作满 5 年，并在取得本职业或相关职业三级／高级工职业资格（职业技能等级）证书后，累计从事本职业或相关职业工作满 1 年。

（3）取得符合专业对应关系的中级职称（专业技术人员职业资格）后，累计从事本职业或相关职业工作满 1 年。

（4）取得本职业或相关职业三级／高级工职业资格（职业技能等级）证书的高级技工学校、技师学院毕业生，累计从事本职业或相关职业工作满 2 年。

（5）取得本职业或相关职业三级／高级工职业资格（职业技能等级）证书满 2 年的技师学院预备技师班、技师班学生。

5. 具备以下条件之一者，可申报一级／高级技师：

（1）取得本职业或相关职业二级／技师职业资格（职业技能等级）证书后，累计从事本职业或相关职业工作满 5 年。

（2）取得符合专业对应关系的中级职称后，累计从事本职业或相关职业工作满 5 年，并在取得本职业或相关职业二级/技师职业资格（职业技能等级）证书后，累计从事本职业或相关职业工作满1年。

（3）取得符合专业对应关系的高级职称（专业技术人员职业资格）后，累计从事本职业或相关职业工作满1年。

任务二　职业技能等级证书认知

职业技能等级证书指由经人力资源社会保障部门备案的用人单位和社会培训评价组织（统称评价机构）在备案职业（工种）范围内对劳动者实施职业技能考核评价所颁发的证书。

1.2.1 职业技能等级证书样式

1.2.2 职业技能等级证书查询方式

通过考试的考生可以登录职业技能等级证书全国联网查询系统（http://zscx.osta.org.cn/）进行证书查询。

1.2.3 职业技能等级证书对个人的价值

（1）个人的技能提升的证明，在就业上有更大的优势；

（2）可用于入户积分政策的加分，还有子女积分入学加分；

（3）可申请职业技能等级技能补贴；

（4）可用于抵扣个人所得税。

任务三　考试科目与题型认知

1.3.1 各级别考试科目

根据等级梯度不同，考试科目也有所不同，从低到高依次是：

初级工（五级）考试科目是理论（机考）+技能操作（实操）；

中级工（四级）考试科目是理论（机考）+技能操作（实操）；

高级工（三级）考试科目是理论（机考）+技能操作（实操）；

技师（二级）考试科目是理论（机考）+技能操作（实操）+综合评审（论文撰写与答辩）；

高级技师（一级）考试科目是理论（机考）+技能操作（实操）+综合评审（论文撰写与答辩）。

1.3.2 中级工（四级）的题型

（1）理论题型

中级工（四级）理论题型是 80 道单项选择题 +20 道判断题，共 100 道题。

（2）实操题型

实操以操作制作药剂流程为考核方式，按流程可以分为以下步骤：

制剂准备（更衣清洁，领取生产指令，做好生产准备）→配料（根据指令称取对应的物料）→制备（根据指令操作对应剂型的设备并生产药剂）→清场（做好生产完的清洁工作）→设备维护（对操作过的设备进行维护）。

项目二　考前准备与注意事项要求

任务一　考前准备认知

2.1.1 考试时长

中级工（四级）理论考试时长为 90 分钟；中级工（四级）实操考试时长为 120 分钟。

【注意事项】

考生须在开考前 30 分钟凭有效身份证件原件进场，根据现场指引，对号入座，或进入相应工位。

考生迟到 30 分钟不得进场。考试开始后 30 分钟内及考试结束前 15 分钟内，考生不得交卷。（上机考试的，考试结束前不限制交卷。）

2.1.2 考试必备证件

（1）有效身份证件原件（身份证、所在省市社保卡或居住证、军官证、港澳台地区人士凭港澳台地区身份证或港澳台居民居住证、外籍人士凭外国护照）；

（2）准考证原件。

【注意事项】

有效身份证件与准考证是用于考前进入考场时接受考评员及工作人员的身份检查，（1）必须提前检查好考试期间是否在有效期内，否则进入不了考场；（2）打印的准考证上有明确的"准考证"字样，并不是报名成功通知单，准考证可以提前多打印几张，特别注意：绝对不要在准考证上自行添加任何的标记（文字），否则会被当违规处理。

2.1.3 考试必备用具

实验服（白大褂）、无尘工作帽、无尘工作鞋套、口罩、钢笔、中性笔（黑色签字笔）、2B 铅笔、橡皮、墨水、三角板等。

【注意事项】

除以上物品外，任何书籍、资料、纸张、带存储或通讯功能的电子仪器（如手机、笔记本、U 盘、手提电脑、智能手表、智能眼镜等）不准带入考场。

关于可带入物品须注意：

水杯须为完全透明、无标签的，且所盛液体须是透明无颜色的；

除规定可使用计算器的职业和科目可携带计算器进入考场外，其他职业和科目的考试均不得携带或使用计算器，否则会被当违纪处理，所以请提前了解清楚。

2.1.4 个人形象准备

（1）头部：长发的考生需要把头发盘起，切记不要披头散发。也不要戴墨镜。

（2）着装上：保持衣着得体，干净整洁，考生不要穿裙子（吊带裙、短裙、长裙）、短裤、吊带衫、背心等，特别是不要穿过于暴露或过于浮夸的衣装，建议穿T恤+黑色长裤。

（3）手部：提前修剪好手指甲，不做美甲，不戴戒指、手环、手镯、手链等，保持手部干净整洁。

（4）脚部：严禁光脚，不穿拖鞋（洞洞鞋、人字拖）、凉鞋、高跟鞋等，建议穿休闲鞋、运动鞋等。

【特别注意】根据《药品生产质量管理规范》规定，进入洁净生产区（实操考场）的人员不得化妆和佩戴饰物（包括但不限于耳环、项链、手表、手链、手环、手镯、戒指等）。

2.1.5 考前其他准备

（1）考试前保持心态平和，保持健康饮食、正常作息，不要过于焦虑紧张，更不要熬夜复习，都会影响到考试当天的考试状态。

（2）提前了解好考场地址，规划好交通路线，避免因走错路错过考试。

任务二 考场守则认知

1.考生须在开考前30分钟凭有效身份证件原件进场，对号入座，或进入相应工位。入座后将相关证件放在桌面左上角，以便查对。除以上证件，任何其他证件无效。

2.考生迟到30分钟不得进场。考试开始后30分钟内及考试结束前15分钟内，考生不得交卷。（上机考试的，考试结束前不限制交卷。）

3.考生除带必要的文具（如钢笔、中性笔、2B铅笔、橡皮、墨水、三角板等）外，任何书籍、资料、纸张、带存储或通讯功能的电子仪器（如手机、笔记本、U盘、手提电脑、智能手表等）不准带入考场。已经携带入场的应按照监考人员的要求，集中存放在指定地点。考试期间，不得取用已集中存放的个人物品，且手机等电子仪器应处于关闭状态。

4.进入考场后，必须遵从考场工作人员的安排。考试过程中保持考场安静。提前交卷的考生，不得在考场附近逗留、谈论。

5.除规定可使用计算器的职业和科目可携带计算器进入考场外，其他职业和科目的考试均不得携带或使用计算器，否则按违纪处理。

6.进入考场后，必须遵从考场工作人员的安排。考试过程中保持考场安静。提前交卷的考生，不得在考场附近逗留、谈论。

7. 自尊、自爱，严格遵守考场纪律。考试期间不准交头接耳、东张西望，不准传递、夹带、换卷。违反纪律者，按《所在省市社评组织职业技能等级认定考场违纪舞弊处理规定》进行处理。造成考场设备损坏的，按价赔偿。

8. 考试时间终了，考生应立即停止答卷，待监考人员回收、清点完考试资料后方可离场。不准将试卷、草稿纸等任何考试资料带出考场。

任务三　考场违纪舞弊处理规定

2.3.1 有下列行为之一的，给予警告及批评教育。累计达到 3 次的，取消当科考试成绩。

（1）携带与考试无关的物品进入考场且不按规定放置的；

（2）考试未开始提前答题的；

（3）考试结束后仍然继续答题的；

（4）考试开始后，未在下发的考试资料上填写姓名和准考证号的；

（5）在考场内吸烟、喧哗或有其他影响考场秩序的行为；

（6）有交头接耳、东张西望等异常动作的。

2.3.2 有下列情形之一的，取消当科考试成绩。

（1）不按指定的考场座位号入座应试的；

（2）有旁窥、互打暗号、交流答案等行为的；

（3）以任何形式携带、夹带或抄摘与考试有关的信息的；

（4）接传答卷（答案）、抄袭他人答卷或有意将自己的答卷让他人抄袭的；

（5）在答卷中做与考试无关的标记的；

（6）在考试过程中携带移动电话等带储存或通讯功能的工具的；

（7）考试结束后未上交草稿纸的；

（8）准考证上有任何标记或其他文字、图形的；

（9）有其他舞弊行为的。

2.3.3 有下列情形之一的，取消当次所有科目的成绩及考试资格。情况特别严重的，提请有关单位处理或处分。

（1）严重扰乱考场秩序的；

（2）拒绝、阻碍考试工作人员执行工作任务的；

（3）威胁、贿赂、公然侮辱、诽谤或诬陷考试工作人员的；

（4）伪造证件、证明等报考资料以取得考试资格的；

（5）由他人代考（替考）及代（替）他人考试的；

（6）将试卷或答卷带出考场的；

（7）考试工作人员协助实施作弊的。

任务三　考试突发状况应急预案

1. 身份证忘带了或遗失，怎么办？

（1）第一时间重新确认是否真的没带或遗失，确认没有的情况下，第一时间联系家人或朋友帮忙携带过来，只要在开考后半小时内能拿到，则可以正常参与考试。

（2）若有其他有效身份证件原件（所在省市社保卡或居住证、军官证、港澳台地区人士凭港澳台地区身份证或港澳台居民居住证、外籍人士凭外国护照）都可以代替身份证使用。

2. 准考证丢失，怎么办？

找附近的打印店进行打印，考生最好提前多预备几张准考证且分别放置备用；或者寻求考场工作人员帮忙打印。

3. 交通堵塞或者晕车，怎么办？

提前规划好路线，尽量选择以地铁为主的交通方式，提早出门，建议开考前1小时到达考场。有晕车情况的考生，可事先服用晕车药，乘车前进食不宜多，可带一些食品到考场后再补充能量。

4. 迟到

匆匆忙忙，还是迟到了，此时更不能过于着急。开考后半小时内还是可以进入考场进行考试，稍事休息，填写名字、准考证号、身份证号等报考信息之后，调节情绪，专注答题。若是开考后半小时后才到，那就调节好情绪，专心等待下一科考试。单科不过的，成绩可保留一年，一年内可参加一次补考。

5. 身体不适，怎么办？

（1）若是考试过程中突感身体不适（如头痛、胃痛、呼吸困难等），先确认一下自己是否能够坚持到可以交卷的时间（理论考试）或者完成所有考试操作（实操考试），若是可以则坚持，若不行则及时举手告知考评员，听从考评员的安排。

（2）若是考试过程中，有其他症状导致身体不适的（如发烧、肠胃炎、呕吐、低血糖、哮喘等），及时举手告知考评员，听从考评员的安排。

项目三　理论知识考试模拟试卷样板

任务一　模拟试卷（一）

一、单项选择题（第1题~第80题。选择一个正确的答案，将相应的字母填入题内的括号中。每题1分，满分80分）

1. 以下是使用配液罐配制露剂的操作程序的是（　　）。
   A. 准备→加入蒸馏液→（滤过）→清场→注入纯水→（加防腐剂）→搅拌配制→填写记录
   B. 准备→加入蒸馏液→注入纯水→（加防腐剂）→搅拌配制→（滤过）→填写记录→清场
   C. 准备→（加防腐剂）→搅拌配制→（滤过）→清场→加入蒸馏液→注入纯水→填写记录
   D. 准备→加入蒸馏液→注入纯水→（加防腐剂）→搅拌配制→（滤过）→清场→填写记录

2. 以下不属于体积计量单位的是（　　）。
   A. 升
   B. 摩尔/升
   C. 毫升
   D. 微升

3. 乙醇计的标准使用温度是（　　）。
   A. 15～27℃
   B. 23℃
   C. 20℃
   D. 18℃

4. 职业道德最基本的要求是（　　）。
   A. 遵纪守法
   B. 爱岗敬业
   C. 服务群众
   D. 奉献社会

5. （　　）是流态化技术用于液态物料干燥的方法。
   A. 热压干燥
   B. 真空干燥
   C. 减压干燥
   D. 喷雾干燥

6. 下列不属于露剂质量检查项目的是（　　）。
   A. pH值
   B. 微生物限度
   C. 装量
   D. 以上均不是

7. 在制药生产过程中要养成良好的（　　）意识。
   A. GMP
   B. GLP
   C. GCP
   D. GAP

8. 以下关于不同剂型药效发挥的叙述，正确的是（　　）。
   A. 气体剂型药效发挥最慢
   B. 固体剂型药效发挥最快
   C. 半固体剂型药效发挥最快
   D. 固体剂型药效发挥最慢

9. 除另有规定外，液体制剂（≤50 mL）进行最低装量检查时，供试品取样量为（　　）。
   A. 2个
   B. 3个
   C. 5个
   D. 10个

10. 每位员工每次进入A/B级区，都应更换无菌工作服，或至少每班更换（　　）次。
    A. 一
    B. 两
    C. 三
    D. 四

11. 以下属于混悬剂常用絮凝剂的是（　　）。
    A. 琼脂
    B. 枸橼酸钠
    C. 西黄蓍胶
    D. 甘油

12. 以下关于影响药物溶出速度的因素，叙述正确的是（　　）。
    A. 药物分子间的作用力大于药物分子与溶剂分子间作用力则药物溶解度大
    B. 在极性溶剂中，如果药物分子与溶剂分子之间可以形成氢键，则溶解度减小
    C. 在极性溶剂中，如果药物分子与溶剂分子之间可以形成氢键，则溶解度增大
    D. 难溶性药物分子中引入疏水基团可增加在水中的溶解度

13. 流化包衣一般采用（　　）设备进行操作。
    A. 高效包衣机
    B. 普通包衣锅
    C. 两台压片机联用
    D. 流化床包衣机

14. 生产用模具的采购、验收、保管、维护、发放及报废应当制定相应的（　　）。
    A. 生产指令
    B. 生产记录表
    C. 清场记录表
    D. 操作规程

15. 由于操作人员主观原因造成的误差称为（　　）。
    A. 仪器误差
    B. 试剂误差
    C. 主观误差
    D. 方法误差

16. 下列关于物料平衡的说法，正确的是（　　）。
    A. 物料平衡的定义：产品或物料实际产量或实际用量及收集到的损耗之和与理论产量或理论用量之间的比较，并考虑可允许的偏差范围
    B. 物料平衡 = [实际用量（实际产量）+ 收集的损耗] ÷ 理论用量（理论产量）
    C. 物料平衡反映的是物料控制水平，是为了提高效率而制定

D. 只有特定产品关键生产工序的批生产记录（批包装记录）需要明确规定物料平衡的计算方法，以及根据验证结果和生产实际确定的平衡限度范围

17. 以下可用作注射剂抑菌剂的是（　　）。

   A. 卵磷脂

   B. 羧甲纤维素

   C. 氯化钠

   D. 三氯叔丁醇

18. 以下关于药品生产文件管理的叙述，错误的是（　　）。

   A. 质量标准、工艺规程、操作规程、稳定性考察等生产文件需保存2年

   B. 生产文件的起草、修订、审核、批准、替换应当按照操作规程管理

   C. 用电子方法保存的批记录，应当采用纸质副本、光盘、移动硬盘等方法进行备份

   D. 生产文件应当定期审核、修订；文件修订后，应当按照规定管理，防止旧版文件误用

19. （　　）应当确保所有生产人员正确执行生产工艺规程、质量标准和操作规程，防止偏差的产生。

   A. 生产管理负责人

   B. 公司总经理

   C. 质量检验部门

   D. 质量管理负责人

20. 用"热水或硫代硫酸钠溶液敷治"的急救处理方法适用于被（　　）烫伤。

   A. 氢氧化钾

   B. 盐酸

   C. 硫酸

   D. 浓过氧化氢

21. 下列关于《中药材生产质量管理规范》适用范围的叙述中，错误的是（　　）。

   A. 适用于采用野生抚育方式种植中药材的企业

   B. 适用于采用生态种植方式种植中药材的企业

   C. 适用于野生中药材的采收加工的企业

   D. 适用于中药材进行加工的企业

22. 《中华人民共和国药品管理法》是以（　　）为依据，以药品监督管理为中心内容。

   A.《中华人民共和国药品注册管理法》

   B.《中华人民共和国质量法》

   C.《宪法》

   D.《中国药典》

23. 以下属于按形态分类的药物剂型是（　　）。

   A. 气体剂型

   B. 固体剂型

   C. 半固体剂型

   D. 以上均是

24. 物料管理员应复核（　　）。

   A. 物料品名

   B. 物料数量

   C. 物料批号

   D. 以上均是

25. 校验不合格的衡器，应由（　　）修复并校验合格，贴上计量合格证后方可用于生产中称量。

   A. 有资质的法定计量单位

   B. 车间工作人员

   C. 企业质检部

   D. 质量负责人

26. 以下属于多功能提取罐适用的提取情境的是（　　）。
   A. 超临界萃取
   B. 挥发油提取
   C. 渗漉提取
   D. 蒸汽加热

27. 以下属于人员进入D级洁净区的标准程序的是（　　）。
   A. 手消毒
   B. 戴口罩
   C. 洗手
   D. 以上均是

28. （　　）药包材指直接接触药品，但便于清洗，在实际使用过程中，经清洗后需要并可以消毒的药品包装用材料、容器。
   A. Ⅳ类
   B. Ⅲ类
   C. Ⅱ类
   D. Ⅰ类

29. 轻度足踝扭伤，应先冷敷患处，（　　）小时后改用热敷，用绷带缠住足踝，把脚垫高，即可减轻症状。
   A. 1
   B. 6
   C. 12
   D. 24

30. （　　）机制是提取液中大于滤材空隙的微粒被截留在滤材的表面，形成层状。
   A. 中层过滤作用
   B. 浅层过滤作用
   C. 过筛作用
   D. 表层过滤作用

31. （　　）不属于减压干燥法测定水分时所使用的仪器。
   A. 真空烘箱
   B. 分析天平
   C. 电热恒温干燥箱
   D. 干燥器

32. 下列不属于喷雾干燥设备中常用型号的是（　　）。
   A. 气流式
   B. 离心式
   C. 压力式
   D. 自吸式

33. 根据《药品管理法实施条例》，中药饮片的标签必须注明的内容是（　　）。
   A. 不良反应
   B. 禁忌
   C. 规格
   D. 功能主治

34. 以下液体制剂中，需要进行乙醇含量检查的是（　　）。
   A. 糖浆剂
   B. 浸膏剂
   C. 酊剂
   D. 芳香水剂

35. 下列关于糖浆剂的质量要求，叙述正确的是（　　）。
   A. 糖浆剂含蔗糖量应不低于55%（g/mL）
   B. 山梨酸和苯甲酸的用量不得过0.6%
   C. 羟苯酯的用量不得过0.08%
   D. 除另有规定外，糖浆剂应澄清在贮存期间不得有变质现象，允许有少量摇之易散的沉淀

36. 以下关于醋剂的叙述，正确的是（　　）。
   A. 醋剂只能外用

B. 凡用于制备芳香水剂的药物一般都可制成醑剂

C. 醑剂系指挥发性药物的乙醇溶液

D. 醑剂中的乙醇含量一般为30%～60%

37. 以下使用胶体磨配制混悬剂的操作程序，正确的是（　　）。

A. 开机前准备→开机→清场→填写记录→配制→关机

B. 开机前准备→开机→配制→关机→填写记录→清场

C. 开机前准备→开机→配制→关机→清场→填写记录

D. 开机前准备→清场→填写记录→开机→配制→关机

38. 滤膜、滤器在使用前应进行洁净处理，并用（　　）进行灭菌或在线灭菌。

A. 臭氧

B. 紫外线

C. 甲醛气体

D. 高压蒸汽

39. 以下可以添加抑菌剂的注射剂是（　　）。

A. 静脉注射剂

B. 椎管内注射剂

C. 脑池内注射剂

D. 肌内注射剂

40. 吸入气雾剂的有效部位药物沉积量应不少于标示每揿主药含量的（　　）。

A. 10%　　　　B. 15%

C. 20%　　　　D. 40%

41. 橡胶贴膏常用的溶剂是（　　）。

A. 酒精

B. 汽油

C. 水

D. 石油醚

42. 《中国药典》规定泡腾片的崩解时限要求为（　　）min。

A. 3　　　　B. 5

C. 10　　　D. 30

43. 在薄膜衣的处方中，加入羟丙纤维素的作用是（　　）。

A. 致孔剂　　　　B. 遮光剂

C. 薄膜衣料　　　D. 固体粉料

44. 装袋设备的操作步骤为（　　）。

A. 操作程序开机前的准备工作→开机→膏卷安装牵引→袋材安装牵引→设置各加热磨块的温度及速度→喷码信息编辑→自动装袋作业→关机→清场

B. 操作程序开机前的准备工作→开机→膏卷安装牵引→设置各加热磨块的温度及速度→袋材安装牵引→喷码信息编辑→自动装袋作业→关机→清场

C. 操作程序开机前的准备工作→开机→设置各加热磨块的温度及速度→膏卷安装牵引→袋材安装牵引→喷码信息编辑→自动装袋作业→关机→清场

D. 操作程序开机前的准备工作→开机→喷码信息编辑→自动装袋作业→膏卷安装牵引→袋材安装牵引→设置各加热磨块的温度及速度→关机→清场

45. 如果某膜剂的平均重量为0.5 g，那么该膜剂的重量差异限度为（　　）。

A. ±5%　　　　B. ±7.5%

C. ±8.5%　　　D. ±10%

46. 在制备滴丸中使用均质化料罐的目的是进行（　　）。

A. 基质熔融

B. 洗丸

C. 滴制

D. 保温脱气

47. 下列常用于软胶囊干燥的是（　　）。
    A. 微波法　　　　B. 加热法
    C. 转笼法　　　　D. 真空法

48. 关于全自动中药制丸机的使用，下列说法错误的是（　　）。
    A. 可通过更换出条口与制丸刀，从而制出所需直径的药丸
    B. 全自动中药制丸机的操作程序是：开机前的准备→加料→制丸→制丸条→关机→清场
    C. 机器工作时切勿将手或异物置入推进器和制丸刀，否则易发生危险
    D. 要根据药条出条速度，调整切丸速度，使出条与制丸刀速度相匹配

49. 一个无菌过滤器的使用时限一般不能超过（　　）个工作日。
    A. 一　　　　B. 二
    C. 三　　　　D. 四

50. 批生产结束后，由（　　）及时统计剩余物料，填写退库单（一式三份），送现场（　　）人员。
    A. 车间物料管理员；QA
    B. QC人员；车间主任
    C. 车间主任；车间物料管理员
    D. 操作人员；QA

51. 以下依靠硬质研磨体的冲击作用来粉碎物料的设备是（　　）。
    A. 锤式粉碎机
    B. 圆盘式气流式粉碎机
    C. 球磨机
    D. 胶体磨

52. 《中国药典》规定，凡检查含量均匀度的制剂不再检查（　　）。
    A. 崩解时限
    B. 重量差异
    C. 溶化性
    D. 释放度

53. 使用摇摆式颗粒机制粒，颗粒的大小由（　　）来决定。
    A. 七角滚筒的大小
    B. 筛网的目数
    C. 筛网夹辊的大小
    D. 挤压的速度

54. 全自动颗粒包装机纵封或横封压力过大可能会造成（　　）。
    A. 设备无法启动
    B. 封口不严
    C. 装量不准确
    D. 制袋长度不固定

55. 以下关于化糖设备维护保养的叙述，错误的是（　　）。
    A. 每次使用后应按照清洁规程进行清洁和清场
    B. 阀门系统不得有跑、冒、滴、漏现象，以免烫伤操作人员
    C. 化糖罐为蒸汽带压容器，不得超压操作
    D. 大修周期一般为两年

56. 关于袋装设备的维护保养内容，下列叙述错误的是（　　）。
    A. 每月对称重感应器紧固螺丝进行检查、校准
    B. 定期对电线进行更换，对控制柜及接线箱内接线端子进行检查并紧固，定期检查接近开关和光电开关与设备感应距离是否合适，及时调整
    C. 定期对真空管道、气源管清洗或更换
    D. 短时间停用，应每周检查试运一次，长时间停用，应每月试运行一次保持备用状态

57. 下列关于自动硬胶囊机的使用，叙述正确的是（　　）。
   A. 转动前调整、更换模块和清洁后安装时要用手柄转动机器
   B. 调节剂量盘、清理台面物料时，可以在开机状态下进行
   C. 设备生产运行时处于自动操作模式，可以用手动操作模式生产
   D. 真空泵缺水也可以运行

58. 片剂崩解剂的加入方法有（　　）种。
   A. 一　　　　　B. 两
   C. 三　　　　　D. 四

59. 若脆碎前后片剂的外观无明显变化，且减失的重量不超过（　　）%，则脆碎度检查合格。
   A. 1　　　　　B. 2
   C. 3　　　　　D. 4

60. 下列属于筛丸机的维护保养重点的是（　　）。
   A. 对震动传动机构的润滑维护和保养
   B. 定期确认震动频率
   C. 确认筛网的孔径尺寸，以及是否发生形变或磨损
   D. 以上都是

61. 关于包薄膜衣时包衣粉的用量计算，正确的是（　　）。
   A. 包衣粉用量 = 片芯重量错片芯增重率
   B. 包衣粉用量 = 片芯重量 + 片芯增重率
   C. 包衣粉用量 = 片芯重量 − 片芯增重率
   D. 包衣粉用量 = 片芯重量 / 片芯增重率

62. 按《中国药典》（2020年版）规定，滴丸剂须进行（　　）检查。
   A. 崩解时限
   B. 黏稠度
   C. 微生物限度
   D. 硬度

63. 按《中国药典》（2020年版）规定，下列关于滴丸剂装量差异检查说法中，正确的是（　　）。
   A. 单剂量包装的滴丸剂，应进行重量差异检查
   B. 取样量为供试品10袋（瓶）
   C. 如果标示装量为0.6 g，那么装量差异限度为 ±10%
   D. 如果标示装量为1.5 g，那么装量差异限度为 ±8%

64. 下列属于三相气雾剂的是（　　）。
   A. 溶剂型气雾剂
   B. 泡沫型雾剂
   C. 气压制剂
   D. 超声雾化剂

65. 下列全自动中药制丸机的操作程序，正确的是（　　）。
   A. 开机前的准备→加料→制丸条→制丸→关机→清场
   B. 开机前的准备→加料→制丸→制丸条→关机→清场
   C. 开机前的准备→制丸条→加料→制丸→关机→清场
   D. 开机前的准备→加料→制丸条→制丸→清场→关机

66. 除菌过滤时检查装置及滤膜的完整性应在（　　）。
   A. 灭菌过滤后
   B. 过滤前后
   C. 灭菌过程中
   D. 灭菌过程中及前后

67. 以下不属于设备维护分类管理中的关键设备的是（　　）。
   A. 直接接触产品的设备
   B. 清洁设备

C. 中央空调

D. 灭菌设备

68. 锥入度测定法测定的椎体释放后时间间隔是（　　）。

A. 1 s

B. 3 s

C. 5 s

D. 7 s

69. 下列关于粉碎设备的维护保养内容的叙述中，错误的是（　　）。

A. 每天要检查螺栓有无松动

B. 每天要检查腔体、管道的温度是否正常

C. 每天要检查电机有无异常声响

D. 每天要对称重感应器紧固螺丝进行检查、校准

70. 油机日常保养部件不包括（　　）。

A. 空气滤清器

B. 拉盘

C. 蓄电池

D. 油箱

71. 在使用紫外线灯进行居室空气消毒时，紫外线灯的适宜照射距离不超过（　　）。

A. 1.0 m

B. 2.0 m

C. 3.0 m

D. 4.0 m

72. 关于凝胶贴膏的质量要求，下列说法错误的是（　　）。

A. 凝胶贴膏要进行含膏量、赋形性、黏附力、重量差异等项目的检查

B. 凝胶贴膏的微生物限度，照非无菌产品微生物限度检查法检查

C. 凝胶贴膏的膏料应涂布均匀，膏面应光洁，色泽一致，无脱膏、失黏现象；背衬面应平整、洁净、无漏膏现象

D. 凝胶贴膏进行含膏量检查时，取供试品2片，加水加热煮沸至背衬与膏体分离，水洗，晾干，干燥，冷却，精密称定，减失重量换算成100 cm^2 的含膏量

73. 日常维修保养工作应遵循以（　　）的方针进行。

A. 保养为主

B. 维修为主

C. 检查巡视

D. 保养为主，维修为辅

74. 下列关于胶体磨维护保养的叙述中，错误的是（　　）。

A. 胶体磨为高精密机械，线速高达23 m/s，磨盘间隙极小，检修后装回，用工具转动看是否有摩擦

B. 若胶体磨的密封件破损或裂痕严重，请立即更换

C. 修理胶体磨时，在拆开、装回调整过程中，可以用铁锤直接敲击

D. 胶体磨为高精密机械，线速高达20 m/s，磨盘间隙极小，检修后装回必须用百分表校正壳体与主轴的同轴度误差≤0.05 mm

75. 下列关于药品生产中产生的废弃物的处理措施中，正确的是（　　）。

A. 报废的非印刷包装材料，如纸板箱，可以采用废品回收站收购的方式进行处理

B. 包装过程中报废的成品，在处理时，必须将内容物和包装分开进行处理

C. 生产过程中产生的尾料必须应当送到锅炉厂或专业的垃圾处理厂进行焚烧

D. 印有产品信息的包装材料，可以采用碎纸机进行破坏

76. 如果某膜剂的平均重量为 0.01 g，那么该膜剂的重量差异限度为（　　）。
   A. ±5%
   B. ±10%
   C. ±15%
   D. ±20%

77. 下列关于清场的内容，说法正确的是（　　）。
   A. 清场合格证的发放人员为 QC
   B. 清场不需要清除工艺文件
   C. 清场记录纳入批生产记录
   D. 清场由操作人员进行，包括物料清理、设备清理、用具清理三方面内容

78. 《中国药典》（2020 年版）规定，按最低装量检查法的取样量要求，50 g（mL）以上者应取（　　）个。
   A. 1
   B. 3
   C. 5
   D. 7

79. 制备滴丸时将药物和辅料的熔融物滴入冷凝液中使之迅速收缩、凝固成丸，这是利用（　　）技术。
   A. 脂质体制备
   B. 微球制备
   C. 固体分散
   D. 微型胶囊制备

80. 下列可用于颗粒剂的包装材料是（　　）。
   A. 复合铝塑袋
   B. 铝箔袋
   C. 塑料瓶
   D. 以上都是

二、判断题（第 81 题～第 100 题。下列判断正确的请打"√"，错误的打"×"，将相应的符号填入题内的括号中。每题 1 分，满分 10 分）

81. 整个渗漉过程中，自加溶剂后至渗漉结束前，应始终保持溶剂低于药面。（　　）

82. 使用化料罐熔融基质时，开启加热和开启搅拌的顺序为先开启加热，后开启搅拌。（　　）

83. 平均片重为 0.4 g，则《中国药典》规定的重量差异限度为 ±7.5%。（　　）

84. 片剂辅料中常作为崩解剂的是羧甲淀粉钠。（　　）

85. 使用高速搅拌制粒机制颗粒时，不可以通过对搅拌桨、切割刀的转速和运转时间的调整来达到所制的粒度。（　　）

86. 称取"60.0 kg"，指称取重量可为 59.95～60.05 kg。（　　）

87. 明胶空心胶囊的重金属含量不得过百万分之四十。（　　）

88. 《国药典》（2020 年版）规定，颗粒剂粒度要求不能通过一号筛与能通过五号筛的总和不得超过 20%。（　　）

89. 水溶性基质的栓剂常用植物油为润滑剂，利于脱模。（　　）

90. 凝胶贴膏的膏料应涂布均匀，膏面应光洁，色泽一致，无脱膏、失黏现象；背衬面应平整、洁净、无漏膏现象。（　　）

91. 除菌过滤膜有中性、疏水性和亲水性三种。（　　）

92. 流体在运动时的黏滞性，是由于液体密度、温度的改变所产生的相对变形。（　　）

93. 所有的软膏剂都是外用,所以无须达到无菌要求。（   ）
94. 注射用无菌粉末在标签中应标明所用溶剂。（   ）
95. 低分子溶液剂是指小分子药物以分子或离子状态分散在溶剂中形成的非均相液体制剂。（   ）
96. 按《中国药典》规定,酒剂与酊剂均须进行乙醇含量、甲醇含量、总固体检查。（   ）
97. 常采用真空干燥机进行软胶囊干燥。（   ）
98. 减压干燥适用于热敏性物料的干燥。（   ）
99. 反渗透需要在机械过滤之前进行。（   ）
100. 制软材时的揉混强度越大,混合时间越长,物料黏性越小,制成的颗粒越硬。（   ）

模拟试卷（一）答案

一、单项选择题

1.D 2.B 3.C 4.B 5.D 6.D 7.A 8.D 9.C 10.A 11.B 12.C 13.D 14.D 15.C
16.A 17.D 18.A 19.A 20.D 21.D 22.C 23.D 24.D 25.A 26.B 27.D 28.C 29.C 30.C
31.C 32.D 33.A 34.C 35.D 36.D 37.C 38.D 39.D 40.B 41.B 42.B 43.C 44.A 45.A
46.A 47.C 48.B 49.A 50.A 51.C 52.A 53.B 54.A 55.D 56.A 57.C 58.D 59.A 60.D
61.A 62.C 63.B 64.B 65.A 66.B 67.C 68.C 69.D 70.D 71.B 72.A 73.D 74.C 75.B
76.C 77.C 78.B 79.C 80.D

二、判断题

81.× 82.√ 83.× 84.√ 85.× 86.√ 87.√ 88.× 89.√ 90.√ 91.× 92.× 93.× 94.√ 95.×
96.× 97.× 98.√ 99.× 100.√

任务二　模拟试卷（二）

一、单项选择题（第1题~第80题。选择一个正确的答案，将相应的字母填入题内的括号中。每题1分，满分80分）

1. 下列回流提取方法中，采用索氏提取器的是（　　）。
   A. 超声提取法
   B. 浸渍法
   C. 回流冷浸法
   D. 回流热浸法

2. 过滤过程中，将初滤液倒回料液中再次滤过的方法称为（　　）。
   A. 回滤
   B. 精滤
   C. 离心过滤
   D. 初滤

3. "毒胶囊"事件，体现了企业缺乏（　　）的职业道德。
   A. 诚实守信
   B. 爱岗敬业
   C. 服务群众
   D. 奉献社会

4. 真空干燥又称为（　　）。
   A. 减压干燥
   B. 喷雾干燥
   C. 热压干燥
   D. 加压干燥

5. 习近平总书记提出加强食品药品监管，贯彻落实"四个最严"要求，用最严谨的标准、（　　）、最严厉的处罚、最严肃的问责。
   A. 最严格的监管
   B. 最严格的生产
   C. 最严格的检查
   D. 最严格的复核

6. 硬胶囊填充内容物不能是（　　）。
   A. 粉末
   B. 液体
   C. 小丸
   D. 颗粒

7. 由不溶性液体药物以液滴状态分散在分散介质中形成的多相分散体系是（　　）。
   A. 低分子溶液
   B. 高分子溶液
   C. 乳剂
   D. 混悬剂

8. （　　）系指在一定温度（气体在一定压力）下，在一定量溶剂中达饱和时溶解的最大药量，是反映药物溶解性的重要指标。
   A. 溶出度
   B. 崩解度
   C. 提取率
   D. 溶解度

9. 一个批次的待包装品或成品的所有生产记录称为（　　）。
   A. 批生产记录
   B. 批包装记录
   C. 批检验记录
   D. 药品放行审核记录

10. 微孔滤膜在使用前应先在新鲜的纯化水内浸润（　　）小时，以使滤膜充分湿润。
    A. 6
    B. 12
    C. 24
    D. 48

11. 以下不属于药物稳定性影响因素中处方因素的是（　　）。
    A. pH值
    B. 离子强度
    C. 金属离子
    D. 辅料的影响

12. 在制药生产过程中对从业人员最重要的标尺是（　　）。
    A. 从业人员的职业技能
    B. 从业人员的职业态度
    C. 从业人员的职业道德行为
    D. 从业人员的职业纪律

13. 使用胶体磨配制混悬剂的操作程序，下列正确的是（　　）。

    A. 开机前准备→开机→清场→配制→关机

    B. 开机前准备→清场→开机→配制→关机

    C. 开机前准备→开机→配制→关机→清场

    D. 开机前准备→开机→配制→清场→关机

14. 除另有规定外，不含毒剧药的酊剂每100 mL应相当于原药物（　　）。

    A. 5 g   B. 10 g
    C. 15 g   D. 20 g

15. 制定岗位安全操作规程，最主要的原因是为了（　　）。

    A. 确保安全生产

    B. 降低成本

    C. 提高效率

    D. 提高产率

16. 下列粉尘的预防措施中，描述错误的是（　　）。

    A. 加强防尘工作的宣传教育，普及防尘知识，使接尘者对粉尘危害有充分的认识和了解

    B. 受生产条件限制，在粉尘无法控制或高浓度粉尘条件下作业，必须合理、正确使用防尘口罩、防尘服等个人防护用品

    C. 通风排尘是减少或消除粉尘污染的根本措施

    D. 定期对接尘人员进行体检；有作业禁忌证的人员，不得从事接尘作业

17. 根据《中医药法》，下列说法错误的是（　　）。

    A. 国家鼓励医疗机构根据其临床用药需要配制和使用中药制剂，支持应用传统工艺配制中药制剂

    B. 医疗机构应用传统工艺配制中药制剂未依照本法规定备案，应按生产劣药给予处罚

    C. 根据《中医药法》规定，炮制中药饮片需要备案

    D. 委托配制中药制剂的，委托方和受托方对所配制的中药制剂的质量分别承担相应责任

18. 《史记·扁鹊仓公列传》："我有禁方，年老，欲传与公，公毋泄。"体现了职业守则中的（　　）要求。

    A. 诚信尽职   B. 质量为本
    C. 团结协作   D. 保守秘密

19. 低分子溶液剂是指（　　）。

    A. 小分子药物以分子或离子状态分散在溶剂中形成的均匀的可供外用的液体制剂

    B. 小分子药物以分子或离子状态分散在溶剂中形成的均匀的可供内服的液体制剂

    C. 高分子化合物以单分子形式分散于分散介质中形成的均相体

    D. 小分子药物以分子或离子状态分散在溶剂中形成的均匀的可供内服或外用的液体制剂

20. 经（　　）检查合格后，发给清场合格证或清场合格证明性文件，操作工将未清洁的清洁状态标识换为已清洁的清洁状态标识。

    A. 生产人员   B. 操作人员
    C. QA人员   D. QC人员

21. 以下属于物质的量计量单位的是（　　）。

    A. 摩尔   B. 摩尔/升
    C. 毫摩尔/升   D. 帕

22. 下列属于溶剂分子极性大小的参数是（　　）。

    A. 崩解度　　　　　B. 溶解度参数

    C. 介电常数　　　　D. 溶出度

23. 渗漉装筒时，药粉装入量不能超过渗漉筒容量的（　　）。

    A. 三分之一　　　　B. 三分之二

    C. 二分之一　　　　D. 四分之一

24. 下列对减压干燥的叙述，正确的是（　　）。

    A. 干燥温度高

    B. 干燥产品较难粉碎

    C. 适用于热敏性物料的干燥

    D. 干燥时间长

25. 物料领入时要检查外包装（　　）。

    A. 标签是否齐全准确

    B. 是否破损

    C. 外表面有无明显粉尘

    D. 以上均是

26. 以下属于低分子溶液剂制备注意事项的是（　　）。

    A. 易溶但溶解缓慢的药物，可以采用粉碎、搅拌、加热等措施促进药物溶解

    B. 难溶性药物可适当加入增溶剂或助溶剂

    C. 对于温度敏感的易氧化、易挥发的药物，应在室温下制备，并加入适宜的抗氧剂

    D. 以上均是

27. 喷雾干燥器包括（　　）和控制系统。

    A. 干燥系统

    B. 原料液供给系统

    C. 气固分离系统

    D. 以上均是

28. 下列使用配液罐配制酊剂的操作程序，正确的是（　　）。

    A. 准备→加入物料→搅拌配制→（降温）→注入乙醇或纯水→（加热）→滤过→清场

    B. 准备→加入物料→注入乙醇或纯水→（加热）→（降温）→搅拌配制→滤过→清场

    C. 准备→加入物料→注入乙醇或纯水→（加热）→（降温）→搅拌配制→滤过→清场

    D. 准备→加入物料→注入乙醇或纯水→（加热）→搅拌配制→（降温）→滤过→清场

29. 黏稠状液体制剂进行最低装量检查时，当黏稠液体倾出后，将容器倒置（　　），尽量倾净。

    A. 10 min　　　　　B. 15 min

    C. 20 min　　　　　D. 25 min

30. 下列预防粉尘危害的措施中，正确的是（　　）。

    A. 工艺改革　　　　B. 密闭尘源

    C. 通风排尘　　　　D. 以上均是

31. 在制剂中常作为金属离子络合剂使用的为（　　）。

    A. 碳酸氢钠　　　　B. 焦亚硫酸钠

    C. 依地酸钠　　　　D. 硫代硫酸钠

32. 溶剂颜色检查法中，供试品溶液的颜色不深于相应色调 0.5 号标准比色液形容的是药品项目下规定的（　　）。

    A. 白色　　　　　　B. 几乎无色

    C. 略有色　　　　　D. 透明

33. 下列使用灌封机灌封药液的操作程序，正确的是（　　）。

    A. 准备→送瓶→灌液→清场→加盖→轧封

B. 准备→送瓶→灌液→加盖→清场→轧封

C. 准备→送瓶→灌液→加盖→轧封→清场

D. 准备→灌液→送瓶→加盖→轧封→清场

34. 根据《中华人民共和国劳动法》，劳动合同应当以（　　）订立。
   A. 口头形式　　　　B. 图案形式
   C. 电话形式　　　　D. 书面形式

35. 以下不属于《中医药法》制定的目的的是（　　）。
   A. 保证药品质量
   B. 保障和促进中医药事业发展
   C. 继承和弘扬中医药
   D. 保护人民健康

36. 下列属于乳膏剂的生产设备的是（　　）。
   A. 高速粉碎机　　　B. 真空乳化机
   C. 湿法制粒机　　　D. 沸腾干燥机

37. 对橡胶进行浸胶的目的为（　　）。
   A. 将其塑炼，并消除静电
   B. 使其溶解
   C. 使其充分溶胀，以利于搅拌均匀
   D. 除去杂质

38. 使用打膏设备打膏时，制浆结束后，胶浆用过滤机经（　　）目滤网滤出，待用。
   A. 40　　　　　　　B. 60
   C. 80　　　　　　　D. 100

39. 进行脆碎度检查时，《中国药典》规定的实验时间为（　　）min。
   A. 2　　　　　　　B. 3
   C. 4　　　　　　　D. 5

40. 若某片剂的平均片重为 0.25 g，则其重量差异限度为（　　）。
   A. ±2.5%　　　　　B. ±5%
   C. ±7.5%　　　　　D. ±10%

41. 下列关于包衣的操作，叙述正确的是（　　）。
   A. 使用包衣机包衣时，调整喷头与水平面角度接近 45°
   B. 使用包衣机包衣时，应调整喷头喷枪喷嘴至片芯的距离为 250～300 mm
   C. 在包衣过程中应经常检查包衣质量，并视片芯表面包衣情况调节喷浆量、进风温度
   D. 以上都是

42. 以甘油明胶为基质的栓剂，栓模润滑可选用的润滑剂是（　　）。
   A. 乙醇　　　　　　B. 液状石蜡
   C. 植物油　　　　　D. 花生油

43. 低温粉碎指利用低温时物料脆性增加，易于粉碎的特性进行的粉碎。为降低物料温度，可以将物料与（　　）混合后进行粉碎。
   A. 氧气和氢气　　　B. 氨气
   C. 液化氮气　　　　D. 一氧化碳

44. 在物料中加入适宜的润湿剂或黏合剂，经加工制成具有一定形状与大小的颗粒状制剂的操作，称为（　　）。
   A. 制粒　　　　　　B. 制软材
   C. 制散剂　　　　　D. 制片剂

45. 明胶空心胶囊的崩解时限应在（　　）分钟内全部溶化或崩解。
   A. 3　　　　　　　B. 5
   C. 10　　　　　　　D. 15

46. 使用化料罐熔融基质时，下列关于开启加热和开启搅拌顺序的说法正确的是（　　）。

A. 先开启加热，后开启搅拌

B. 先开启搅拌，后开启加热

C. 两种同时开启

D. 无所谓

47. 下列关于转笼式干燥机的使用，叙述错误的是（　　）。

A. 要控制烘干间的温、湿度，使符合要求

B. 转笼干燥温度为 60～80℃

C. 根据需要用无纺布吸附一定量的乙醇，放入转笼中擦拭软胶囊

D. 转笼干燥时相对湿度应＜20%

48. 均匀混合的物料在切割刀的作用下将大块颗粒搅碎、切割、挤压、滚动而形成均匀的颗粒的方法是（　　）。

A. 喷雾制粒

B. 高速搅拌制粒

C. 挤压制粒

D. 摇摆制粒

49.《中国药典》规定，片重差异检查的取样数为（　　）片。

A. 10　　　　　　B. 15

C. 20　　　　　　D. 25

50. 使用包衣机包衣时，调整喷头与水平面角度接近（　　）。

A. 15°　　　　　B. 45°

C. 90°　　　　　D. 120°

51. 按《中国药典》（2020 年版）规定，水丸的溶散时限是（　　）。

A. 10 分钟　　　B. 20 分钟

C. 1 小时　　　　D. 2 小时

52. 下列关于除菌滤膜的说法中，错误的是（　　）。

A. 药品生产中采用的除菌滤膜一般孔径不超过 0.22 μm

B. 根据过滤药液的性质及过滤目的选用不同材质的除菌器滤膜

C. 除菌过滤膜有亲水性、疏水性和中性

D. 0.22 μm 的微孔滤膜过滤器常用于药液的过滤除菌

53. 常用于药厂的清洁剂是（　　）。

A. 洗洁精

B. 0.1%～0.3% 新洁尔灭

C. Bacteranios 溶液

D. Surfanios 溶液

54. 下列关于化料设备的维护保养内容，叙述错误的是（　　）。

A. 检查化料罐压力表及安全阀是否有效

B. 定期对搅拌器减速机运行情况进行检查，减速机润滑油不足时应立即补充，每天换油一次

C. 每天下班后或更换品种前，需对本罐及连接管道进行彻底清洗

D. 运行前应检查搅拌旋转方向

55. 旋转式压片机的蜗轮蜗杆传动箱的润滑油一般（　　）更换一次。

A. 每天　　　　　B. 一个月

C. 三个月　　　　D. 六个月

56. 下列关于炼油设备的维护保养内容，叙述错误的是（　　）。

A. 要定期清理炼油锅，保持设备外部与内部的洁净

B. 每半年要检查清理油管、放料管，保证管道畅通

C. 要每天检查各部位的密封情况，发现跑、冒、滴、漏，及时进行检修

D. 温度表应按规定时间进行校对

57. 对设备进行清洁、润滑、紧固易松动的零件，检查零部件完整度的维护保养是（　　）。

A. 一级保养　　　B. 二级保养

C. 三级保养　　　D. 日常保养

58. 在清洁高速搅拌制粒机时，加入清洁液体（　　）制粒刀轴心的水平。
   A. 达到
   B. 不能低于
   C. 不能高于
   D. 可以高于

59. 以下关于配液设备维护保养的叙述，正确的是（　　）。
   A. 每个生产周期结束后，对设备进行彻底清洁
   B. 搅拌器至少每一年检查一次
   C. 减速机润滑油不足时应立即补充，一年换油一次
   D. 每一年要对设备筒体进行一次试漏试验

60. 除菌过滤器在消毒操作全过程中，一定严格控制上、下游压力差（　　）。
   A. 大于 0.03 MPa
   B. 小于 0.03 MPa
   C. 大于 0.3 MPa
   D. 小于 0.3 MPa

61. 含淀粉、黏液质、糖类、胶类及油脂较多、黏性强的药粉，制蜜丸时，宜使用（　　）。
   A. 嫩蜜
   B. 中蜜
   C. 老蜜
   D. 蜂蜜

62. 下列使用化料罐熔融基质的操作程序，叙述正确的为（　　）。
   A. 开机前的准备工作→开启化料罐罐盖→加料→确认设备工艺参数设定→开启加热→开启搅拌→关机→清场
   B. 开机前的准备工作→开启加热→开启搅拌→开启化料罐罐盖→加料→确认设备工艺参数设定→关机→清场
   C. 开机前的准备工作→开启化料罐罐盖→确认设备工艺参数设定→开启加热→加料→开启搅拌→关机→清场
   D. 开机前的准备工作→开启化料罐罐盖→加料→确认设备工艺参数设定→开启加热→关机→清场

63. 按《中国药典》（2020 年版）规定，水蜜丸所含水分不得超过（　　）%。
   A. 8
   B. 10
   C. 12
   D. 15

64. 下列属于肠溶型薄膜包衣材料的是（　　）。
   A. PVP
   B. HPMC
   C. HPC
   D. CAP

65. 与糖衣比较，不属于薄膜衣特有特点的是（　　）。
   A. 增加稳定性，并可掩盖不良气味
   B. 操作简单，节省物料，节约材料和劳力等，成本较低
   C. 衣层薄，薄膜衣片仅增加 2% ~ 4%
   D. 压在片芯上的标志包衣后清晰可见

66. 《中国药典》规定普通片的崩解时限要求为（　　）min。
   A. 8
   B. 10
   C. 20
   D. 30

67. 下列关于高速搅拌制粒机的使用的说法，错误的是（　　）。
   A. 高速搅拌制粒机制颗粒的程序：开机前的准备工作→投料→搅拌→加黏合剂制粒→停机→清场→填写记录
   B. 根据工艺要求，低速搅拌、切割一定时间后，切换为高速挡至规定时间

C. 使用高速搅拌制粒机制颗粒时，不可以通过对搅拌桨、切割刀的转速和运转时间的调整来达到所制的粒度

D. 中药浸膏制粒时，可用多孔喷头，把已稀释的浆料均匀迅速喷向物料，同时缩短制粒过程，一般控制在2～5分钟内

68. 下列关于自动硬胶囊填充机的工作流程，正确的为（　　）。

A. 囊帽、囊体分离→送囊→充填物料→锁囊→出囊

B. 送囊→囊帽、囊体分离→充填物料→锁囊→出囊

C. 送囊→囊帽、囊体分离→锁囊→充填物料→出囊

D. 送囊→充填物料→囊帽、囊体分离→锁囊→出囊

69. 软膏剂制备中，可用于油脂性基质的灭菌方法的是（　　）。

A. 气体灭菌

B. 热压灭菌

C. 紫外线灭菌

D. 干热灭菌

70. 下列关于颗粒剂的包装的说法，错误的是（　　）。

A. 颗粒剂分剂量包装时，要用重量法，并且多采用自动定量包装机，以使剂量准确

B. 颗粒剂要密封包装，多采用普通纸包装，可有效防止透湿引起潮解

C. 颗粒剂包装常用的设备为颗粒包装机

D. 干燥符合要求的颗粒应及时密封包装，常选用不易透光、透气、透湿的复合铝塑袋、铝箔袋或塑料瓶等

71. 下列关于挤压制粒的说法，错误的是（　　）。

A. 挤压制粒常用的设备有摇摆挤压式、旋转挤压式

B. 将软材用强制挤压的方式通过一定目数的筛孔而制粒的方法是挤压制粒

C. 挤压制粒时，颗粒的松紧程度可用不同黏合剂及其加入量调节，以适应不同需要

D. 旋转挤压式制粒机适用于含黏性药物较多的软材

72. 常用于浸胶的设备是（　　）。

A. 多向运动混合机

B. 槽型混合机

C. 配液罐

D. 浸胶搅拌釜

73. 下列关于栓剂的概述，正确的是（　　）。

A. 栓剂系指药物与适宜基质制成的具有一定形状的供人体腔道给药的固体制剂

B. 栓剂在常温下为固体，塞入腔道后，在体温下能迅速软化、熔融或溶解于分泌液

C. 栓剂的形状因使用腔道不同而异

D. 以上都是

74. 球磨机不适用于（　　）的粉碎。

A. 贵重物料

B. 脆性药物

C. 非组织性中药

D. 组织性中药

75. 粉碎的主要目的不包括（　　）。

A. 增加表面积，有利于提高难溶性药物的溶出度和生物利用度

B. 提高固体药物的分散度

C. 有利于生产中各成分的均匀混合

D. 不利于药材中的有效成分的浸出

76. 下列属于栓剂水溶性基质的是（　　）。
   A. 可可豆脂
   B. 甘油明胶
   C. 半合成脂肪酸甘油酯
   D. 羊毛脂

77. 以下不属于栓剂特点的是（　　）。
   A. 可在腔道内发挥各种局部作用
   B. 可通过腔道吸收入血发挥全身作用
   C. 刺激胃肠道
   D. 避免肝脏的首过效应

78. 常用于制软材的设备为（　　）。
   A. V型混合机
   B. 三维运动混合机
   C. 槽型混合机
   D. 球磨机

79. 对传动机械的安装应增设防震、消音装置，改善操作环境，一般做到动态测试时，洁净室内噪音不得超过（　　）dB。
   A. 65
   B. 70
   C. 75
   D. 80

80. 药液过滤时滤饼半径越小，滤过速度越（　　）。
   A. 慢
   B. 快
   C. 没有关联
   D. 视情况而定

二、判断题（第81题～第100题。下列判断正确的请打"√"，错误的打"×"，将相应的符号填入题内的括号中。每题1分，满分10分）

81. 热原大小在1～5 nm之间，因此不能被微孔滤膜截留。（　　）

82. 先将药物细粉加少量基质或用适宜溶剂研成糊状，再递加其余基质研磨混匀的制备软膏剂的方法是研和法。（　　）

83. 最终灭菌的小容量注射剂生产的灌封工序应在C级背景下的A级洁净区操作。（　　）

84. 热原能溶于水，超滤装置也不能将其除去。（　　）

85. 口服混悬剂沉降体积比应不低于0.90。（　　）

86. 压片时崩解剂的加入方法主要包括内加法、外加法与内外加法三种。（　　）

87. 煎膏剂的制备工艺流程为煎煮→浓缩→炼糖（炼蜜）→收膏→分装。（　　）

88. 喷雾干燥的工艺流程为：原料乳验收→预处理与标准化→预热杀菌→真空浓缩→喷雾干燥→冷却→过筛→包装→检验→成品。（　　）

89. 板框过滤机是间歇操作的过滤设备，采用置换洗涤法。（　　）

90. 除另有规定外，一般以1 000 g药材计算，每分钟流出3~5 mL为慢速渗漉，每分钟流出5~8 mL为快速渗漉。（　　）

91. 称量前须检查衡器合格证是否在有效期内。（　　）

92. 参观人员和未经培训的人员不可以进入生产区和质量控制区。（　　）

93. 批生产指令用于规范批量生产的管理，使生产处于规范化、受控的状态。（　　）

94. 根据《药品管理法》，所标明的适应证超出规定范围的，按假药论处。（　　）

95. 玻璃包材是一种合成的高分子化合物，具有许多优越的性能，不可用来生产刚

性或柔软容器。( )
96. 虽然操作者仔细操作，外界条件也尽量保持一致，但测得的一系列数据往往仍有差别，这类误差属于系统误差。( )
97. 水是最常用的极性溶剂。( )
98. 安全生产责任制是一项最基本的安全生产管理制度。( )
99. 职业道德具有重要的市场调节作用。( )
100. 在制备滴丸中，槽型混合机是基质熔融的常用设备。( )

模拟试卷（二）答案

一、单项选择题

1.C 2.A 3.A 4.A 5.A 6.B 7.C 8.D 9.A 10.A 11.C 12.C 13.D 14.D 15.D
16.C 17.B 18.D 19.D 20.C 21.A 22.C 23.B 24.C 25.D 26.D 27.D 28.D 29.B 30.D
31.C 32.B 33.C 34.D 35.A 36.B 37.C 38.C 39.C 40.C 41.D 42.B 43.C 44.A 45.C
46.A 47.B 48.B 49.C 50.B 51.C 52.C 53.A 54.B 55.A 56.B 57.C 58.C 59.A 60.B
61.A 62.A 63.C 64.D 65.A 66.B 67.C 68.C 69.B 70.B 71.D 72.D 73.D 74.D 75.D
76.B 77.C 78.C 79.B 80.A

二、判断题

81.√ 82.√ 83.√ 84.× 85.√ 86.√ 87.√ 88.√ 89.× 90.× 91.√ 92.√ 93.√ 94.√
95.× 96.× 97.√ 98.√ 99.× 100.×

任务三　模拟试卷（三）

一、单项选择题（第1题~第80题。选择一个正确的答案，将相应的字母填入题内的括号中。每题1分，满分80分）

1. 以下属于熬糖目的的是（　　）。
   A. 减少水分
   B. 杀死微生物
   C. 除去杂质
   D. 以上都是

2. 职业道德的连续性体现在（　　）。
   A. 能鲜明地表达职业义务、职业责任以及职业行为上的道德准则
   B. 具有不断发展和世代延续的特征和一定的历史继承性
   C. 对人们在职业活动中的行为用条例、章程、守则、制度、公约等形式作出规定
   D. 职业道德在一定程度上体现着当时社会道德的普遍要求

3. 从业人员既是安全生产的保护对象，又是实现安全生产的（　　）。
   A. 关键
   B. 保证
   C. 基本要素
   D. 人力资源保障

4. 以下有微生物限度检查要求的制剂为（　　）。
   A. 消毒水
   B. 防腐剂
   C. 不含有生药原粉的膏剂
   D. 颗粒制剂

5. 介电常数越大的溶剂极性越（　　），介电常数越小的溶剂极性越（　　）。
   A. 大，小
   B. 大，大
   C. 小，小
   D. 小，大

6. 下列说法不正确的是（　　）。
   A. 同一重量的固体药物，其粒径越小，表面积越大；
   B. 温度升高，药物溶解度 C_s 增大、扩散增加、黏度降低，溶出速度减慢
   C. 溶出介质的体积小，溶液中药物浓度高，溶出速度慢；
   D. 药物在溶出介质中的扩散系数越大，溶出速度越快

7. 经改造或重大维修的设备应当进行（　　），符合要求后方可用于生产。
   A. 确认
   B. 检查
   C. 再确认
   D. 试机

8. 下列关于物料平衡的说法，不正确的是（　　）。
   A. 物料平衡的定义：产品或物料实际产量或实际用量及收集到的损耗之和与理论产量或理论用量之间的比较，并考虑可允许的偏差范围
   B. 物料平衡 = [实际用量（实际产量）+ 收集的损耗] ÷ 理论用量（理论产量）
   C. 物料平衡反映的是物料控制水平，是为了控制差错问题而制定
   D. 只有特定产品关键生产工序的批生产记录（批包装记录）需明确规定物料平衡的计算方法，以及根据验证结果和生产实际确定的平衡限度范围

9. 在制药行业中，常使用的称量器具为（　　）。

　A. 机械秤

　B. 电子秤

　C. 两者皆是

　D. 两者皆不是

10. 为了确保制剂生产中操作的安全可靠，保障职工的安全，防止发生伤亡事故，达到安全生产的目的，要制定（　　）。

　A. 岗位安全操作规程

　B. 岗位标准操作规程

　C. 岗位责任

　D. 工艺规程

11. 采取适当的防护措施和安全操作规程可将有机溶剂危害降到最低，下列方法错误的是（　　）。

　A. 有机溶剂作业场所，应严禁烟火以防止爆炸

　B. 有机溶剂作业场所应派遣质量管理人员从事监督管理工作

　C. 有机溶剂作业场所只可以存放当天需要使用的有机溶剂，并尽量减少有机溶剂作业时间

　D. 有机溶剂的容器不论是否在使用都应随手盖紧密闭，以防挥发逸出

12. 制定《中华人民共和国药品管理法》的宗旨是（　　）。

　A. 鼓励研发新药，满足人民用药需求

　B. 加强药品监督管理，保证药品质量，保障人体用药安全，维护人民身体健康和用药的合法权益

　C. 防止药品经营不正当竞争，稳定药品价格，保障消费者用药的合法权益

　D. 打击制售假劣药品的违法活动，保证人民用药安全，维护人民身体健康

13. 下列关于药品批次划分的说法中，错误的是（　　）。

　A. 粉针剂以一批无菌原料药在同一连续生产周期内生产的均质产品为一批

　B. 冻干产品以同一批配制的药液使用同一台灌装设备在同一生产周期内生产的均质产品为一批

　C. 眼用制剂、软膏剂、乳剂和混悬剂等以同一配制罐最终一次配制所生产的均质产品为一批

　D. 大（小）容量注射剂以同一配液罐最终一次配制的药液所生产的均质产品为一批；同一批产品如用不同的灭菌设备或同一灭菌设备分次灭菌的，应当可以追溯

14. 操作结束后，应当由包装（　　）确认并签注姓名和日期。

　A. 生产组组长

　B. 工艺员

　C. 管理负责人

　D. 操作人员

15. 以下属于减压干燥特点的是（　　）。

　A. 干燥速度快

　B. 干燥温度低

　C. 间歇生产，劳动强度大

　D. 以上都是

16. 在药品生产的领料管理中，不属于《原辅料、包装材料结存卡》须记录的项目是（　　）。

　A. 物料重量

　B. 物料编码

　C. 物料批号

　D. 物料日期

17. 称取"4.00 g"，指称取重量可为（　　）。
    A. 3.50～4.50 g
    B. 3.00～5.00 g
    C. 3.60～4.40 g
    D. 3.995～4.005 g

18. 下列关于多功能提取设备的操作程序，正确的为（　　）。
    A. 投料前确认→提取→放液→投料→出渣处置→清场→填写记录
    B. 投料前确认→投料→提取→放液→清场→出渣处置→填写记录
    C. 投料前确认→投料→提取→放液→清场→填写记录→出渣处置
    D. 投料前确认→投料→提取→放液→出渣处置→清场→填写记录

19. 一般膨胀性大的药粉宜选用（　　）。
    A. 圆柱形渗漉筒
    B. 圆锥形渗漉筒
    C. 以上均可
    D. 以上均不可

20. （　　）常用于注射剂、口服液、滴眼液的精滤。
    A. 压滤器
    B. 垂熔玻璃滤器
    C. 板框式过滤器
    D. 玻璃漏斗

21. 减压干燥常用的称量瓶是（　　）。
    A. 蒸发皿
    B. 铝制称量瓶
    C. 表面皿
    D. 不锈钢称量瓶

22. 以下属于喷雾干燥设备关键组件的是（　　）。
    A. 发动机
    B. 收集桶
    C. 喷雾器
    D. 防尘袋

23. 下列使用化糖罐熬糖的操作程序，正确的是（　　）。
    A. 准备→加糖→加热→加水→炼糖→放冷→清场
    B. 准备→加水→加糖→炼糖→加热→放冷→清场
    C. 准备→加水→加糖→加热→炼糖→放冷→清场
    D. 准备→加水→加热→加糖→炼糖→放冷→清场

24. 喷雾干燥器每隔（　　）要进入洁净区收集干粉并关注干粉状态。
    A. 15分钟
    B. 30分钟
    C. 45分钟
    D. 60分钟

25. 以下设备不属于精滤的过滤设备是（　　）。
    A. 板框式过滤器
    B. 超滤膜滤器
    C. 熔玻璃滤器
    D. 微孔滤膜滤器

26. 注射剂配制过程中加入活性炭的目的是（　　）。
    A. 调节渗透压
    B. 调节pH值
    C. 防止药物被氧化
    D. 吸附杂质及热原

27. 需返工的不合格产品必须办理相关手续，并在（　　）监控下进行。
    A. 生产人员
    B. 工艺管理人员
    C. 质检员
    D. 质管员

28. 为了监控微孔滤膜过滤的滤液质量,应检查的项目为(　　)。

A. 可见异物

B. 不溶性微粒

C. 活性成分

D. 以上均是

29. 甘油剂常用的制备方法是(　　)。

A. 溶解法

B. 稀释法

C. 凝聚法

D. 乳化法

30. 以下关于混悬剂微粒沉降的表述,正确的是(　　)。

A. 混悬微粒沉降速度与微粒半径平方成反比

B. 混悬微粒沉降速度与微粒与分散介质密度差成反比

C. 混悬微粒沉降速度与微粒与分散介质密度差成正比

D. 混悬微粒沉降速度与分散介质的黏度成正比

31. 下列方法中不能用于评价混悬剂质量的是(　　)。

A. 再分散实验

B. 微粒大小测定

C. 沉降体积比

D. 浊度测定

32. 以下不属于注射剂配液设备的是(　　)。

A. 不锈钢用具

B. 玻璃器皿

C. 耐酸碱的陶瓷器具

D. 铝制品

33. 下列关于热原性质的描述,错误的是(　　)。

A. 250℃下 30~45 min 可以彻底破坏热原

B. 热原大小在 1~5 nm,不易被微孔滤膜截留

C. 注射剂的灭菌条件一般不足以破坏热原

D. 热原能溶于水,可利用蒸馏的方法将其除去

34. 药物制剂的稳定性是保证患者使用效果的(　　)因素。

A. 一般性

B. 重要性

C. 关键性

D. 基础性

35. 第三类有机溶剂是指(　　)。

A. 对人体和动物低毒,对动物及环境危害较小

B. 有非遗传致癌毒性或其他不可逆的毒性或其他严重的可逆的毒性

C. 人体致癌物,疑为人体致癌物或环境危害物

D. 没有足够的毒性资料

36. 以下关于注射剂的灌封叙述,错误的是(　　)。

A. 灌封操作室的洁净度要求最高

B. 药典规定易流动液体灌注量与标示量相等,黏稠性液体适当增加

C. 拉封封口严密,顶封容易出现毛细孔

D. 手工灌封是依靠单向活塞控制药液向一个方向流动

37. 从预防噪声危害的角度,将噪声标准控制在(　　)分贝(dB)以下比较

合适。

A. 55

B. 60

C. 65

D. 70

38.《中医药法》开始施行的时间是（　　）。

A. 2017 年 7 月 1 日

B. 1985 年 7 月 1 日

C. 2001 年 2 月 28 日

D. 1984 年 9 月 20 日

39. 热转移贴标设备印标部分的主要作用中不包含（　　）。

A. 加热标签

B. 走标

C. 印标

D. 烘干标签

40. 滤膜、滤器在使用前应进行（　　），并用高压蒸汽进行灭菌或在线灭菌。

A. 低温处理

B. 高温处理

C. 完整性检测

D. 洁净处理

41. 压片机的冲模安装完毕后必须将（　　）。

A. 用手盘车

B. 嵌舌翻下

C. 垫块复原

D. 螺钉固紧

42. 下列关于使用胶体磨制备软膏的操作程序，正确的是（　　）。

A. 开机前的准备工作→开机→制膏→清场→关机

B. 开机前的准备工作→制膏→开机→关机→清场

C. 开机前的准备工作→开机→制膏→关机→清场

D. 开机前的准备工作→开机→制膏→关机→记录

43. 下列关于软膏剂质量要求，叙述错误的是（　　）。

A. 涂布于皮肤应无粗糙感，不融化

B. 混悬微粒至少应过 8 号筛

C. 乳膏剂不得油水分离

D. 用于烧伤或严重创伤的软膏应无菌

44. 片剂辅料中常用的填充剂是（　　）。

A. 淀粉

B. 硬脂酸镁

C. 低取代羟丙纤维素

D. 羧甲纤维素钠

45. 以下属于湿法制粒的技术是（　　）。

A. 压片法制粒

B. 流化床制粒

C. 重压法制粒

D. 滚压法制粒

46. 下列关于制备凝胶贴膏的膏料的说法，错误的是（　　）。

A. 凝胶贴膏制浆设备通常采用行星式叶轮搅拌釜

B. 行星式叶轮搅拌釜主要由釜体、搅拌器、盖子、传动装置、液压装置、动力装置等部件组成

C. 膏料制备的关键在于如何使高分子材料在最短时间充分溶胀，如何将基质和药物混合均匀

D. 药物与基质必须在常温下混匀

47. 打膏的正确步骤为（　　）。

A. 开机前的准备工作→橡胶加入打浆机→加入橡胶溶剂油溶胀→开动打浆机打浆→按顺序添加物料→关机→清场

B. 开机前的准备工作→加入橡胶溶剂油溶胀→橡胶加入打浆机→开动打浆机打浆→按顺序添加物料→关机→清场

C. 开机前的准备工作→橡胶加入打浆机→按顺序添加物料→加入橡胶溶剂油溶胀→开动打浆机打浆→关机→清场

D. 开机前的准备工作→开动打浆机打浆→按顺序添加物料→橡胶加入打浆机→加入橡胶溶剂油溶胀→关机→清场

48. 下列不属于药厂常用清洁剂的是（　　）。

   A. 饮用水
   B. 0.1%～0.3%新洁尔灭
   C. 注射用水
   D. 纯化水

49. 关于软胶囊脱油设备的维护保养内容，下列叙述错误的是（　　）。

   A. 如采用无纺布除去软胶囊表面的润滑油，应及时干燥，并注意操作时的通风和安全性
   B. 生产后要及时清洁，保障无异物残留
   C. 要保持转笼内壁光滑，无尖角、毛刺
   D. 要定期检查电器、电路系统各组件的完好性，确保使用安全

50. 炼制老蜜应符合的条件是（　　）。

   A. 含水量为14%
   B. 相对密度为1.37
   C. 有均匀的淡黄色细气泡
   D. 可拉出长白丝

51. 栓剂制备中，模型栓孔内涂液体石蜡润滑剂适用的基质是（　　）。

   A. 聚氧乙烯（40）硬脂酸酯
   B. 可可豆脂
   C. 半合成棕榈油酯
   D. 半合成脂肪酸甘油酯

52. 单剂量包装的颗粒剂标示装量为6 g的，其装量差异限度范围为（　　）。

   A. ±10%
   B. ±9%
   C. ±8%
   D. ±7%

53. 下列关于空心胶囊的质量要求，叙述错误的是（　　）。

   A. 明胶空心胶囊应在5分钟内全部溶化或崩解
   B. 明胶空心胶囊含铬不得过百万分之二
   C. 空心胶囊应色泽鲜艳，色度均匀
   D. 囊壳光洁，无黑点，无异物，无纹痕；应完整不破，无沙眼、气泡、软瘪变形；切口应平整、圆滑，无毛缺

54. 注射剂进行贴标操作时，先试（　　）支，查看打印效果。

   A. 2
   B. 5
   C. 10
   D. 15

55. 乳膏剂制备过程中，水、油两相混合，含小体积分散相的乳膏剂宜采用的加入方法是（　　）。

   A. 先稀释分散相再加到连续相中
   B. 两相同时加入
   C. 连续相加到分散相中
   D. 分散相加到连续相中

56. 橡胶贴膏进行含膏量检查时，取样方式为（　　）。

   A. 取橡胶贴膏6片（每片面积大于35 cm² 的应切取35 cm²）
   B. 取橡胶贴膏1片（每片面积大于35 cm² 的应切取35 cm²）
   C. 取橡胶贴膏2片（每片面积大于

$35\ cm^2$ 的应切取 $35\ cm^2$）

D. 取橡胶贴膏 3 片（每片面积大于 $35\ cm^2$ 的应切取 $35\ cm^2$）

57. 在制剂包衣液的处方中，可作为遮光剂的是（　　）。

    A. 二氧化钛

    B. 丙烯酸树脂Ⅱ号

    C. 丙二醇

    D. 司盘 80

58. 化工操作人工加料危险性很大，要注意投料温度和投料顺序并防静电。加入（　　）物料时，不允许直接从塑料容器倒入。

    A. 易燃易爆

    B. 腐蚀

    C. 氧化

    D. 有毒

59. 下列物质中，不属于栓剂水溶性基质的是（　　）。

    A. 可可豆脂

    B. 甘油明胶

    C. 聚乙二醇

    D. 泊洛沙姆

60. 目前用于全身作用的栓剂主要是（　　）。

    A. 肛门栓

    B. 直肠栓

    C. 耳用栓

    D. 尿道栓

61. 在制备有些制剂时，加入缓冲盐，是为了避免（　　）对产品稳定性的影响。

    A. pH 值

    B. 氧气

    C. 温度

    D. 光线

62. 下述防止爆炸的基本措施，错误的是（　　）。

    A. 防止可燃物泄漏

    B. 消除火源

    C. 严格控制系统的含氧量，使其降到某一临界值（氧限值或极限含氧量）以下

    D. 不使用任何可燃物

63. 下列关于制药过程中降低粉碎机噪音的方法，错误的是（　　）。

    A. 采取隔声、吸声、消声和隔震相结合的方法

    B. 可以安装隔音墙、隔音门与隔音窗

    C. 可以安装消声器

    D. 可以将粉碎机的转速调到最小

64. 在药品生产的领料管理中，不属于《物料出库单》须记录的项目是（　　）。

    A. 物料编码

    B. 物料名称

    C. 批次

    D. 库存

65. 渗透检测的优点是（　　）。

    A. 可发现和评定工件的各种缺陷

    B. 对表面缺陷显示直观且不受方向限制

    C. 准确测定表面缺陷的长度、深度和宽度

    D. 以上都是

66. （　　）是在密闭的容器中抽去空气而形成负压条件进行干燥的方法。

    A. 加压干燥

    B. 减压干燥

    C. 喷雾干燥

    D. 红外干燥

67. 喷雾干燥机中适用于黏性药液，动力消耗最小，最常用的喷雾器是（　　）。

A. 压力式喷雾器
B. 气流式喷雾器
C. 离心式喷雾器
D. 沸腾式喷雾器

68. 酒剂要进行（　　）检查。
A. 脆碎度
B. 甲醇量
C. 糖含量
D. 鞣质

69. 将全部药物加入部分处方量的溶剂中配制成浓溶液，加热或冷藏后过滤，然后稀释至所需浓度的配制方法称之为（　　）。
A. 浓配法
B. 稀配法
C. 浸渍法
D. 浓配法和浸渍法

70. 煎膏剂属于（　　）。
A. 水浸出制剂
B. 含醇浸出制剂
C. 含糖浸出制剂
D. 以上均不是

71. 下列关于低分子溶液剂的说法，错误的是（　　）。
A. 药物一般为低分子的化学药物或中药挥发性药物
B. 低分子溶液型液体制剂必须是澄明液体
C. 制备时根据需要可加入增溶剂、助溶剂、抗氧剂、矫味剂、着色剂等附加剂
D. 溶剂多为水，也可为乙醇或油

72. 下列关于溶液剂的制备，叙述错误的是（　　）。
A. 有些药物易溶，但溶解缓慢，此种药物在溶解过程中应采用粉碎、搅拌、加热等措施

B. 不耐热的药物宜等溶解冷却后加入
C. 难溶性药物可加入适宜助溶剂使其溶解
D. 溶解度大的药物及附加剂应先溶

73. 以下选项不属于混悬剂制备方法的是（　　）。
A. 物理凝聚法
B. 分散法
C. 化学凝聚法
D. 生物凝聚法

74. 注射剂中的溶剂选用（　　）。
A. 凡士林
B. 聚乙二醇 400
C. 甲基纤维素
D. 枸橼酸

75. 下列关于热原性质的叙述，错误的是（　　）。
A. 致热能力极强
B. 能溶于水
C. 比较耐热
D. 具有挥发性

76. 注射剂的灌封应在（　　）洁净区进行。
A. A级 B. B级
C. C级 D. D级

77. 以下关于注射剂熔封，叙述正确的是（　　）。
A. 注射剂必须为澄明液体
B. 用药方便
C. 工艺简单
D. 产生局部定位及靶向给药作用

78. 乳膏剂的生产设备包括（　　）。
A. 高速粉碎机
B. 真空乳化机
C. 湿法制粒机
D. 沸腾干燥机

79. 下列关于软膏剂的质量要求，叙述错误的是（　　）。
   A. 均匀、细腻并具有适当粘稠性
   B. 易涂于皮肤或黏膜上
   C. 软膏剂中药物应充分溶于基质中
   D. 眼用软膏剂应在无菌条件下进行制备

80. 下列不是对栓剂基质的要求的是（　　）。
   A. 在体温下保持一定的硬度
   B. 不影响主药的作用
   C. 不影响主药的含量测量
   D. 局部作用的栓剂，基质释药应缓慢而持久

二、判断题（第81题~第100题。下列判断正确的请打"√"，错误的打"×"，将相应的符号填入题内的括号中。每题1分，满分10分）

81. 1摩尔/升（mol/L）=100毫摩尔/升（mmol/L）。　　　　　　　　　（　　）

82. 炼蜜设备每六个月须进行一次二级保养。　　　　　　　　　　　　（　　）

83. 维护保养的主要内容通常包括清扫、润滑、紧固、调整、修复或更换等。
　　　　　　　　　　　　　　　　　　（　　）

84. 除菌滤膜完整性测试的根本标准是细菌截留试验。　　　　　　　　　　（　　）

85. 用于包衣的片芯硬度比一般片剂要大，以防止在包衣过程中多次滚转时破裂。
　　　　　　　　　　　　　　　　　　（　　）

86. 按《中国药典》（2020年版）规定，未包衣滴丸剂的溶散时限为1小时。
　　　　　　　　　　　　　　　　　　（　　）

87. 华氏度不是温度计量单位。　　（　　）

88. 转笼法干燥软胶囊的原理是水分在渗透压作用下逐渐向囊壳表面迁移而蒸发，逐渐干燥。　　　　　　　　　　　　（　　）

89. 除另有规定外，可溶颗粒的溶化性检查，取供试品10 g，加热水200 mL，搅拌5分钟，立即观察。　　　　　　（　　）

90. 栓剂油脂性基质的熔点与凝固点之差要大。　　　　　　　　　　　　　　（　　）

91. 不同品种的橡胶贴膏，功能主治不一样，药物成分各异。　　　　　（　　）

92. 除菌过滤器在消毒过程中如果蒸汽掉压、温度＜121℃，无须重新计时消毒。
　　　　　　　　　　　　　　　　　　（　　）

93. 注射剂的pH值应尽量接近血液pH值，一般控制在4~9范围内，含量合格。
　　　　　　　　　　　　　　　　　　（　　）

94. 混悬剂系指难溶性固体药物以微粒状态分散于分散介质中形成的均匀的液体制剂。　　　　　　　　　　　　　　（　　）

95. 熬糖的糖液外观应为均匀的金黄色，糖的转化率为40%~50%。　　　（　　）

96. 真空干燥箱的操作程序：开机前准备→浸膏装入干燥箱→干燥→清场。（　　）

97. 喷雾干燥是流化技术用于湿粒状物料干燥的良好方法。　　　　　　　（　　）

98. 洁净室（区）无特殊要求时，相对湿度应控制在45%~65%。　　　　（　　）

99. 浸渍法是常用的浸出制剂配液方法之一。　　　　　　　　　　　　（　　）

100. 注射用水和纯化水的检查项目的主要区别是酸碱度。　　　　　　　（　　）

模拟试卷（三）答案

一、单项选择题

1.D 2.B 3.C 4.D 5.A 6.B 7.C 8.D 9.C 10.A 11.B 12.B 13.B 14.D 15.D
16.A 17.D 18.D 19.B 20.B 21.B 22.C 23.C 24.B 25.A 26.D 27.D 28.D 29.A 30.C
31.D 32.D 33.D 34.A 35.C 36.B 37.C 38.A 39.D 40.D 41.D 42.C 43.B 44.A 45.B
46.D 47.A 48.B 49.A 50.D 51.A 52.D 53.C 54.C 55.D 56.C 57.A 58.A 59.A 60.B
61.A 62.D 63.D 64.D 65.B 66.B 67.A 68.B 69.A 70.C 71.B 72.D 73.D 74.B 75.D
76.A 77.D 78.B 79.C 80.A

二、判断题

81.× 82.× 83.√ 84.√ 85.√ 86.× 87.× 88.√ 89.√ 90.× 91.√ 92.×
93.√ 94.× 95.√ 96.√ 97.× 98.√ 99.√ 100.×

项目四　实操技能要点要求

任务一　制剂准备要点认知

1. 生产文件准备：

技能要点 1：能识记批生产指令、岗位操作规程。

技能要点 2：能检查所用生产文件为批准的现行文本。

2. 生产现场准备：

技能要点 1：能检查洁净区域的压差、温度、湿度与产品生产环境要求的适用性。

技能要点 2：能检查产品输送管道或设备的连接状态。

任务二　配料要点认知

1. 领料：

技能要点 1：能检查生产物料的质量状态与生产要求的一致性。

技能要点 2：能核对物料的名称、代码、批号、标识与生产要求的一致性。

技能要点 3：能检查物料的有效期。

2. 称量：

技能要点 1：能选择称量器具。

技能要点 2：能对常用计量单位进行换算。

技能要点 3：能移交复核过的称量物料。

技能要点 4：能收集剩余的尾料，标明状态，转入物料暂存间。

任务三　制剂制备要点认知

1. 提取物准备：

技能要点 1：能使用多功能提取设备回流浸提饮片。

技能要点 2：能使用渗漉设备浸提饮片。

技能要点 3：能配制不同浓度的乙醇。

技能要点 4：能按工艺要求控制加醇量、蒸汽压力、提取时间。

技能要点 5：能按工艺要求控制渗漉速度。

技能要点 6：能使用初滤设备滤过药液。

技能要点 7：能使用减压干燥设备干燥物料。

技能要点 8：能使用喷雾干燥设备干燥物料。

2. 浸出药剂制备：

技能要点 1：能使用配液设备配制酒剂。

技能要点 2：能使用配液设备配制酊剂。

技能要点 3：能使用配液设备配制露剂。

技能要点 4：能使用化糖设备炼糖。

技能要点 5：能监控炼糖质量。

技能要点 6：能使用配液设备配制煎膏剂。

技能要点 7：能使用精滤设备滤过药液。

技能要点 8：能按质量控制点监控滤液质量。

技能要点 9：能在灌封过程中监控装量差异。

3. 液体制剂制备：

技能要点 1：能使用配液设备配制低分子溶液剂。

技能要点 2：能使用初滤设备滤过药液。

技能要点 3：能按质量控制点监控滤液质量。

技能要点 4：能使用分散设备配制混悬剂。

技能要点 5：能按质量控制点监控混悬剂质量。

4. 注射剂制备：

技能要点 1：能使用配液设备配制药物溶液，能检查 pH 值、色级。

技能要点 2：能使用初滤设备滤过药液。

技能要点 3：能按质量控制点监控滤液质量。

技能要点 4：能使用分散设备配制混悬剂。

技能要点 5：能使用乳化设备配制乳剂。

技能要点 6：能使用灌封设备灌封药液。

技能要点 7：能按质量控制点监控装量差异。

技能要点 8：能使用贴标设备在容器上印字。

5. 气雾剂与喷雾剂制备：

技能要点 1：能使用分散设备配制混悬剂。

技能要点 2：能使用混合设备混合物料。

技能要点 3：能使用初滤设备滤过药液。

技能要点 4：能使用精滤设备滤过药液。

技能要点 5：能在滤过过程中监控滤液质量。

技能要点 6：能在灌装过程中监控装量差异。

6. 软膏剂与乳膏剂制备：

技能要点 1：能使用分散设备制备软膏。

技能要点 2：能使用软膏灌装设备灌装膏体。

技能要点 3：能在灌装过程中监控装量差异。

7. 贴膏剂制备：

技能要点 1：能制备胶浆。

技能要点 2：能使用打膏设备制备膏料。

技能要点 3：能使用滤胶设备滤过膏料。

技能要点 4：能使用装袋设备包装。

技能要点 5：能在装袋过程中监控重量差异。

8. 栓剂与膜剂制备：

技能要点 1：能使用化料设备熔融栓剂基质，加入药物混匀，脱去气泡。

技能要点 2：能调节涂膜设备的干燥温度、胶浆流量。

技能要点 3：能在装袋过程中监控膜剂的重量差异。

技能要点 4：能使用铝塑泡罩包装设备包装栓剂。

9. 散剂制备：

技能要点 1：能使用粉碎设备粉碎物料。

技能要点 2：能使用艾绒磨粉设备制备艾绒。

技能要点 3：能使用自动卷艾条设备制备艾条。

10. 颗粒剂制备：

技能要点 1：能使用混合设备制软材。

技能要点 2：能使用挤压制粒设备制颗粒。

技能要点 3：能使用颗粒包装设备分装颗粒。

技能要点 4：能在包装过程中监控装量差异。

11. 胶囊剂制备：

技能要点 1：能检查空心胶囊的外观质量。

技能要点 2：能使用胶囊填充设备充填内容物。

技能要点 3：能在胶囊充填过程中监控装量差异。

技能要点 4：能使用软胶囊干燥设备干燥软胶囊。

技能要点 5：能使用铝塑泡罩包装设备包装。

12. 片剂制备：

技能要点 1：能使用制粒设备制颗粒。

技能要点 2：能调节压片设备的速度、压力、充填参数。

技能要点 3：能监控片剂的硬度、片剂的重量差异。

技能要点 4：能拆装冲模。

技能要点 5：能使用配液设备配制薄膜包衣液。

技能要点 6：能使用包衣设备包薄膜衣。

技能要点 7：能按质量控制点监控薄膜衣质量。

技能要点 8：能使用装瓶设备包装。

技能要点 9：能按质量控制点监控装量差异。

技能要点 10：能使用铝塑泡罩包装设备包装。

13. 滴丸剂制备：

技能要点 1：能使用制粒设备制颗粒。

技能要点 2：能调节压片设备的速度、压力、充填参数。

技能要点 3：能监控片剂的硬度、片重差异。

技能要点 4：能拆装冲模。

技能要点 5：能使用配液设备配制薄膜包衣液。

14. 泛制丸与塑制丸制备：

技能要点 1：能按质量控制点监控炼蜜质量。

技能要点 2：能使用混合设备制丸块。

技能要点 3：能使用塑丸设备制丸。

技能要点 4：能使用装瓶设备包装。

技能要点 5：能使用装袋设备包装。

技能要点 6：能监控装量差异。

技能要点 7：能使用铝塑泡罩包装设备包装。

15. 胶剂制备：

技能要点 1：能使用过滤设备滤过胶液。

技能要点 2：能按质量控制点监控滤液质量。

技能要点 3：能凝胶、切胶。

技能要点 4：能晾胶、闷胶。

16. 膏药制备：

技能要点 1：能粉碎贵重细料药。

技能要点 2：能使用化料设备熔化膏药，兑入细料药。

技能要点 3：能使用摊涂设备涂布膏药。

技能要点 4：能监控重量差异。

技能要点 5：能使用膏药包装设备包装。

17. 制剂与医用制品灭菌：

技能要点 1：能选择过滤除菌器滤膜。

技能要点 2：能洁净处理滤器和滤膜。

技能要点 3：能检测滤膜的完整性。

技能要点 4：能使用无菌滤器除菌。

任务四　清场要点认知

1. 设备与容器具清理：

技能要点 1：能将清洁剂、消毒剂与清洁用具在清洁工具间定置。

技能要点 2：能将操作间的物品定置。

技能要点 3：能在清场结束后，取下"待清场"标识，换上"已清场"标识，并注明有效期。

2. 物料清理：

技能要点 1：能将物料按品种、批次计数称量，并贴"封口签"封口退库。

技能要点 2：能在更换品种、规格时，将包装材料全部退库。

任务五　设备维护要点认知

1. 提取物设备维护：

技能要点 1：能维护保养浸渍设备、渗漉设备、离心设备、常压蒸发设备、减压蒸发设备、醇沉设备、烘干设备、减压干燥设备。

技能要点 2：能填写设备的维护保养记录。

2. 浸出药剂设备维护：

技能要点 1：能维护保养洗瓶设备、配液设备、离心设备、化糖设备、灯检设备。

技能要点 2：能填写设备的维护保养记录。

3. 液体制剂设备维护：

技能要点 1：能维护保养洗瓶设备、配液设备、分散设备、乳化设备、灯检设备。

技能要点 2：能填写设备的维护保养记录。

4. 注射剂设备维护：

技能要点 1：能维护保养洗瓶设备、配液设备、分散设备、乳化设备、灯检设备、贴标设备。

技能要点 2：能填写设备的维护保养记录。

5. 气雾剂与喷雾剂设备维护：

技能要点 1：能维护保养配液设备、分散设备、乳化设备、混合设备。

技能要点 2：能填写设备的维护保养记录。

6. 软膏剂与乳膏剂设备维护：

技能要点 1：能维护保养分散设备、搅拌夹层设备、软膏研磨设备。

技能要点 2：能填写设备的维护保养记录。

7. 贴膏剂设备维护：

技能要点 1：能维护保养切胶设备、炼胶设备、切片设备、打膏设备、滤胶设备。

技能要点 2：能填写设备的维护保养记录。

8. 栓剂与膜剂设备维护：

技能要点 1：能维护保养化料设备、装袋设备。

技能要点 2：能填写设备的维护保养记录。

9. 散剂设备维护：

技能要点 1：能维护保养粉碎设备、筛分设备、混合设备、烘干设备。

技能要点 2：能填写设备的维护保养记录。

10. 颗粒剂设备维护：

技能要点 1：能维护保养混合设备、挤压制粒设备、高速搅拌制粒设备、烘干设备、整粒设备。

技能要点 2：能填写设备的维护保养记录。

11. 胶囊剂设备维护：

技能要点 1：能维护保养化胶设备、配液设备、选丸设备、软胶囊干燥设备、脱油设备、混合设备、胶囊抛光设备。

技能要点 2：能填写设备的维护保养记录。

12. 片剂设备维护：

技能要点 1：能维护保养配液设备、混合设备、烘干设备、整粒设备。

技能要点 2：能填写设备的维护保养记录。

13. 滴丸剂设备维护：

技能要点 1：能维护保养化料设备、脱油设备、选丸设备。

技能要点 2：能填写设备的维护保养记录。

14. 泛制丸与塑制丸设备维护：

技能要点 1：能维护保养炼蜜设备、混合设备、烘干设备、选丸设备。

技能要点 2：能填写设备的维护保养记录。

15. 胶剂设备维护：

技能要点 1：能维护保养过滤设备、浓缩设备。

技能要点 2：能填写设备的维护保养记录。

16. 膏药设备维护：

技能要点 1：能维护保养粉碎设备、化料设备、筛分设备、炼油设备。

技能要点 2：能填写设备的维护保养记录。

17. 制剂与医用制品灭菌设备维护：

技能要点 1：能维护保养干热灭菌设备、紫外线灭菌设备。

技能要点 2：能填写设备的维护保养记录。

参考文献

［1］国家药品监督管理局食品药品审核查验中心．药品 GMP 指南 [M]．2 版．北京：中国医药科技出版社，2023．

［2］国家药典委员会．中华人民共和国药典：2020 年版 [M]．北京：中国医药科技出版社，2020．

［3］国家中医药管理局职业技能鉴定中心．药物制剂工：基础知识、初中高级工 [M]．北京：中国医药科技出版社，2019．

［4］丁立，王峰，廖锦红．药物制剂技术 [M]．北京：中国医药科技出版社，2021．

［5］丁立，郭幼红．药物制剂技术 [M]．北京：高等教育出版社，2020．

［6］丁立．药物制剂技术实验微格教程 [M]．北京：化学工业出版社，2011．

［7］易润青，王锦旋，钟琦．药物制剂技术 [M]．北京：中国医药科技出版社，2024．

［8］王健明，李宗伟．药物制剂技术实训教程 [M]．北京：化学工业出版社，2022．

［9］姜笑寒，刘宇珍．药剂学基础 [M]．北京：人民卫生出版社，2023．